A medida do mundo

Robert P. Crease

A medida do mundo
A busca por um sistema universal de pesos e medidas

Tradução:
George Schlesinger

Revisão técnica:
Diego Vaz Bevilaqua
Museu da vida/Fundação Oswaldo Cruz

Para Stephanie, além de qualquer medida

Título original:
World in the Balance
(*The Historic Quest for an Absolute System of Measurement*)

Tradução autorizada da primeira edição norte-americana, publicada em 2011
por W.W. Norton & Company, de Nova York, Estados Unidos

Copyright © 2011, Robert P. Crease

Copyright da edição em língua portuguesa © 2013:
Jorge Zahar Editor Ltda.
rua Marquês de S. Vicente 99 – 1º | 22451-041 Rio de Janeiro, RJ
tel (21) 2529-4750 | fax (21) 2529-4787
editora@zahar.com.br | www.zahar.com.br

Todos os direitos reservados.
A reprodução não autorizada desta publicação, no todo
ou em parte, constitui violação de direitos autorais. (Lei 9.610/98)

Grafia atualizada respeitando o novo
Acordo Ortográfico da Língua Portuguesa

Preparação: Elisabeth Spaltemberg | Revisão: Eduardo Monteiro, Carolina Sampaio
Indexação: Gabriella Russano | Capa: Sérgio Campante

CIP-Brasil. Catalogação na publicação
Sindicato Nacional dos Editores de Livros, RJ

Crease, Robert P.

C933m   A medida do mundo: a busca por um sistema universal de pesos e medidas/Robert
P. Crease; tradução George Schlesinger; revisão técnica Diego Vaz Bevilaqua. – 1.ed. –
Rio de Janeiro: Zahar, 2013.

il.

Tradução de: World in the balance: the historic quest for an absolute system of
measurement
Inclui índice
ISBN 978-85-378-1107-8

1. Metrologia – História. 2. Pesos e medidas – História. 3. Medição – História.
I. Título.

CDD: 620.0044
CDU: 620.1.08

13-02074

Sumário

Introdução: O canhão do meio-dia   7

1. O Homem Vitruviano   11

2. China antiga: pés e flautas   29

3. África ocidental: pesos de ouro   47

4. França: "Realidades da vida e do trabalho"   62

5. Passos hesitantes rumo à universalidade   90

6. "Um dos maiores triunfos da civilização moderna"   115

7. Metrofilia e metrofobia   137

8. Isso com certeza é uma brincadeira, sr. Duchamp!   155

9. Sonhos de um padrão definitivo   171

10. Sistema universal: o SI   196

11. A paisagem métrica moderna   212

12. *Au revoir*, quilograma   234

Epílogo   253

Notas   260
Créditos das ilustrações   275
Agradecimentos   276
Índice remissivo   279

Introdução
O canhão do meio-dia

DURANTE SÉCULOS, uma remota aldeia à beira-mar, numa costa distante, mantinha-se a par do tempo por meio do canhão que uma base militar local disparava exatamente ao meio-dia de sua posição no alto de um morro próximo. Isso foi muito antes dos dias da internet – antes mesmo do que a televisão e o rádio –, e na aldeia o som do canhão do meio-dia era um fenômeno tão natural quanto o nascer e o pôr do sol, uma regularidade que celebrava o dia e separava a manhã da tarde. Ele moldava a estabilidade e o ritmo da vida dos aldeões, e era usado para planejar tudo, desde encontros comerciais até casos amorosos clandestinos.

Segundo essa velha lenda, um adolescente perguntava-se como o canhão sabia que devia disparar exatamente ao meio-dia. Certa vez, subiu o morro e indagou ao artilheiro responsável como ele disparava o canhão. O soldado sorriu para o rapaz. Ele o fazia por ordem do oficial de comando, cujos deveres incluíam encontrar o relógio mais acurado possível e mantê-lo cuidadosamente sincronizado. O jovem então abordou o oficial de comando, que com orgulho lhe mostrou o preciso e finamente construído medidor de tempo. E como ele era acertado? Em sua caminhada semanal até a cidade, disse o comandante, sempre fazia o mesmo trajeto, que o levava a passar pela loja do relojoeiro local, onde parava e sincronizava seu relógio com o grande e venerável relógio da vitrine, aquele que várias pessoas na cidade também usavam para acertar a hora.

No dia seguinte, o jovem visitou o relojoeiro e lhe perguntou como ele acertava o grande relógio na vitrine. "Pelo único meio confiável que qualquer pessoa daqui já tenha tido", replicou o homem. "Acerto pelo canhão do meio-dia!"

A história do canhão do meio-dia na aldeia à beira-mar capta nossa maneira habitual de confiar em medidas. Uma medida é, simplesmente, um padrão ou uma marca pela qual nós calibramos ou avaliamos alguma coisa; na aldeia, as pessoas usavam o tiro de canhão para marcar a divisão entre o período da manhã e o da tarde. Uma vez que a medida exista, é irresistível considerá-la ponto pacífico e supor que ela sempre existiu. As medidas tornaram-se parte do perfil das coisas, parecendo pertencer ao mundo em si. Mas cada padrão ou marca veio ao mundo como resultado de uma decisão humana. A natureza não fornece réguas, balanças, nem – embora dias e anos recorram com regularidade – pontos de origem para marcar o tempo. Somos nós que os fabricamos, com o auxílio de objetos como os relógios de sol e os mecânicos. Amiúde conferimos nossas medidas comparando-as com outros padrões confeccionados, ou assumimos que tais padrões devam existir em algum lugar; como no mito cosmológico de que a Terra é sustentada por um elefante em pé sobre tartarugas, há sempre uma tartaruga final. O resultado pode ser arbitrário: se todos os relógios da remota aldeia à beira-mar subitamente quebrassem e as pessoas tivessem que inventar um novo marcador de meio-dia, ele certamente seria diferente – 12h04, 11h47, 13h28 –, mas a diferença não teria importância. O resultado pode ser ao mesmo tempo arbitrário e circular: nós definimos uma medida por algum elemento do mundo, e esse elemento pela medida. Chamamos de meio-dia o momento em que o canhão dispara, e disparamos o canhão ao meio-dia.

A arbitrariedade e a circularidade simplesmente refletem o modo típico como as pessoas escolhem medidas: improvisamos com algo que esteja ao nosso redor. Culturas por todo o globo vêm criando medidas desde o alvorecer da história. Durante o nascimento da ciência moderna, nos anos 1600 e 1700, os cientistas na França tentaram desenvolver um sistema universal de medição que pudesse ser partilhado por todos os países e que estivesse ligado a características imutáveis da natureza. Tiveram êxito no primeiro objetivo, mas não no segundo. Finalmente, meio século atrás, uma organização internacional de cientistas conseguiu vincular uma unidade de medida, o comprimento, a um fenômeno natural, a luz. Outras

Introdução 9

medidas, como a do tempo, em breve também passaram a ser relacionadas a fenômenos naturais. Hoje, a única medida fundamental ou "base" não ligada a um fenômeno natural é a massa. A unidade de massa é definida por um bloco de metal guardado em um cofre nos arredores de Paris. Mas essa instância derradeira que governa as medidas de massa – como a tartaruga final – está com os dias contados. Hoje, uma nova geração de cientistas está no limiar de dar mais um passo, vinculando entre si todas as unidades básicas de medida – inclusive a massa – e definindo-as em termos de constantes físicas, de modo a produzir um sistema "absoluto" de medição. Pela primeira vez na história, se todos os padrões básicos de algum modo se perdessem, poderiam ser recuperados e o mundo teria exatamente os mesmos padrões de medidas que antes. Este livro trata de como isso aconteceu.

1. O Homem Vitruviano

O ROMANCE DE DANIEL DEFOE *Robinson Crusoé* (1719) contém um dos modos de improvisar uma medida mais famosos de todos os tempos. Crusoé estivera naufragado numa ilha deserta por quinze anos quando, passeando pela praia, foi "atingido por um raio" ao ver "uma pegada humana de um pé descalço" na areia. Após ter vivido anos sem encontrar qualquer traço de outro ser humano vivo, Crusoé ficou "aterrorizado ao extremo". Recolheu-se em sua caverna, atormentado durante três dias e noites por "ideias bárbaras". Seria o pé do próprio Satã? Trilha de canibais? Poderia ter sido uma pegada do próprio Crusoé, e seus temores meros delírios? Ele só pôde pensar numa maneira de prosseguir: "Preciso descer de novo até a praia, ver essa marca de pé e medi-la com o meu." Retornando à praia, Crusoé colocou o pé alinhado com a marca do outro. A pegada era maior do que seu pé – bem maior. Graças a essa medição, teve certeza de que a ilha fora visitada ao menos por uma outra pessoa além dele. A descoberta transformou as noções de Crusoé acerca de sua própria segurança e o levou a fortificar sua moradia na caverna, que daí por diante passou a considerar seu "castelo".[1]

Medidas improvisadas

Sob muitos aspectos, o ato de Crusoé ilustra as fases de todo ato de medição. Ele necessita de informação que só pode obter comparando uma propriedade de algo familiar (o comprimento de seu pé) com a mesma propriedade de algo desconhecido (a misteriosa pegada na areia), seja para descobrir mais sobre a outra coisa ou, ao "separar quantidades" de algo, como sementes, líquidos ou caibros de madeira, para colocar em uso. A quantidade básica é chamada de *unidade*; aqui, a unidade foi "o pé de Crusoé". Atos de medição podem ser rotineiros ou complicados, requerer apenas um olhar rápido ou instrumentos elaborados e ser executados de forma boa ou sofrível. Em cada caso, esperamos obter uma compreensão melhor do mundo por meio das nossas medidas. O resultado pode mudar nosso mundo; certamente mudou o de Crusoé.

O corpo humano foi o primeiro e mais antigo instrumento de medida. Os pés são acessíveis; todo mundo tem. Quase toda civilização em alguma época teve uma unidade "pé", frequentemente dividida em "dedos". Na Grécia antiga, por exemplo, a medida pé, ou *pous*, era subdividida em dezesseis dedos ou *dactyloi*; na China, a medida pé era chamada *chi* e subdividida em *cun*. Outras unidades de comprimento relativas ao corpo incluíam dedo, unha, fio de cabelo humano (alguns milésimos de centímetro de diâmetro), palma, mão (ainda usada para medir cavalos), antebraço (também "vara" ou "cúbito"), palmo, passo e passada (um passo duplo). "Punhado", "mancheia" e "pitada" ainda são usados como unidades de cozinha, e os etíopes usavam "buraco de orelha" para medir remédios.[2] Unidades de tempo ligadas à vida humana chegaram a incluir batidas de coração, tempos de vida e gerações. Segundo uma velha história, o general russo Alexander Suvorov definia um *arshin*, unidade de comprimento, como o passo de um soldado, para assegurar que os membros de seu exército nunca ficassem sem esse parâmetro. Mais ou menos mil *arshin* formavam uma *versta*, unidade maior de comprimento, com cerca de um quilômetro.

Nas décadas de 1860 e 1870, Thomas Montgomerie, um topógrafo britânico trabalhando na Índia, empregou uma das mais extensivas e rigorosas aplicações de medidas corporais mapeando o Tibete e outras áreas da Ásia central. Muitos desses países recusavam a entrada de ocidentais, e aqueles que ousavam se esgueirar para dentro eram executados. Para contornar essa situação, Montgomerie recrutou dois himalaios, os primos Nain e Mani Singh, e passou dois anos ensinando-lhes técnicas de levantamento topográfico. Treinou-os a andar num passo de exatamente 33 polegadas

O Homem Vitruviano

[82,5 centímetros], ou cerca de 2 mil passos por milha [1,6 quilômetro], independentemente do terreno. Disfarçados como lamas hindus, ou *pundits* – termo hindu para "homens santos" –, os Singh mediam distâncias com contadores disfarçados de rosários de contas budistas. Os rosários eram equipados com cem contas em vez de 108, o número tradicional, e os Singh faziam escorregar uma conta a cada cem passos. Empregando tais métodos, Nain em particular conseguiu medir largas seções do Tibete, inclusive Lhasa. O resultado ajudou Montgomerie a compilar um mapa do Tibete e da Ásia Central, que, entre outros propósitos, auxiliou os britânicos em sua brutal invasão do Tibete quatro décadas depois.

Desde tempos antigos, da China até as Américas, culturas humanas também improvisaram medidas de comprimento e peso, a começar por sementes e grãos, inclusive arroz, milho, painço, cevada e alfarroba.* O peso e o comprimento de sementes e grãos variam de acordo com o clima e incham em estações chuvosas, mas são fáceis de obter e bastante confiáveis. As autoridades muitas vezes definem esses padrões naturais mais específica e consistentemente, insistindo que as sementes e os grãos sejam mensurados em estação seca e que tenham tamanho médio.

Acessibilidade é apenas uma de três propriedades importantes de uma medida. A segunda é sua adequação – a medida precisa ter a escala adequada para o objetivo pretendido. Improvisar uma medida não dará certo a menos que seja prática para se usar; uma medida típica, digamos, é de algumas unidades e não de milhares nem de milésimos. Segundo uma famosa história antiga, o rei britânico do século XII Henrique I introduziu a "jarda", ou *ulna*, nas medidas britânicas, decretando que ela teria o comprimento do seu braço. Conforme ressalta o historiador de arte Peter Kidson, deve estar faltando algo nessa história. Os britânicos já tinham um sistema de medidas de comprimento, e a introdução de uma nova medida, sem mais nem menos, teria atordoado os mercadores. Eles seriam obrigados a relacioná-la com as que já vinham utilizando. "É difícil acreditar que

---

* No original, o autor cita *carob* e menciona a medida *carat* – quilate –, que inicialmente correspondia exatamente ao peso de uma semente de alfarroba. (N.T.)

qualquer um que inventasse novas medidas estivesse tão fora de si para criar tamanha confusão", escreveu Kidson. "Depois, havia o problema de fazer a nova invenção entrar em circulação; e, por fim, mas igualmente importante, a dificuldade de persuadir as pessoas a usar qualquer coisa nova e não familiar." No mundo de *1984*, de George Orwell, cujos ditadores podiam forçar os cidadãos a mudar de idioma da noite para o dia, seria fácil fazer as pessoas esquecerem as medidas velhas e usar as novas, com a vida diária prosseguindo tranquilamente, sem inconveniente nem descontinuidade. Na vida real, isso não poderia ocorrer. Se Henrique realmente foi responsável por introduzir a nova unidade, prossegue Kidson, foi porque os fabricantes de tecido britânicos, acostumados a usar a velha braça romana de doze pés [3,60 metros], necessitavam desesperadamente de alguma nova unidade com metade do tamanho para caracterizar seus produtos, uma unidade que pudessem relacionar prontamente com as medidas existentes. "A parte do rei no negócio", conclui Kidson, "não foi inventar, mas preencher um vazio".[3]

Além de ser acessível e adequada, a medida precisa também ser consistente, segura e confiável o bastante para o propósito pretendido. Mais uma vez, culturas antigas nos proporcionam alguns exemplos bastante originais. Na Europa oriental, uma prática entre judeus que haviam perdido um ente querido era acender uma vela no *jahrzeit*, o aniversário da morte. A vela devia arder por 24 horas e era conservada num recipiente conhecido como copo de *jahrzeit*. Tais itens preciosos jamais eram jogados fora – vidro barato é uma tecnologia moderna – e as famílias guardavam os seus, reutilizando-os como copos de beber. A prática continuou na América. Na história-título do primeiro livro de Philip Roth, *Adeus, Columbus*, quando o protagonista recorda que sua avó bebia "chá quente de um velho copo de *jahrzeit*", trata-se de um detalhe efetivo em conjurar um ancestral transplantado. Esses copos eram todos do mesmo tamanho, pois eram feitos para conter a mesma quantidade de cera. Eram grossos e sólidos para não racharem sob o calor da vela. Eram do tamanho exato para medir ingredientes de receitas, o que fazia deles uma medida natural de cozinha. Sua avó dizia que uma receita levava tantos e tantos "copos"

O Homem Vitruviano

de água, farinha de trigo ou farinha de matzá – e você logo sabia qual era a quantidade, e também que possuía o equipamento para medir. A princípio, tais receitas eram passadas adiante oralmente e depois escritas pela geração seguinte, basicamente do que a filha se lembrava de ter escutado da mãe. A medida era aproximada – receitas antigas costumavam ser imprecisas em termos e quantidades –, mas dava certo.

Hoje, graças à relativa afluência e flexibilidade de fabricação, temos objetos mais confortáveis e precisos para servir de recipientes de bebida e medidas de dosagens do que os pesados copos de *jahrzeit*, e agora é raro vê-los como medidores. Ainda assim, a transformação de copos de *jahrzeit* de item comemorativo fúnebre em unidade de medição ilustra como as medidas surgem. A medição é um exemplo clássico de uma tecnologia no sentido grego antigo de algo que fazemos para "completar a natureza". A natureza, afirmavam os gregos, criou os seres humanos com necessidades (comida, roupa, abrigo) que ela mesma não provê, ou para as quais só nos forneceu a matéria-prima; cabe a nós terminar a tarefa e descobrir ou criar algo para satisfazer essas necessidades. No caso do copo de *jahrzeit*, as pessoas da Europa ocidental improvisaram; pegaram uma coisa criada para um objetivo e a transformaram em outra. Em outros casos, os seres humanos precisam fazer algo para satisfazer sua necessidade natural de medir, fabricando objetos como réguas, balanças, relógios e outros instrumentos.

Não há nada de inerentemente não científico em usar medidas improvisadas, contanto que sejam acessíveis, adequadas e consistentes. Wallace Sabine (1868-1919), um físico da Universidade Harvard, recebeu do presidente da instituição a solicitação de resolver o problema de acústica do Fogg Art Museum da universidade, cujas salas eram desagradavelmente reverberantes, e apresentar alguma medida quantitativa da qualidade acústica.[4] Como se podia medir algo tão fugaz como a reverberação? Sabine resolveu experimentar com assentos almofadados. Conduziu experimentos em várias salas em Harvard usando assentos do teatro da universidade, o Sanders Theatre, de acústica reconhecidamente superior. Trabalhando entre a meia-noite e as cinco da manhã, quando reinava silêncio no campus, ele e seus assistentes removeram todos os assentos do teatro e, usando um cronômetro, um tubo de órgão e um assistente com ouvido aguçado, mediram o tempo que um som produzido no Sanders continuava audível com diferente quantidade e posição dos assentos.[5] Sabine foi capaz de deduzir a fórmula $xy = k$, onde x é a quantidade de assentos almofadados; y, o tempo de reverberação da sala; e k, uma constante. Pouco tempo depois, Sabine estabeleceu uma fórmula famosa e de longo alcance, relacionando o tempo de reverberação com absorção, volume e área da superfície: $t = k/(a + x)$, onde t é o tempo de reverberação; k é uma constante que depende do volume da sala; a é o poder de absorção de paredes, chão e teto; e x é a contribuição de mobiliário e público para o poder de absorção. Os assentos almofadados do Sanders Theatre são uma espécie de copo de *jahrzeit* acústico, algo feito com um objetivo e transformado numa unidade de medida para algo completamente distinto. Com esse outro propósito, os assentos ajudaram a monitorar uma descoberta que transformou o modo como auditórios, desde salas de aula até salas de concertos, passaram a ser construídos mundo afora.[6]

Improvisar medidas tem as suas limitações. Elas geralmente têm de cobrir uma ampla gama de escalas, para as quais uma medida única é inadequada. Carpinteiros construindo uma casa requerem unidades que variam de frações de centímetro a metros. Cozinheiros precisam lidar com unidades, desde pitadas e colheres de chá até xícaras e litros. Às vezes uma unidade de medida de larga escala é composta juntando-se quantidades de uma unidade menor: a palavra "milha", por exemplo, provém do latim *milia passuum*, mil passos. Outras vezes, as unidades estão relacionadas entre si por padrões.

As leis de Manu, um antigo texto sânscrito cuja autoria é atribuída a um lendário legislador hindu e que data de cerca de 500 a.C., delineia um padrão entre medidas comumente usado no comércio de cobre, prata e ouro:

> O minúsculo cisco que se vê quando o sol brilha através de uma treliça, eles declaram ser a mínima das quantidades e deve ser chamada *trasarenu* (uma partícula flutuante de poeira). Saibam que oito *trasarenus* são iguais em volume a um *likshâ* (o ovo do piolho); três destes a um grão de mostarda-preta (*râgasarshapa*) e três destes últimos a uma semente de mostarda-branca. Seis

O Homem Vitruviano   17

grãos de mostarda-branca são um grão de cevada e três grãos de cevada um *krishnala*.[7]

Fazendo os cálculos, o *krishnala* (semente de rati ou *retti*)* equivale a 1.296 ciscos de pó.

Encontramos outra ilustração encantadora de unidades de medida improvisadas na interessante novela de Eric Cross *The Tailor and Ansty* [O alfaiate e Ansty], publicada na Irlanda em 1942. O livro dava voz tão vívida aos lados obscenos da vida rural irlandesa que foi banido ao ser publicado pela primeira vez, e vizinhos irados perseguiram o casal (nomeado no título) em cujas vidas a novela se baseava. O alfaiate é particularmente afeito a relatar para sua esposa, Ansty – e a qualquer um que pudesse ouvir –, a sabedoria dos velhos irlandeses antes que, conforme ele diz, "as pessoas ficassem desgraçadamente espertas e educadas demais, deixando o governo e qualquer um pensar em seu lugar". Parte dessa sabedoria envolvia medições.[8]

Áreas de terras, anuncia o alfaiate, costumavam ser avaliadas em "torrões" ["*collops*"]. O torrão, baseado na "capacidade de produção" da terra, "dava o valor de um sítio, não o seu tamanho. Um acre de terra podia ser um acre de pura pedra, mas com um torrão você sabe onde está pisando". Um torrão era a área necessária para se poder criar "uma porca ou duas novilhas ou seis ovelhas ou doze cabras ou seis fêmeas de ganso e um macho", enquanto três torrões eram necessários para criar um cavalo. Um vizinho se gaba de possuir 4 mil acres, mas na verdade tem "apenas terra suficiente para criar quatro vacas", diz o alfaiate. Ele seguramente exagera. Pouca gente em sua área possui tanta quantidade de terra, e mesmo assim mil acres no oeste da Irlanda, apesar de seus charcos e montanhas rochosas, seriam mais que suficientes para servir a uma vaca média. Mas o alfaiate está certo quando diz que medir em torrões coloca a fanfarronice no seu devido lugar. "Com todos os diabos! As pessoas nos velhos tempos tinham bom senso."

---

* Semente de *retti* ou rati: pequenas sementes venenosas, nomeadas em honra a Rati, deusa do amor, na mitologia hinduísta; por extensão passou a denominar também a semente feminina. De tamanho extremamente regular, eram usadas em colares e pulseiras e também como padrão confiável de medida de peso e tamanho. (N.T.)

O alfaiate também nos conta que os velhos irlandeses eram igualmente sensatos na avaliação do tempo. A unidade básica era o tempo de vida de um francolim, um pequeno tipo de pássaro. O alfaiate então traduz do irlandês um padrão de unidades relacionadas com o tempo de vida de um francolim, ilustrando um sistema de unidades interligadas:

Um cão de caça vive mais que três francolins.
Um cavalo vive mais que três cães de caça.
Um atleta vive mais que três cavalos.
Um cervo vive mais que três atletas.
Uma águia vive mais que três cervos.
Um teixo vive mais que três águias.
Um velho sulco no chão vive mais que três teixos.

Não temos necessidade de outras unidades de tempo, diz o alfaiate, pois três vezes a idade de um velho sulco é a idade do Universo. Ele está absolutamente errado em sua estimativa, pois a idade do Universo tem muito pouca chance de ser a idade de um francolim multiplicada por 3^8. Se esse pássaro vive em média, digamos, dez anos, seriam apenas 65.610 anos desde o Big Bang, que é consideravelmente menos do que a atual estimativa astronômica de 14 bilhões de anos. Ainda assim, é fácil apreciar o ponto de vista do alfaiate: as velhas unidades irlandesas eram "baseadas em coisas que um homem podia ver ao seu redor, de modo que, onde quer que estivesse, tinha um almanaque".

O almanaque do mundo: que expressão maravilhosa para descrever a origem de tais unidades de medida! O alfaiate não impõe quaisquer unidades artificiais ou inventadas ao seu mundo; ele as tira do mundo em si e de seus padrões.

Padrões de unidades

Padrões de unidades podem ter um significado especial próprio. Quando os elementos de um padrão têm certos tipos de relação, os gregos antigos

O Homem Vitruviano

os chamavam de proporcionais ou "simétricos", da palavra grega que quer dizer "a unificação da medida". O corpo humano fornecia uma bela ilustração para tal simetria. "Um corpo humano bem-moldado", escreve o arquiteto e historiador romano Vitrúvio em sua obra *De Architectura*, escrita no século I a.C., tem medidas proporcionais:

> Pois o corpo humano é desenhado pela natureza de tal maneira que a face, do queixo até o topo da testa e as raízes mais baixas de seu cabelo, é a décima parte de toda a altura; a mão aberta do pulso até a ponta do dedo médio é exatamente igual; a cabeça, do queixo até a coroa, é um oitavo, e com o pescoço e ombro do alto do peito até as raízes mais baixas do cabelo, é um sexto; do meio do peito até o ápice da coroa é um quarto. ... O comprimento do pé é um sexto da altura do corpo; do antebraço, um quarto; e a largura do peito é também um quarto. Os outros membros, também, possuem suas próprias proporções simétricas, e foi empregando-as que os pintores e escultores famosos da Antiguidade obtiveram seu grande e infinito renome.[9]

As medidas do corpo humano, sustentava Vitrúvio, têm portanto uma significação estética e religiosa, pois suas proporções espelham a ordem cosmológica, refletem dimensões espirituais, corporificam harmonia e perfeição, conectando a humanidade com a natureza transumana. Por esse motivo, continua Vitrúvio, "era dos membros do corpo que [os antigos] derivaram as ideias fundamentais das medidas que obviamente são necessárias em todos os trabalhos". A mais importante dessas medidas era a *orguia* ou braça, a distância da ponta de um dedo médio à ponta do outro com os braços esticados; o cúbito ou vara (ponta do dedo até o cotovelo), o pé, o palmo e o dedo. Quando uma dessas unidades era usada como medida principal, Vitrúvio a chamava de módulo. Muitos edifícios antigos parecem ter sido projetados em grades utilizando tal módulo. Dizia-se, por exemplo, que a plataforma do Partenon tinha cem pés de largura por 225 pés de comprimento, considerando-se a medida aproximada do pé grego.

Os gregos às vezes inscreviam esses padrões em relevos metrológicos. Eis aqui dois exemplos. A primeira das figuras a seguir retrata um relevo feito na Grécia ou na Turquia ocidental no século V a.C. e se encontra atualmente no Ashmolean Museum em Oxford, Inglaterra. Ela mostra as relações entre *orguia* ou braça, cúbito, pé e dedos. Há quatro cúbitos numa *orguia* – embora esse seja evidentemente o cúbito "real", aquele usado dentro da corte, não o empregado pelos cidadãos comuns no mercado. O relevo seguinte, feito em Salamina, na Grécia, no século IV a.C. e que agora se encontra no museu de Pireu, mostra relações entre *orguia*, cúbito, pé e palmo (ponta do polegar até a ponta do dedo mínimo com a mão aberta e os dedos esticados).[10]

Relevo metrológico da Grécia ou Turquia ocidental do século V a.C., mostrando as relações entre várias partes do corpo masculino.

Relevo metrológico de Salamina, na Grécia, século IV a.C.

Outro exemplo é o famoso desenho de Leonardo da Vinci, muito copiado e caricaturado, frequentemente chamado de Homem Vitruviano, pois ele, com certeza, tinha o texto do arquiteto em mente. Essa obra de Da Vinci retrata como as proporções do corpo humano, e as unidades extraídas dele, participam do ideal de beleza. O Homem Vitruviano nos mostra que a organização de medidas pode ter significado simbólico e espiritual.

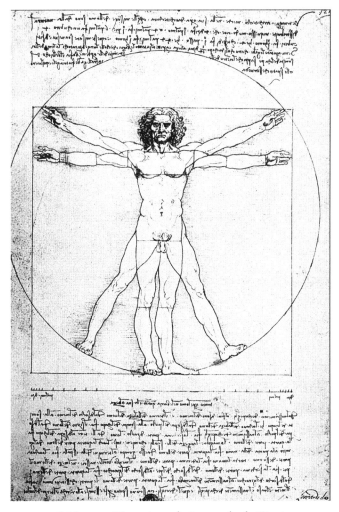

O Homem Vitruviano de Leonardo da Vinci.

Já na pré-história, porém, os humanos descobriram a necessidade, para muitos propósitos, de selecionar um objeto particular para definir uma unidade de medida – *um* pé de comprimento, não o seu nem o meu; uma semente de alfarroba, não essa ou aquela. Isso é chamado *padrão*, ou seja, uma amostra de uma grandeza particular que escolhemos para especificar como o valor 1 dessa grandeza. Quando um padrão é criado, ele *corporifica* a unidade, conferindo-lhe uma identidade específica, concreta como um artefato.[11]

Passar de uma medida tirada do almanaque do mundo para uma medida corporificada, padronizada, muda tudo. Agora o padrão não pertence à natureza nem à vida comunitária, mas é um artefato especial com identidade e papel únicos. O padrão deve ser especialmente abrigado, protegido e mantido. A posse desse padrão torna-se vinculada com o poder político e social, com a autoridade de reis e a grandiosidade de Deus – motivo pelo qual os romanos mantinham seus padrões no Capitólio, os gregos na Acrópole, os judeus no templo, os reis e senhores em seus palácios, os Estados Unidos perto de Washington, os franceses perto de Paris, e assim por diante. O regente da nação tinha posse dos padrões e garantia sua confiabilidade, enquanto seus auxiliares os supervisionavam e conservavam, fornecendo e inspecionando cópias. Questões acerca da precisão dessas cópias, da maneira adequada como são guardadas, da confiabilidade de seu uso, são assim introduzidas na utilização dos pesos e medidas.

Quando compro frutas e verduras no mercado agrícola da Union Square, em Nova York, por exemplo, confio que estou recebendo a quantidade certa pelo que estou pagando, mesmo que não conheça os vendedores, porque sei que fiscais municipais fazem visitas regulares aos fornecedores para verificar seus equipamentos de pesagem. Em Malate, distrito de Manila, um bairro operário pobre nas Filipinas, existe até mesmo um termo para a confiança do mercado nas medidas: um *suki* é o termo local para alguém em cujas balanças você confia, pois faz negócios regulares com ele; quando você não encontra um *suki*, procura um amigo que tenha um *suki* trabalhando no mercado nesse dia.[12] Nem mesmo cientistas costumam ter tempo de checar cada especificação de material quando montam um experimento; eles também precisam se apoiar na confiança – uma confiança reforçada por saberem que seus fornecedores têm sistemas de controle de qualidade que buscam ativamente medidas incorretas e mudam imediatamente o processo se são encontradas falhas, estando cientes de que qualquer deslize significa que não haverá pedidos futuros por parte dos cientistas. Pesar e medir são agora uma instituição social no centro dos círculos de confiança e conhecimento.

Corporificar unidades também muda a relação das unidades umas com as outras. No almanaque do mundo, as unidades mantêm sua independência e integridade. Uma mão é uma mão, um dedo é um dedo, uma semente é uma semente, e nenhuma dessas unidades ganha ou perde por pertencer a um padrão de relação com as outras. Se três períodos de vida de um francolim superarem o de um cão de caça, ou se forem inferiores, o cão de caça continua sendo um cão de caça. Aqui a "ontologia" (significando caráter de existência), como dizem os filósofos, é simples: a relação primeira dessas unidades é com o mundo; suas relações entre si, padronizadas, são secundárias, e basicamente organizacionais. Quando unidades são corporificadas, porém, podem ser definidas em termos mútuos. Um pé pode ser definido como equivalente a doze polegadas, de modo que sua relação é uma propriedade intrínseca de cada unidade. Agora, a ontologia é diferente: a rede governa a identidade de cada elemento nela. As leis da rede governam as unidades assim como necessariamente as leis da geometria governam triângulos e quadrados.

A arquitetura da medição também é modificada. No almanaque do mundo, estabelecemos uma relação com um objeto particular ao medir – com o pé, o tempo de vida do pássaro, uma semente ou um grupo delas – e a conectamos com o mundo. Quando as medidas são corporificadas, nós nos relacionamos com uma rede, e não realmente com o elemento mensurador específico (substituível e possivelmente falho) que colocamos em jogo e conectamos com o mundo, mas a rede inteira.

Metrologia e metrosofia

A corporificação de medidas – a fabricação e manutenção de padrões, as redes nas quais estão envolvidos e a supervisão dessas redes – deu origem à matéria *metrologia*, a ciência dos pesos e medidas. A metrologia é tanto uma ciência teórica, pois envolve o conhecimento da rede e suas interligações, quanto uma ciência prática, pois envolve o conhecimento de como aplicar medições a diferentes domínios, de ciência a economia e educação. O estudo do significado cultural e espiritual das medidas e seus padrões – tais como o vínculo entre as proporções do Homem Vitruviano e a ideia grega de beleza – pode ser chamado de *metrosofia*.[13]

A mensuração, em toda cultura, possui ricas dimensões simbólicas. Uma vez corporificada, com a metrologia tornando-se uma instituição social aberta a questões de confiança e desconfiança, ela não constitui mais uma atividade neutra, mas está ligada à justiça, ao bem e ao enriquecimento humano, com um possível lado sombrio que tem a ver com injustiça, exploração e alienação. Isso provoca tais mudanças na maneira como os seres humanos vivem que surgiram várias lendas a respeito de quão idílica deve ter sido a vida anteriormente. Heródoto, historiador grego do século V a.C., ofereceu uma das primeiras:

> Os cartagineses nos contam que comerciam com uma raça de homens que vive numa parte da Líbia além dos Pilares de Héracles. Ao chegar a esse país, descarregam seus bens, arrumando-os ordenadamente ao longo da praia, e então, ao retornar a seus barcos, fazem subir uma fumaça. Vendo a fumaça, os nativos descem para a praia, depositam no chão certa quantidade de ouro em troca dos bens e se distanciam novamente. Os cartagineses então desembarcam e dão uma olhada no ouro; se julgam que ele representa um preço justo pelos artigos, coletam-no e partem; se, por outro lado, parece pouco demais, voltam a bordo e esperam; os nativos vêm e adicionam mais ouro, até que os cartagineses estejam satisfeitos.[14]

A lenda de Heródoto tem sido repetida em várias versões com o correr dos tempos, e contadores de histórias bem-intencionados, porém ingênuos, muitas vezes têm descrito culturas supostamente primitivas – inclusive os nativos americanos e as tribos africanas – como carentes de pesos e medidas, interpretando esse fato como sinal de sua inocência e pureza. Tais relatos são invariavelmente falsos ou fantasiosos. Na vida diária, os seres humanos estão contínua e rotineiramente medindo o mundo numa miríade de formas e com objetivos numerosos e diversos, por mais grosseira ou informal que seja a maneira, e cientes do potencial do seu abuso.

Segundo algumas lendas judaico-cristãs, Caim teria inventado pesos e medidas, de modo que, em vez de viver de "forma inocente e generosa", os seres humanos eram agora empurrados para um estado de "malícia astuciosa".[15] Medir era algo tão frequentemente associado com o potencial para crime e pecado que a Bíblia equipara a medição acurada com a própria justiça – daí a tradicional imagem da justiça cega segurando uma balança e o mandamento de "ter balanças justas, pesos justos e um *efah* [unidade de medida de volume seco, cerca de um alqueire] justo e um *hin* [unidade de medida de volume líquido, pouco mais de cinco litros] justo". Essa injunção, em Levítico 19:36, está entre vários mandamentos sagrados em que os transgressores enfrentavam a morte como punição tradicional. Nos primórdios da Europa moderna, tensões entre autoridades governamentais, locais e municipais sobre quem deveria controlar as medidas para o comércio e a taxação davam origem a disputas políticas e detonavam tumultos. Ao longo dos séculos, autoridades civis e religiosas tentaram coibir abusos de medições com ameaças e sanções algumas vezes severas, tais como cortar os dedos dos malfeitores ou instituir a pena capital.

Hoje, esses tipos de abuso são muito menos comuns. Rotineiramente compramos comida, adquirimos tecidos e móveis e planejamos chegar à estação em um horário programado, confiando em medidas cuja precisão não sabemos, nem podemos saber, de antemão. Como termos certeza de que *essa* balança é precisa, de que *aquela* régua está correta, ou de que *esses* relógios estão corretos? Todavia, o fazemos com bastante confiança; o ritmo acelerado da vida moderna seria impossível sem isso. Não necessitamos de uma precisão absoluta e, para a maioria dos propósitos, estamos propensos a ficar satisfeitos se, digamos, uma balança pesar a carne com precisão de cinquenta gramas por quilo (uma parte em vinte), um relógio der as horas com precisão de um segundo por minuto (uma parte em sessenta) ou uma trena medir com precisão de um centímetro por metro (uma parte em cem). O que importa é que não precisamos nos preocupar com isso, mesmo que tenhamos que sofrer ou ser tapeados se a medida estiver errada. Temos a tendência de crer nas medições – e sem essa credibilidade a vida moderna ficaria emperrada, como uma máquina sem óleo. O paradoxo mais profundo da vida moderna é dependermos com tamanha confiança de tal precisão. Abusos em medições no mundo moderno tendem a assumir uma forma diferente: equiparar o real com o mensurável e depositar confiança demais na mensuração para estabelecer coisas fundamentalmente imensuráveis, tais como inteligência, felicidade, autoestima, qualidade educacional e assim por diante.

Em tempos relativamente recentes uma única rede de medidas, o Sistema Internacional de Unidades, ou SI, veio a ser usado em todo o mundo; mesmo os poucos países (Estados Unidos, Libéria e Mianmar) para os quais o SI não é o sistema oficial de medição, em última instância, definem seus padrões em termos do SI. As exigências do SI são pesadas: os projetos de engenharia atuais envolvem uma miríade de elementos interligados que precisam ser todos medidos da mesma maneira, às vezes com uma precisão de até uma parte em um milhão, ou mais. No entanto, as operações do SI, supervisionadas por um grupo internacional de cientistas que trabalham em território diplomaticamente neutro, nas cercanias de Paris, são tudo menos invisíveis. Os metrologistas, tenho notado, gostam de se fazer passar por pessoas insípidas, com carreiras estéreis num campo marginal à corrente principal da ciência. Considere este livro uma exposição de quão falsa é essa imagem. Quanto mais de perto observo a metrologia, mais descubro relatos tão insólitos e personalidades tão imensas e criativas quanto os encontrados em política, música e arte.

A história da mensuração é uma das manifestações mais espetaculares da globalização. Foi-se o tempo em que cada região do planeta tinha seu "canhão do meio-dia": seu próprio sistema de medidas que surgira a partir dos recursos e práticas locais para servir às suas necessidades. Os sistemas de medidas *locais* de diferentes sociedades eram tão originais e variados quanto suas peças de arte, sistemas políticos e outras formas de vida cultural; e suas visões do sentido e do propósito de uma medição, igualmente diversas. Quanto maior a importância dada pela sociedade a determinado aspecto do ambiente – ouro nas culturas da África ocidental, sal nas comunidades mesoamericanas, ritual da corte na China –, mais finas e elaboradas tendiam a ser as medidas desse aspecto, e mais especificadas e regulamentadas eram essas medidas.

Todavia, em um curto espaço de tempo, historicamente falando (algo em torno de duzentos anos), quase todos esses sistemas foram consolidados em um sistema *universal* de medição, adotado por praticamente todos os países do planeta. É algo tão surpreendente como se o mundo inteiro viesse a falar um só idioma. Como foi que isso aconteceu? Nos capítulos 2, 3 e 4 vamos acompanhar a história escolhendo três sistemas – medidas de comprimento na China antiga, medidas de ouro na África ocidental e medidas agrícolas na Europa agrária – e observar suas diferentes formas de evolução, e como vieram a se interceptar e transformar. Os capítulos 5 e 6 traçam a marcha do sistema métrico à medida que veio substituir os sistemas locais e se tornar universal; ao passo que os capítulos 7 e 8 discutem um pouco da reação – ao mesmo tempo séria e cômica – a isso. Os capítulos 9 e 10 testemunham o renascimento do sonho de um sistema de medição *natural* e plenamente unificado na forma do SI, enquanto o capítulo 11 se dedica a mudanças no significado da medição. O capítulo 12 trata de uma revisão abrangente, atualmente em curso, da estrutura internacional de mensuração subjacente à ciência, à tecnologia e ao comércio globais que tem sido rotulada como a maior inspeção do sistema desde a Revolução Francesa, e que realiza um sonho de séculos de ligar todas as unidades a padrões absolutos.

A criação do SI, um sistema unificado, é uma das mudanças radicais na mensuração que estamos vivenciando. Até bem pouco tempo, o SI – como todas as redes de medidas – tinha de se apoiar em padrões constituídos por artefatos de corporificação improvisados que os próprios cientistas haviam criado: um bastão como unidade básica de comprimento, um bloco de metal como peso básico. Nossa aldeia global, por assim dizer, estava na mesma posição que aquela outra à beira-mar que marcava o tempo com seu canhão. No século XXI, isso está prestes a mudar. Os cientistas estão no limiar de conectar todas as medições – comprimento, peso, tempo e as outras unidades fundamentais do sistema – com padrões absolutos muito mais universais e confiáveis do que mesmo o nascer e o pôr do sol. O capítulo 12 descreve essa iminente transformação histórica do sistema mundial de medidas em algo *absoluto*: não vinculado a nada local, ou arbitrariamente universal, ou natural, mas a constantes físicas. Nenhum governo ou Estado terá o privilégio de possuir os padrões básicos de medida. Estes não estarão sequer em algum lugar específico, e sim presentes em todo lugar no mundo ao nosso redor, acessíveis a todos com os instrumentos corretos. No epílogo, comentamos como o significado da medição se modificou no mundo moderno.

Para descobrir tudo isso, precisamos nos colocar na posição do jovem na aldeia à beira-mar.

2. China antiga: pés e flautas

GUANGMING QIU ESPERAVA pacientemente por mim diante do Instituto Nacional de Metrologia (NIM, na sigla em inglês), em Pequim.[1] Era mais uma daquelas manhãs terrivelmente quentes e úmidas de julho na cidade. A temperatura já chegara a 33°C às dez da manhã, o ar estava um pouco arenoso devido à poeira trazida pelo vento do planalto da Mongólia, cerca de 660 quilômetros ao norte, e os transeuntes já pareciam oprimidos pelo calor. Não Guangming, uma pequena radiante e alegre mulher de cabelos brancos, agora com 75 anos, que é o último membro da equipe de historiadores que formou o instituto em 1976, como um dos estranhos subprodutos da Revolução Cultural. Ela se aposentou da instituição há dez anos, mas ainda pesquisa a história da metrologia por conta própria.

Ela me conduziu para dentro de um carro, e seguimos até o novo laboratório do NIM em Changping, cerca de uma hora a noroeste de Pequim. O campus de Changping, inaugurado em 2009, foi construído numa área protegida por montanhas de um lado e a famosa reserva das Tumbas Ming – contendo o sítio dos mausoléus de treze imperadores da dinastia Ming –, erguidas com medidas chinesas antigas, do outro. Naquele ambiente isolado, o laboratório pode realizar pesquisas de alta precisão em padrões magnéticos, elétricos e mecânicos relativamente livres de interferência proveniente de tráfego e indústria. Os instrumentos impecáveis do SI incluem uma "balança de Joule" novinha em folha, um dispositivo cujo único propósito é avaliar a possibilidade de substituir o artefato do quilograma, hoje guardado no Bureau Internacional de Pesos e Medidas, nos arredores de Paris – o atual padrão mundial corporificado de peso –, por um padrão absoluto. A balança de Joule é uma novíssima abordagem para relacionar a massa com a constante de Planck que não está sendo explorada em lugar algum, exceto na China.

Após nosso passeio ao laboratório, que apontava para o futuro da metrologia chinesa, fomos ao apartamento de Guangming, no centro de Pequim, para discutir seu passado. Durante a viagem, contou-me a estranha história de como e por que começara a pesquisar pesos e medidas chineses. Ela nasceu em Nanquim em 1936. Um ano depois, quando o exército japonês marchava rumo à cidade, espalhando assassinato, estupro e horror em seu caminho, seus pais fugiram para Xunquim, na China ocidental, onde o governo estava se reposicionando. Dez anos mais tarde, após a guerra, a família Guangming foi morar com um parente na província de Hunan, e seu pai conseguiu um emprego como editor-chefe no *Diário de Hunan*. Guangming estudou pintura e arte na Faculdade Suzhou, na província de Jiangsu. Na época em que se graduou, em 1957, a República Popular da China (em meio à sua transição para o SI) estava encaminhando as pessoas a serviços, e Guangming recebeu ordem de lecionar pintura em Tianjin, perto de Pequim. Seis anos depois, foi realocada para um serviço completamente diferente – trabalhar no prédio de uma fábrica medindo equipamento para o NIM, perto da sua primeira localização em Pequim. Trabalhou ali outros nove anos.

Quando irrompeu a Revolução Cultural, em 1972, toda pesquisa cessou e o trabalho na fábrica foi encerrado. Perguntei o que ela fez durante aqueles tumultuados anos. "Nada de importante", ela disse, com voz calma, indicando que nada mais sairia dali.

Nascimento da metrologia chinesa

Em 1976, nos estertores da Revolução Cultural, o Comitê Central do Partido Comunista concebeu a ideia de um filme sobre como o primeiro imperador, Qin Shi Huang Di, unificou os pesos e medidas da China. O primeiro estúdio de cinema do país, Changchun, começou a trabalhar em um roteiro e queria a colaboração do NIM. Os funcionários do ins-

China antiga: pés e flautas

tituto relutaram em se envolver (o turbilhão da Revolução Cultural não se aquietara completamente e interpretações políticas dos imperadores do passado eram assuntos delicados) e o projeto morreu. Mas o episódio incentivou o NIM a estabelecer um grupo constituído de meia dúzia de pessoas para pesquisar a história da metrologia chinesa. Durante a Revolução Cultural, muitos pesquisadores tinham ido embora, de modo que o pessoal do NIM era reduzido. Para ajudar a preencher essa lacuna, o diretor pediu a Guangming que participasse. Por esse golpe de sorte, ela se tornou pesquisadora da história da metrologia.

Um sol quente brilhava através das janelas do pequeno apartamento de Guangming, e ela se levantou para puxar a cortina. Tirou alguns livros da estante e os abriu em figuras de antigas medidas de comprimento tiradas de museus chineses. A princípio, ela contou, a pesquisa do grupo se concentrou na metrologia até incluir a época de Qin Shi Huang Di (259-210 a.C.), o primeiro imperador da China unificada. A essa altura, pesos e medidas na China já tinham uma longa e venerável história. A metrologia chinesa nasceu da necessidade de satisfazer atividades de produção e manter o aparato estatal, associada com a antiga paixão chinesa por "definir e manter boa ordem"; e surgiu já na era neolítica, no terceiro milênio antes de Cristo. Uma medição cuidadosa, sistemática, é evidente na manufatura precisa de artefatos rituais de jade no Neolítico, antes de cerca de 2000 a.C.[2] As primeiras medidas lineares usadas para fazer esses artefatos baseavam-se em partes do corpo, sobretudo dedos e mãos; às vezes era feita distinção inclusive entre medidas da mão de um homem e da mão de uma mulher.[3] As principais medidas derivadas do corpo eram o *chi* (pronuncia-se, aproximadamente, *chãr*), uma medida de pé que podia variar de 16 a 24 centímetros, dependendo da época e da região, e o *cun* (pronuncia-se *tswun*), que um dia foi relacionado com a largura de um dedo, mas que, ao menos já em 400 a.C., era regulado com um décimo do *chi*. Na era neolítica essas unidades já eram corporificadas – vinculadas não só aos pés dos indivíduos, mas a bastões de medição facilmente reproduzíveis.

Uma régua *chi* de bronze da era Zhou (1046-256 a.C.).

A diversidade de medidas persistiu desde os tempos neolíticos através da dinastia Shang (cerca de 1600-1046 a.C.) e da dinastia Zhou (1045-256 a.C.), duas dinastias longas mas não fortemente centralizadas. Na primeira, vasos rituais de bronze e seus projetos vieram a ser regidos por regras matemáticas precisas. Essas regras não eram simplesmente em nome de uma proporção adequada ou mesmo estética; tinham significação simbólica, refletindo proporções mais profundas no Universo. "Estrutura era um elemento na hierarquia do significado", escreve o estudioso em história da arte chinesa Robert Poor em um artigo a respeito do papel da medição no antigo ritual chinês, "uma metáfora para a ordem moral e espiritual do Universo tornada clara para que todos vissem".[4] Nesse ínterim, sinos de bronze foram se tornando cada vez mais importantes na vida chinesa, graças a desenvolvimentos tecnológicos. A partir de cerca de 1200 a.C., as fundições de sinos se multiplicaram, sobretudo no sul, para satisfazer a uma demanda constante para música e sinalização militar. A forma do sino tornou-se padronizada, com os artesãos tentando continuamente aperfeiçoar seu som.

Na dinastia Zhou, emergiram um Estado e uma cultura nacional genuinamente chineses: a linguagem escrita foi desenvolvida a um alto nível; o uso do ferro tornou-se comum; e os grandes filósofos chineses, inclusive Confúcio, Lao-Tsé e Mêncio, apresentaram seus ensinamentos. Da mesma forma, ao longo de toda essa dinastia, o *chi* foi a unidade básica para medir objetos de dimensões humanas; Confúcio reporta sua altura como sendo 9,6 *chi*, e diz que seu pai, que media dez *chi*, tinha a altura máxima que um ser humano podia atingir.

Políticas e práticas da corte relacionadas a ritos de autoridade também começaram a ser padronizadas. Tais ritos incluíam ideias sobre apresentações musicais apropriadas e envolviam especificação do sistema harmônico.[5] Os sinos começaram a abrir caminho penetrando no sistema ritual-religioso da corte, tornando-se gradativamente mais importantes em seu componente musicológico emergente. Por volta de 800 a.C., as cerimônias de investidura, culto e liturgias usadas na corte para marcar o calendário ritual e definir a autoridade real passaram a depender cada vez mais de elaborados e dispendiosos sinos de bronze, sozinhos ou em arranjos. Os mestres de música imperiais começaram a explorar possibilidades de notas além dos três, quatro ou seis sinos habitualmente disponíveis. Quando foi desenvolvido um sistema de doze notas, em algum momento por volta de 400 a.C., ele elevou ainda mais a importância do ritual de carrilhões de sinos, pois os doze tons logo foram integrados a uma filosofia matemática da corte. "Carrilhões afinados", diz Howard L. Goodman, estudioso norte-americano da China antiga, "podiam demonstrar aos súditos e às visitas do imperador uma harmonia totalitária que relacionava fórmulas, completude matemática e uma misteriosa confluência de tons e números, o que, em conjunto, aumentava a importância e o poder ritual do rei."

A maioria das velhas capitais da China tinha torres de sino e tambor que marcavam as horas e serviam como referência para o planejamento da cidade. Mas a música ritualizada nas cortes imperiais, que tinha lugar nas salas do palácio ou em altares nas suas vizinhanças, envolvia um entrelaçamento da música na cultura da corte. O sistema de escala harmônica ritual de doze notas que surgiu era chamado *lülü* – um nome enganadoramente simples para algo tão sério e elaborado como um sistema sônico, consistindo de dois caracteres chineses singulares, ambos por coincidência pronunciados "lyu". Conforme descobriram os arqueólogos, muitas afinações de carrilhões de sinos chinesas refletiam essas notas *lülü*. A mais baixa das doze notas era chamada *huangzhong* (pronuncia-se "hwahng-jung"); esse termo também era muito usado para indicar correção musical. O sistema harmônico não era igualmente temperado, com cada par de notas adjacentes tendo a mesma relação entre suas frequências, como ocorre na tradição clássica da Europa ocidental; ele soaria fora de tom aos nossos ouvidos, e não era a escala de doze tons de, digamos, Arnold Schoenberg, embora consistisse de uma sequência de doze passos com espaçamento relativamente uniforme. Os nomes dos sinos individuais foram se desenvolvendo bem devagar ao longo de centenas de anos, até mais ou menos 400 a.C., com diferentes regiões usando diferentes nomes. Durante esse tempo, tanto a nomenclatura dos sinos correspondentes aos doze passos *lülü* quanto a matematização do sistema harmônico foram padronizadas. Em 1977, escavadeiras terraplenando um morro para a construção de uma fábrica em Suizhou, na China, revelaram a tumba de um senhor de menor expressão da dinastia Zhou chamado marquês Yi, datada de algum momento após 433 a.C., e que continha uma vasta coleção de sinos, completada com notações musicais explicando a escala e as relações entre as claves. A pesquisa na esteira dessa descoberta contribuiu bastante para o conhecimento do antigo sistema de escala e do seu papel na corte.[6]

Cada tom era importante – de "importância crítica" na corte, escreve o físico e historiador de música Bell Yung, da Universidade de Pittsburgh –, e frequentemente explorado em "lutas de poder entre diferentes facções na preparação de [um] ritual".[7] Para estabelecer o diapasão para as cítaras, as flautas e os cantores das orquestras da corte imperial, os doze passos do *lülü* eram ligados às dimensões de doze tubos de som. Esses reguladores

Descoberta em 1977 em Suizhou, a coleção de sinos do senhor marquês Yi, da dinastia Zhou, auxiliou os estudiosos a decifrar o antigo sistema da escala chinesa.

China antiga: pés e flautas 35

de tom eram de metal fundido, aerofones retos com furos para os dedos, e seus comprimentos eram especificados nos regulamentos da corte em *chi*. Assim, o *chi* – a unidade básica de comprimento – estava inextricavelmente ligado ao tom musical, ao menos na corte imperial. Fora da corte pouco se sabe e poucos artefatos existem, embora o *chi* seguramente fosse governado, ainda que de modo menos rígido, pelas definições da corte.

Quase toda civilização tem lendas que servem para sintetizar processos históricos demorados em episódios singulares. O nascimento das medidas, por exemplo, muitas vezes é atribuído a algum deus ou figura heroica: de acordo com uma história grega, Pitágoras inventou pesos e medidas para os gregos, enquanto um antigo texto romano diz que o deus Júpiter os deu aos romanos. Os chineses também têm lendas correspondentes. Segundo uma história tradicional e repetida com frequência, o primeiro lendário imperador da China – Huang Di, que viveu por volta de 2697-2597 a.C., e que é muitas vezes chamado de pai da civilização chinesa – enviou um ministro às montanhas para encontrar uma espécie de bambu que era venerado pela extraordinária regularidade em seu comprimento e grossura. Ele então cortou um pedaço de 3,9 *cun* de comprimento, fechado numa das extremidades, e o transformou em uma flauta, cujo tom se tornou o huangzhong. Fez mais onze flautas para criar o *lülü*.[8] Mas essa história com certeza é tão lendária quanto as de Pitágoras e de Júpiter, nascida do mesmo desejo poético de comprimir uma história complexa sobre um tema importante num único episódio.

O primeiro regime imperial centralizado da China surgiu apenas em 221 a.C., quando um guerreiro chamado Ying Zheng conquistou senhores locais e deu a si mesmo o título imperial de Qin Shi Huang Di, apropriando-se do nome do lendário ancestral da civilização chinesa. O ato inicial de Qin Shi Huang Di foi emitir um édito imperial unificando pesos e medidas no reino, e ordenou que a lei fosse entalhada ou fundida nos próprios pesos e medidas. Foi a primeira unificação de pesos e medidas na China; por algum tempo, os funcionários do Partido Comunista acharam que o episódio tinha a conformação de um épico revolucionário, o que levou à surpreendente transformação de Guangming em historiadora da metrologia.

Mesmo que o grupo tenha começado a pesquisa com a história das medidas chinesas até Qin Shi Huang Di, Guangming me contou que após o cancelamento do projeto do filme a pesquisa foi estendida de modo a cobrir toda a história da metrologia chinesa. Os membros do grupo leram tudo o que puderam conseguir sobre metrologia e passaram anos vasculhando museus por toda a China em busca de artefatos. Também, sob o regime de Mao, a começar por meados dos anos 1950, a arqueologia como empreendimento acadêmico modernizado foi altamente promovida, e descobertas de tumbas, artefatos, instrumentos, entre outras coisas, da época Han e pré-Han explodiram em número. O grupo precisou dominar e juntar textos clássicos, as práticas rituais de cortes antigas, cosmologia, música e as mais recentes descobertas arqueológicas de artefatos metrológicos e musicais. "Trabalho duro", disse Guangming.

A dinastia Qin não durou muito e foi sucedida pela dinastia Han (206 a.C.-220), que também emitiu éditos para pesos e medidas e desenvolveu balanças e outros instrumentos metrológicos, tais como compassos para medir objetos redondos. Na metade da dinastia Han, um alto conselheiro da corte chamado Wang Mang, membro de uma das mais influentes famílias da época, tomou o poder e reinou por doze anos. "Um episódio breve, mas importante", disse Guangming. O veredito histórico para Wang Mang é contraditório – alguns o veem como reformador, outros como usurpador e tirano –, mas "ele foi bom para a metrologia". Ele deu início à tradição chinesa de criar e preservar meticulosa documentação de pesos e medidas e ao uso de utensílios metrológicos de bronze fundido. Daí por diante, ao longo de toda a história chinesa, por quase 2 mil anos, o imperador de cada nova dinastia ordenava uma revisão de práticas metrológicas, muitas vezes resultando em novos pesos e medidas, para assegurar que se encaixavam com o modelo de qualquer dinastia antiga ou anterior adotado de acordo com os eruditos e técnicos da corte – e documentando os achados.

Durante a era Han, a numerologia e a matemática floresceram entre os eruditos da corte. Essa numerologia era exposta em tratados acadêmicos sobre os ritos da corte e, em última instância, apresentava relações numéricas entre os sistemas rituais tais como os intervalos harmônicos *lülü*, movimentos celestes e o calendário. Ter os instrumentos da corte afinados adequadamente cresceu em importância no estabelecimento da legitimidade dos rituais dinásticos.

A afinação apropriada era produzida pelos tubos de som que haviam sido construídos conforme comprimentos classicamente prescritos. O huangzhong também estava envolvido na definição da medida de capacidade da corte. Uma importante história real intitulada *Hanshu* (cujo autor morreu no ano 90) – literalmente, *Documentos históricos da dinastia Han* – define tanto o *chi* como medida de volume em termos do número de grãos de painço colocados de ponta a ponta de modo a equivaler ao comprimento de um tubo de som huangzhong quanto o número de grãos necessários para preenchê-lo. Vários escritos famosos datados por volta dos séculos II a.C. e III a.C. especificam esse comprimento como nove *cun*, ou 0,9 *chi*. Noventa grãos de painço preto definiam o *chi*, 1.200 grãos definiam a medida de volume, com ainda outra medida sendo o peso equivalente ao número dessas sementes que preenchem um tubo de som huangzhong. Dessa maneira, durante a dinastia Han, a metrologia tornou-se intimamente ligada às práticas rituais – com o sistema religioso da corte, com a simbologia das suas vestimentas e uniformes, com observações astronômicas e com o sistema musicológico *lülü*. Uma mudança em qualquer um desses aspectos não podia ser levada a cabo sem explorar as que precisariam ser feitas nos outros.

Perguntei a Guangming se sua pesquisa incluía explorar essas definições. "Sim!", ela disse. Parte importante da pesquisa feita pelo seu grupo de história da metrologia era ler cuidadosamente os documentos clássicos, executar seus cálculos e passos matemáticos, examinar os artefatos existentes e reconstruir as práticas tradicionais. Ela saiu da sala para pegar algo em seu escritório. Voltou com os braços carregados de bastões de madeira, cada um com cerca de trinta centímetros, que ela própria fizera no NIM na década de 1990. Em cada bastão havia feito um corte ao longo do comprimento, e em cada fenda enfiara uma fileira de sementes de painço "médias" do tipo que crescia na China da dinastia Han, conforme as instruções do *Hanshu*. Os metrologistas de hoje acreditam que o *chi* da dinastia Han tinha aproximadamente 23 centímetros, e que eram necessárias de noventa a 112 sementes para preencher. Seus bastões mostravam um *chi* que de fato se enquadrava nessa dimensão.

A metrologia da corte – os padrões de comprimento e peso determinados pelos eruditos da corte – nem sempre se estendiam para além dos palácios, até as cidades e a zona rural. No mercado, os artesãos e mercadores não contavam sementes ao comprar ou vender, mas utilizavam medidas improvisadas. Ainda assim, muito provavelmente elas tinham alguma

A historiadora de metrologia chinesa Guangming Qiu, com a régua *chi* feita de sementes de painço preto introduzidas num bastão de madeira.

China antiga: pés e flautas

ligeira relação com as definições da corte, da mesma forma grosseira e imediata que nós presumimos que nossas medidas de mercado tenham alguma relação distante com os padrões oficiais guardados nos cofres. Dentro dos recintos da corte, as definições eram parte essencial dos rituais. Os gregos antigos, como vimos, encaravam a metrologia como tendo significação espiritual especial quando seus elementos eram relacionados de modo proporcional. Para os antigos chineses, a metrologia também tinha um significado especial, mas de outro tipo – um significado social e cultural que era vinculado a ideias metafísicas, textos clássicos e artefatos. A ciência e a execução dos padrões de medida em tal contexto ritual foi o que inspirou Hans Vogel, um estudioso alemão da China antiga, a aplicar o termo *metrosofia*.

A política da precisão

No ano 274, um funcionário da corte chamado Xun Xu tentou introduzir uma minúscula alteração no *chi*. A malsucedida tentativa e sua precipitação lançam muita luz sobre a estreita trama de metrologia, musicologia e política na corte imperial. Esse episódio é o tema do livro de Goodman *Xun Xu and the Politics of Precision in the Third Century AD in China* [Xun Xu e a política da precisão no século III na China].[9]

Xun vinha de uma família politicamente bem relacionada em Luoyang, que se tornara sede imperial da dinastia Wei em 220. Era um jovem estudioso para essa dinastia, um dos vários reinos em guerra que sucederam os Han. Era também respeitado como retratista e arquivista da corte, além de ter aguçado ouvido musical. Segundo uma história, sem dúvida apócrifa, em algum momento percebeu que precisava recriar um som que um dia ouvira ser produzido por um sino de vaca durante uma viagem que fizera para o norte. Posteriormente, na capital, ordenou a sua equipe que recolhesse os sinos de vaca daquela região, e para seu deleite pôde encontrar aquele que ouvira décadas antes.

Em 265, a dinastia Wei foi deposta – e seu líder assassinado – por amigos da família de Xun. Este, em breve, estava mergulhado na nova dinastia Jin e era membro importante de uma ambiciosa facção que buscava influenciar a corte mediante seu planejamento da sucessão real – e, no caso de Xun, de acordo com reformas técnicas de grande carga política. Tornou-se um proeminente arquivista e regulamentador de instituições e rituais da corte para os Jin. Entre seus diversos títulos havia o de "Escritor do Palácio" e "Superintendente da Biblioteca Imperial". Por volta de 270, um primo mais velho o recrutou para reformar as práticas musicais da nova dinastia. Não era algo incomum: cada novo imperador ordenava um reexame erudito das cerimônias herdadas para assegurar que estavam tecnicamente corretas, exercendo a virtude da "conduta certa", essencial para a legitimidade política. A maioria dos eruditos na posição de Xun teria feito alterações mínimas. Mas ele, ritualista obsessivo e politicamente ambicioso, logo introduziu uma mudança significativa nos versos das canções rituais. Outros funcionários da corte se opuseram, mas Xun retrucou tanto com argumentos estéticos ("minhas reformas soam melhor!") quanto com argumentos da antiga tradição ("foi idealizada assim nos velhos tempos de Zhou"). Sua reforma era ao mesmo tempo musicológica e política: implicava que as práticas dos governantes Wei anteriores eram ilegítimas, o que lançava suspeitas sobre a continuidade das políticas Wei e aqueles que as apoiavam.

Os deveres de corte de Xun incluíam vasculhar os depósitos do palácio em busca de artefatos antigos, o que o levou a criar outra revolução na corte, esta musical e metrológica. Em 274, deparou-se com um esconderijo contendo velhos tubos de som feitos de bronze chamados *lüs*, usados pelos antigos músicos da corte para estabelecer o tom para os instrumentos.

A maioria dos eruditos da corte teria apenas usado os reguladores de tom e encontrado referências em textos clássicos para justificar seu uso. Xun, não. Ele comparou o som dos *lüs* antigos com aqueles então usados na corte, e descobriu que os velhos soavam num tom ligeiramente mais grave. Isso o inspirou a montar um vasto projeto para coletar, identificar e comparar padrões de dinastias mais antigas. Concluiu não só que os

China antiga: pés e flautas 41

atuais instrumentos da corte estavam, na verdade, fora de tom em relação às antigas orquestras e à harmonia cósmica, mas também que o próprio *chi* antigo havia se tornado inadequadamente longo durante as últimas décadas da dinastia Han. "Este não era um modo de investigar a Antiguidade e honrar os sábios", escreveu Xun, "e tampouco de prover um sistema para as gerações futuras."[10]

Goodman denominou a estratégia de Xun de recuar ao tempo de Zhou de *"prisca* Zhou", adaptando a expressão ocidental *"prisca theologia"*, a crença dos primeiros eruditos protestantes de que a adoção de uma forma de teologia pura, bíblica, poderia melhorar o mundo e oferecer à sua população uma vida única, abençoada, em continuidade com o passado mas preparada para um futuro em aberto. Apesar de não ser exatamente a mesma coisa que na Europa dos séculos XVI e XVII, a estratégia de Xun Xu forneceu à corte chinesa um tipo semelhante de crítica revisionista do presente apelando para um passado mais distante e autêntico. Por exemplo, diz Goodman, imagine se a legitimidade religiosa ocidental "fosse depender de estabelecer o tom exato para a salmodia de Cristo (ou Paulo, ou até mesmo Gregório I), seja por meio de um tubo, ou trombeta, vagamente reconstruível, ou um comprimento de corda ou, mais abstratamente, uma leitura radical da escritura que pudesse apontar para especificações de magnitudes".[11]

O elevado status de Xun dava-lhe acesso a oficinas e a uma equipe treinada. Ele ordenou que fosse fundido um novo padrão *chi* de bronze, com cerca de 23,1 centímetros pelas nossas medidas, algo em torno de um centímetro mais curto do que os existentes fabricados no final da dinastia Han e replicados na dinastia Wei. Não foi difícil para Xun revisar ele próprio o comprimento, devido à ausência de metrologistas profissionais ou agências independentes mercantis e tributárias, classes de pessoas cujos interesses seriam ameaçados por uma mudança. Tampouco havia qualquer comércio significativo com Estados estrangeiros que pudesse ser adversamente afetado por tal mudança e cuja presença constituiria um obstáculo para uma alteração nas medidas. A reforma feita por Xun no padrão de comprimento, escreve Goodman, foi a assinatura da sua carreira, "uma busca ritualizada por uma verdade antiga, ou Zhou".[12] Foi como se o Instituto Nacional de Padrões e Tecnologia (Nist, na sigla em inglês), sediado em Washington, a agência oficial de metrologia dos Estados Unidos, tentasse elevar seu perfil político insistindo com o governo para que usasse os pés, polegadas e libras que seus fundadores utilizaram na Filadélfia no fim do século XVIII.

O imperador Jin implantou, satisfeito, a medida – embora na região rural pessoas familiarizadas com a outra já existente tenham resistido. A obra de Xun Xu reforçava a legitimidade do imperador mostrando que a dinastia Wei, aniquilada pela sua família, estava ritualmente incorreta. As correções de Xun também ecoaram com brigas de poder, políticas e famílias competindo pelo controle da corte. Deve-se notar, porém, que o novo sistema de afinação resultante aplicava-se apenas à música ritual da corte e à música folclórica conhecida como *yuefu*, muito popular fora dos muros da corte por volta do ano 100. Essa música estivera na moda, sobretudo, nos tempos Wei e vinha ganhando popularidade dentro dos círculos da corte. A pesquisa de Goodman sugere que o estilo *yuefu* de música na corte possa ter sido obrigado a se adaptar à nova afinação, e a brilhante manobra de Xun Xu ao mesmo tempo permitiu esse novo ritmo na corte *e* o sujeitou ao controle imperial. Porém, escreve Goodman,

> os padrões de Xun não fluíram para as práticas dos alfaiates do palácio, ou dos fundidores de moedas, e outros artesãos que não compartilhavam a necessidade de uma reforma *prisca* Zhou. A régua-de-um-pé como "supervisor" metrológico permaneceu, sim, como utensílio fundamental nos ritos, e até mesmo liturgias, da corte.[13]

Xun Xu foi ainda mais longe nas reformas musicológicas. Baseado na nova magnitude do *chi*, fez doze tubos de som para servir de reguladores de tom, diapasões, que por sua vez foram usados para corrigir as flautas das orquestras da corte, conhecidas como flautas *di*. Esses instrumentos de várias formas datavam de centenas de anos. Com as extremidades abertas

China antiga: pés e flautas

e feitas de bambu, as flautas tocavam escalas pentatônicas e heptatônicas. Utilizando um processo notavelmente semelhante a um algoritmo, Xun ajustou o espaçamento dos furos do dedo segundo o novo *chi* e seus reguladores de tom derivados. Esse processo, embora ainda não resolvesse o problema do tempero igual, buscou impor o sistema harmônico ideal do *lülü* aos problemas de nota e tom nos instrumentos reais.

Nos anos 1980 e 1990, o sistema de espaçamento dos furos de Xun Xu foi extensivamente estudado pelo arqueólogo de música chinês Zichu Wang, que usou um Stroboconn – dispositivo eletrônico para medir notas musicais – para comparar os sons produzidos por cilindros construídos com espaçamentos de furos iguais com aqueles confeccionados segundo o algoritmo de Xun e padronizados conforme o desenho das flautas antigas.[14] Wang estava particularmente interessado em explorar a "correção de extremidade", isto é, se Xu compensava o fato de a estrutura de uma nota fundamental ser alterada pela onda de pressão produzida pela onda sonora escapando pelos furos dos dedos. Em 2008, Goodman, que no início da carreira estudou música na Juilliard School, associou-se com Y. Edmund Lien, engenheiro que trocara de carreira para tornar-se estudante de graduação em literatura chinesa na Universidade de Washington, para analisar o trabalho de Wang. Concluíram que no século III Xun ainda não havia captado o fenômeno físico da correção de extremidade (embora alguns estudiosos chineses questionem isso); o efeito permaneceria sem a atenção dos estudiosos da música até que o cientista-filósofo muçulmano Abu Nasr al-Farabi o abordou no século X. E Xun tampouco buscava tempero igual. Em vez disso, procurou, por meio do seu algoritmo, como melhor acomodar o esquema numerológico *lülü* às exigências do desempenho real e a necessidade de usar a escala cromática para tocar em diferentes tons. Pela primeira vez, escrevem Goodman e Lien, as orquestras da corte chinesa tinham "flautas que usavam notas rituais afinadas de modo a estar no tom ao responder a uma variação de modo e tom". Mediante sua meticulosa atenção ao detalhe, Xun, em certo sentido, trouxe a música da corte para "a física e a acústica do mundo real".[15]

Estatueta de cerâmica pintada de um homem tocando uma flauta *di*, encontrada numa tumba escavada na área de Sichuan, datando de cerca de 220-65.

As reformas metrológicas de Xun tiveram curta duração. Sua estridente facção meteu-se em dificuldades na política da corte, e ele próprio foi acusado de má erudição e estética defeituosa – fazia as flautas tocarem alto demais, acusavam os críticos. Foi forçado a deixar o cargo, transferido para outra função sem qualquer poder metrológico ou musical. A evidência arqueológica mostra que os padrões do *chi* em vários contextos voltaram a ficar mais longos em apenas uma geração após a morte de Xun. Embora o episódio tenha resultado numa mudança somente temporária no comprimento do *chi* da corte, a volatilidade da medida de comprimento e sua dependência das questões musicais, conforme decifrado pelas várias pesquisas de Goodman, Vogel, Wang, Lien e outros, revela muita coisa sobre o que estava fortemente associado a

China antiga: pés e flautas

que no século III – e, na verdade, durante longos períodos na história imperial chinesa.

Essa ligação entre musicologia, metrologia e política da corte persistiu por mais de mil anos. A China ficou isolada de pressões externas que pudessem levá-la a mudar um sistema que funcionava. Durante a dinastia Ming (1364-1644), o lendário almirante Zheng He conduziu uma armada de centenas de navios e dezenas de milhares de tripulantes através do sudeste da Ásia e do oceano Índico, buscando expandir a influência e o controle chineses sobre o comércio internacional. De modo frustrante, Zheng He encontrou apenas civilizações com pouco mais a oferecer do que matérias-primas, e a expedição foi interrompida "pelo mesmo motivo que os Estados Unidos pararam de mandar homens para a Lua", diz o cientista político Jack Goldstone: "nada havia ali para justificar os custos de tais viagens."[16] O pouco comércio que resultou dessas viagens não trouxe nenhum novo desafio para as longas tradições metrológicas chinesas. A primeira perturbação séria aconteceria apenas centenas de anos mais tarde, no fim da dinastia Qing (1644-1911), na esteira das Guerras do Ópio.

O grupo de Guangming publicou numerosos livros e artigos a partir de 1981 e durante os anos 1990, documentando a história dos pesos e medidas chineses desde os primórdios até a introdução do sistema métrico no século XX. Em 1992, lançaram um estudo abrangente.[17] Um a um, os membros do grupo de história da metrologia do NIM deixaram o serviço ou se aposentaram, sem serem substituídos. "Trabalho duro, salário baixo", diz Guangming. "Outros no instituto nos olhavam de cima para baixo, pois não estávamos nas ciências naturais, e fazíamos nossa pesquisa com documentos e coisas antigas. Nos dias de hoje as pessoas querem trabalhar no laboratório, com alta tecnologia e equipamento moderno – aquilo que vimos em Changping –, e não estão interessadas na história." Em pouco tempo passou a ser a única que restava para pesquisar as raízes da metrologia chinesa. Quando se aposentou, em 1999, ninguém a substituiu, mas ela continuou a pesquisar e publicar material sobre metrologia antiga por conta própria.

E por que ela continuou? "Não quero uma vida de luxo", diz. "Tenho suficientes comida e roupas – meu único desejo é fazer algo do jeito certo." Ser estudiosa de metrologia chinesa antiga – pesquisar seus engenhosos artefatos, exuberantes indivíduos e fascinantes contos – foi tão empolgante e gratificante para sua carreira quanto ela podia imaginar.

3. África ocidental: pesos de ouro

As práticas de mensuração antigas e singulares da China duraram por longo tempo devido ao extremo isolamento do país e também ao estado avançado do desenvolvimento chinês em relação a qualquer outra cultura nas imediações. À distância de um terço de uma volta ao redor do mundo, na África ocidental, surgiu uma prática de mensuração notavelmente distinta que persistiu pela razão oposta: porque pôde coexistir com as práticas de mercadores estrangeiros de diversas terras que sempre estavam aparecendo na região.

Niangoran-Bouah: pesos de ouro como enciclopédia akan

Em 1959, Georges Niangoran-Bouah (1935-2002), então estudante na África ocidental, trabalhava na pesquisa para sua dissertação no Departamento de África Negra do Musée de l'Homme, em Paris. Era uma época vibrante para ser um jovem intelectual africano. Movimentos de independência estavam sendo criados. Gana acabara de se tornar a primeira nação subsaariana a conquistar sua libertação e uma dúzia de outras em breve a seguiriam, inclusive a terra natal de Bouah, a Costa do Marfim. Imagine a consternação de um jovem estudioso quando o chefe do departamento pediu-lhe para compilar informação a respeito da coleção de pesos de bronze do museu – algo que um africanista não incluiria numa lista de tópicos importantes.[1] Além disso, os pesos eram obsoletos; o país estava usando o sistema imperial da Grã-Bretanha de pesos e medidas.

O grupo étnico akan, espalhado por Gana, Togo e Costa do Marfim, usava esses fundidos de bronze para separar pequenas quantidades de ouro. Os akans, cuja presença na África ocidental remonta há pelo menos 2 mil anos, desenvolvera uma economia de comércio próspera usando pó de ouro como moeda já por volta do século XIV. Obtinham o ouro peneirando-o nos leitos dos rios e nas áreas costeiras e, mais tarde, por mineração. Em lojas e mercados, mediam cuidadosamente o pó utilizando balanças e outros acessórios, e esse é o motivo pelo qual os ocidentais começaram a chamar a região de "Costa do Ouro". Os primeiros pesos africanos eram de sementes, pedra e cerâmica, mas quando as caravanas de mercadores islâmicos começaram a vir ao longo da Idade Média, os akans passaram a imitar sua prática de usar pesos fundidos em metal com formatos simples, cúbicos ou cônicos, em estilo islâmico. Os primeiros europeus, que chegaram em 1471 – primeiro os portugueses, depois os britânicos, franceses e holandeses –, trouxeram outros tipos de peso. Os enfeites decorativos dos akans foram se tornando cada vez mais ricos e variados, e passaram a incluir não só intricados desenhos e poliedros, mas também flora e fauna, animais, gente, ferramentas, sandálias e mobília. Quase tudo valia, exceto alguns poucos animais como gatos, corujas e abutres, que eram isentos de representação por motivos religiosos ou mitológicos. Cada chefe de família akan tinha uma sacola – *futuo* – de tais pesos e uma coleção de acessórios para usar ao pesar ouro, e quase todo elemento da vida akan aparecia de uma forma ou de outra nesse teatro em miniatura. Cada objeto fundido era único, e o diferente desenho, estatueta ou ideograma não tinha relação com o peso do objeto fundido. De 1400 a cerca de 1900, milhões dessas peças fundidas foram feitos na África ocidental. Centenas – milhares, em alguns casos – encheram as gavetas dos museus do Ocidente. Aqueles com desenhos de inspiração mais recente, tais como canhões, rifles, navios, cadeados e chaves, eram particularmente constrangedores para africanistas puristas.

Estudioso jovem e ambicioso, Niangoran-Bouah via os objetos fundidos como quinquilharias, significando pouco mais do que amuletos em braceletes. Literalmente xingou o professor que lhe encarregou de uma tarefa que aparentava ser tão desprezível. Qualquer outra coisa na cultura

África ocidental: pesos de ouro 49

africana parecia mais relevante para as mudanças radicais que estavam a caminho: mais conectadas com o conhecimento esotérico e poderes espirituais africanos, com suas leis especiais e filosofias emergentes, e com suas diferenças do Ocidente. Mas ele se resignou a estudar esses objetos. Leu o que etnógrafos europeus tinham escrito e seguiu seus métodos: formulou hipóteses, elaborou questionários e saiu a campo para interrogar informantes – seus conterrâneos.

A reação deles o deixou aturdido. Pobres, sem incentivo para participar, tendiam a responder de modo pragmático, da maneira que mais provavelmente lhes renderia algum dinheiro. E o que era mais perturbador, alegavam não entender o que Niangoran-Bouah estava falando. Ele ficou chocado; estavam tratando-o assim como tratariam um turista branco. Posteriormente escreveu, canalizando seu eu mais jovem: "Que direito tinham indivíduos iletrados de contestar um estudo que requereu vários anos de pesquisa nos mais famosos museus e bibliotecas da Europa?" Aos poucos, foi lhe ocorrendo que estava *agindo* como um turista branco, e que precisava se livrar de suas herdadas premissas europeias.[2]

Aprender os idiomas locais ajudou. Os europeus traduziram o termo akan *yôbwê* como "peso". Então Niangoran-Bouah escutou. "Um peso", escreveu, é a palavra europeia para "um elemento num sistema de medição que é usado para determinar o valor da massa de outro objeto: só pode ser concebido dentro de um sistema de medição e, como regra, não pode ter outra função". Mas, continuou ele, "*Yôbwê* (seixo ou pedra) possui um sentido mais amplo; pode ser usado como medida e pode também ter outras funções". Quando tem, passa a ser chamado por outros nomes.

Um *dja-yôbwê* (um seixo *dja*), por exemplo, era uma pedra cujo conteúdo estava ligado à herança cultural akan; um *sika-yôbwê* (seixo de ouro ou prata) era uma quantia de dinheiro; um *ahindra-yôbwê* (seixo de provérbio) significava uma pedra contendo um pensamento; um *nsangan-yôbwê* (seixo de multa) era uma pedra usada quando se pagava uma multa ou taxa; um *ngwa-yôbwê* (seixo de jogar) continha signos usados em jogos e para interpretar significados ocultos; e assim por diante.[3] Todos eram tratados pelos acadêmicos europeus como pesos. Literalmente falando, concluiu Niangoran-Bouah, nenhum deles era peso no sentido ocidental.

Enquanto os comerciantes ocidentais encaram o ato de pesar como uma interação na qual se usa um objeto em conjunção com um instrumento para atribuir um valor numérico a uma propriedade específica de outro objeto, os akans usavam as peças fundidas em bronze junto com outros aparatos numa interação social complexa. Essas peças eram mais como padrões para fixar preço; seu peso representa uma quantidade de pó de ouro a ser trocada por taxas, multas, serviços, bens e outras coisas:

> Para o pesquisador científico com educação ocidental, a ideia de uma balança, e de uma massa de metal colocada nos pratos da balança, traz à mente a pesagem, ou determinar o valor da massa por comparação com outra massa metálica. Para os nativos akans, balança, seixo, colher e pó de ouro referem-se todos ao ato de avaliar dinheiro. Consequentemente, só podia haver falta de entendimento e "diálogos de surdos e mudos" entre Europa e África.[4]

Além disso, não havia correlação entre os desenhos dos pesos e seu valor, e não existia valor de peso absoluto. Pesquisadores europeus tentaram em vão descobrir correlações entre os pesos e algum padrão natural – sementes ou frutos, por exemplo. "Mercadores akans manuseando ouro não estavam necessariamente interessados em determinar o peso exato", advertiu o estudioso da África Albert Ott. "O cientista que tentar estabelecer um sistema acurado a partir dos pesos de ouro existentes fracassará. Ele não pode nunca esperar obter um conjunto de pesos que corresponda exatamente a equivalentes aritméticos."[5]

Por que então, Niangoran-Bouah perguntou a si mesmo, os akans – grandes imitadores! – não copiaram o mais preciso sistema europeu de dinheiro e pesagem quando o viram? Teria sido muito mais fácil manufaturar moedas e pesos no estilo ocidental, que eram símbolos idênticos, do que o artesão akan fazer a mão, uma por uma, cada peça com um novo desenho. Além disso, moedas ocidentais são mais fáceis de carregar do que os objetos fundidos, que eram guardados no *futuo* junto com acessórios: balanças, peneiras, crivos, colheres e penas para limpeza, partes de um sistema de pesagem elaborado e socialmente complexo. Por fim, o sistema ocidental era fácil de explicar e ser dominado pelas crianças, enquanto o de moeda akan, baseado no pó de ouro, era tão complexo que as instruções para o seu uso faziam parte dos rituais de iniciação dos adultos.

Resistência à mudança, concluiu Niangoran-Bouah, revelava quanto os objetos fundidos em bronze eram parte fundamental da cultura akan. Os objetos que ele a princípio desprezara como curiosidades eram chaves para o funcionamento fundamental da sociedade akan e suas instituições. As peças fundidas, bem como as máscaras rituais e outros objetos exibidos orgulhosamente em museus, eram uma vitrine valiosa da essência vital da cultura akan – suas leis, finanças, comércio, educação, matemática, filosofia, literatura, lazer, religião e mitologia – e da diferença em relação ao Ocidente. No livro de três volumes que brotou a partir da dissertação de Niangoran-Bouah, ele oferece exemplos para o proveito de seus leitores ocidentais de como o sistema operava na prática e compõe uma "peça" cuja trama consiste numa transação monetária akan na qual alguém pede emprestado e depois devolve uma quantidade de ouro; nesse texto Niangoran-Bouah foi capaz de exibir o contexto social, o curso da discussão, o papel da pesagem e assim por diante.[6]

Conteúdo de um *futuo*.

A dissertação de Niangoran-Bouah inclui um dramático – embora possivelmente apócrifo – relato sobre o uso das estatuetas da primeira vez que marinheiros europeus viram o ouro akan. O incidente, escreve ele, teve lugar na região de Issia, na África ocidental, em 1471, quando marinheiros portugueses interessados em estabelecer comércio notaram um chefe usando ornamentos de ouro. Um dos marujos implorou-lhe um pouco de ouro, oferecendo sua pistola em troca. O chefe recusou. O marinheiro insistiu, rogou, arengou e o bajulou sem resultado. Os conselheiros do chefe riram das momices do estranho homem branco e disseram ao chefe para recusar. Este pensou por um momento, então tirou uma caixa de bronze contendo pó de ouro e algumas estatuetas, bem como uma balança e uma colher. Para medir o ouro ele escolheu a estatueta chamada Odiaka ("Se ele comer, fica"), um crocodilo com um peixe na boca. Quando o chefe pôs a Odiaka no prato da balança, os conselheiros subitamente silenciaram. À medida que ele punha, com cuidado, o pó de ouro com a colher sobre o prato, os conselheiros continuaram olhando em perplexo silêncio, enquanto os homens brancos trocavam com excitação e alegria bilhetes escritos. Quando o chefe terminou, embrulhou o ouro num pano e o entregou ao marinheiro.

Niangoran-Bouah explicou que o crocodilo era um símbolo para pessoas poderosas, o homem com a última palavra. Os camaradas do rei compreenderam que ele estava lhes dizendo que os marinheiros portugueses eram uma ameaça mortal. "Se ele comer, fica" queria dizer que, uma vez que o crocodilo compreende o que deseja, nada no mundo pode liberá-lo – ele está totalmente perdido. O chefe estava dizendo ao seu povo pelo ato silencioso de escolher aquela estatueta que, se ele se recusasse a dar aos homens brancos armados, eles pegariam o que queriam de qualquer maneira. O chefe estava dizendo que não tinha opção a não ser prosseguir com o negócio da forma mais digna possível. Niangoran-Bouah observa:

> Os europeus, obcecados com a aquisição de ouro, não tinham ideia de que o velho issiano pesando seu ouro com balanças presas com ganchos a uma corda pendendo do seu polegar esquerdo, e usando pesos originais, estava

Falando aos seus irmãos étnicos. A ruidosa risada dos africanos que presenciavam a cena e o silêncio que se seguiu contrastavam com a falta de reação por parte dos brancos. Essa diferença, e o profundo abismo que os separava, era ressaltada de forma impressionante pelo seu comportamento. Aqueles que presenciaram a cena representavam diferentes raças, diferentes civilizações e diferentes mundos. Essas pessoas, que precisavam comerciar entre si, não se entendiam mutuamente ... Com essa cena, estamos na presença de dois diferentes métodos de expressão: o da escrita do homem branco – o mundo, representado por signos gráficos e marcas numa superfície plana – e o uso africano da imagem material.[7]

Niangoran-Bouah tem sido criticado por acadêmicos por exagerar no simbolismo das peças fundidas e superestimar seu papel cultural, possivelmente uma reação a séculos de poderes colonizadores que desprezavam os costumes akans considerando-os bárbaros, até mesmo incivilizados. Suas alegações de que o sistema akan de pesos e medidas é separado mas igual ao ocidental; de que os pesos contêm "a soma total do conhecimento [akan]" e que equivalem a "uma enciclopédia de outro tipo e de um outro mundo"; e de que são o equivalente akan da Bíblia tendem a ser encarados hoje como dramatizações exageradas.[8] Mais tarde, em sua carreira, Niangoran-Bouah foi acusado de mais excessos ao alegar que o toque de tambores da África ocidental era uma linguagem comparável a outras linguagens, e que podia ser estudada por uma nova ciência que ele denominou "tamborologia".

Não obstante, seu trabalho ajudou a abrir uma nova apreciação do funcionamento da cultura da África ocidental entre acadêmicos africanos, e ele fora colocado nesse rumo de uma forma absolutamente inesperada: pela maneira de medir do seu povo. Quando o escritor V.S. Naipaul, ganhador do Prêmio Nobel, esteve na África ocidental em 1982, fez uma visita ao agora famoso africanista, na época professor de antropologia na Universidade de Abidjã, e mencionou no perfil feito para a *New Yorker* a coleção de peças fundidas de ouro ainda decorando sua mesa.

Tom Phillips: pesos de ouro como esculturas akans

O pintor e escultor britânico Tom Phillips aprecia os pesos de ouro akans de um ângulo totalmente diferente. Um dia em 1970, Phillips, um jovem artista que possuía algumas máscaras de madeira africanas, notou um peso à venda em uma galeria de Londres. "Era um peixe – um peixe-gato – curvando-se em volta de si mesmo. Eu o comprei para a minha filha", Phillips me contou numa conversa de sentenças breves e entusiasmadas. "Ela nunca o ganhou de presente. Voltei a olhar para ele: por que era um peixe? Por que esse peixe? Para que servia? Como era feito lindamente!" Comprou outro, e outro ainda. Visitou a África ocidental à procura de mais pesos, e hoje possui cerca de 4 mil, que ocasionalmente coloca em exposição. Phillips estima que em suas caçadas deva ter manuseado um milhão de pesos – uma fração substancial do número total produzido ao longo dos séculos – enquanto revirava as gavetas dos negociantes londrinos e lojas e mercados africanos. Ele chama seu livro de arte de 188 páginas, *African Goldweights: Miniature Sculptures from Ghana 1400-1900* [Pesos de ouro africanos: esculturas em miniatura de Gana, 1400-1900], de um "canto de louvor".[9]

Conheci Phillips num restaurante em Nova York, não longe de uma galeria que estava prestes a inaugurar uma exposição de suas vívidas e inventivas pinturas, esculturas e obras de técnicas mistas.[10] Para o meu olho, ao menos, com exceção de uma escultura de figuras sortidas sobre uma superfície parecendo um tabuleiro, seus trabalhos tinham pouco parentesco óbvio com os pesos akans, apesar do tempo e da energia que investira neles. Perguntei-lhe se haviam influenciado sua arte.

Phillips emitiu o tipo de grunhido gentil mas doloroso que avisa que você está chutando para o lado errado. "Tudo influencia sua arte", ele disse. "É claro que existe um terreno comum. O que me dá prazer na vida é o que chama a minha atenção para esses pesos."

Qual é o terreno comum? "As pessoas que os fazem são apaixonadas pela vida. Adoram o prazer. Não estavam nem aí para redigir escrituras. Ou para criar um código secreto tipo Dan Brown. Simplesmente se perguntavam: 'Que coisa nova pode nos dar prazer de representar?'" O artesão akan, disse ele, achava uma desculpa utilitária para celebrar o mundo à sua volta. Por mais de seis séculos esse impulso de celebração, por meio da sua imaginação e virtuosidade, absorveu a maioria dos traços da vida akan. Conforme escreve Phillips em *African Goldweights* (onde ele se permite algumas sentenças mais longas):

> Sem nenhum plano ou intenção original aparente, acabaram por construir uma abrangente enciclopédia tridimensional do tecido de sua sociedade, seus bens e ações, seus personagens e papéis, sua riqueza de animais e pássaros; todas as coisas naturais e feitas, com um escopo de representação desde o mais grandioso chefe em sua pompa até a mais humilde ferramenta para trabalhar a terra. O produto dessa façanha gradual e fortuita foi, por virtude do seu uso, não concentrado num único local, mas disperso por toda a região em sacolas de pesos que, no século XIX, praticamente toda família possuía.[11]

Muitos europeus, prosseguia ele – até mesmo muitos africanos –, almejam descobrir alguma ordem mística ou metafísica que os akans tenham codificado em seus pesos, mas essa ordem simplesmente não existe. Entusiastas dos pesos, disse-me ele, muitas vezes buscaram sem sucesso encontrar um vínculo entre o desenho e o valor do peso: "Isso consumiu milhares de horas de empreendimentos frustrados!" Fica claro, prosseguiu, que o valor do peso dos objetos fundidos não estava ligado a um simples produto numérico ou matemático. "O valor do peso provinha de negociar uma série de acordos, acréscimos e aproximações entre objetos totalmente díspares que, em si, se relacionavam com diferentes balanças e tradições de pesagem provenientes do islã e da Europa."

Achei Phillips sem nenhum sentimento de culpa em relação ao deleite que desfruta ao observar os objetos com "o olhar cada vez menos sofisticado de um *connoisseur* europeu". No entanto, ele não é completamente um estranho, pois sua experiência como praticante e apreciador de arte lhe dá uma proximidade com os artesãos akans que certamente transpõe a divisa cultural. É impossível acreditar, escreve ele, "que objetos dessa qualidade e desse refinamento foram feitos sem orgulho por parte do ourives, e prazer ocasional por parte de seu cliente. Tal orgulho e prazer só podiam se basear em resposta estética e discernimento artístico, ainda que não tenham sido registrados termos nativos de avaliação".[12]

O conhecimento do próprio Phillips como artista em atividade é revelado em trechos que descrevem quanto os objetos precisavam ser bem elaborados e planejados, cuidadosamente estruturados e fundidos com atenção. O método é conhecido como processo da "cera perdida". Os modelos eram concebidos por inteiro desde o início, cada detalhe estruturado separadamente e depois encaixado. Quando se tratava de uma figura humana, havia vinte elementos distintos envolvidos: "braços, pernas, cabeça, pescoço, até mesmo nádegas, mamilos e umbigo eram encaixados num tronco com cada articulação cuidadosamente firmada com pressão do dedo e uma agulha de metal quente." O artista inexperiente, escreve Phillips, é "Gulliver em Lilipute, com os polegares e os outros dedos parecendo enormes ao tentar manipular pequenos fios e contas de cera mole, posicionando-os de modo a ficar onde se deseja".[13] No clima equatorial, é preciso trabalhar rápido para não deixar que partes finas caiam antes de se completar o trabalho. Como se construir uma figura de cera não bastasse, a fundição é outro processo elaborado. A figura é envolvida com cuidado em argila para se fazer um molde, com minúsculas contas de cera, chamadas jitós, presas ao modelo deixando passagens através das quais a cera é espremida para fora, dando lugar ao metal. O molde é aquecido, o metal liquefeito, a cera, agora líquida, despejada e o metal derretido inserido. "É um negócio demorado", Phillips escreve. "A maior parte do tempo é gasta esperando isto secar, aquilo esfriar ou isso aqui esquentar até virar líquido. A sincronização de tempo de cada etapa, usando, como acontecia, um forno sem controles nem temporizadores, tem de ser calculada a partir da experiência."[14]

Phillips tem a capacidade de descrever a brilhante concepção e o apelo visual do processo de fundição sem o jargão enfadonho e o juízo de valores do crítico de arte, nem das fantasias do acadêmico de poltrona. Eis uma de suas legendas: "Dois gafanhotos copulando fundidos em flagrante." Comentando sobre a ilustração de uma estatueta danificada de um guerreiro nu sentado em um banquinho: "Se suas pernas fossem tão grossas quanto seu pênis, também poderiam ter sobrevivido intactas."

Durante o jantar, Phillips manifestou sua opinião de que a história inteira da escultura e suas possibilidades estava dramatizada na história dos pesos.

É uma forma de arte em miniatura que está sendo feita em grandes quantidades. A gente consegue experimentar todo tipo de coisas! Se na sua carreira você faz esculturas grandes, não faz muitos objetos. A gente não tem tempo ou recursos! Se faz objetos do tamanho de um cubo de açúcar, pode fazer um monte deles. E dá para tentar de muitos jeitos diferentes. Durante seis séculos, é possível tentar um número enorme de jeitos diferentes!

Perguntei a Phillips a respeito de sua alegação no livro de que os pesos ao mesmo tempo em que informam arte moderna são mais bem compreendidos graças a ela. "Vamos pegar um exemplo óbvio: escultura minimalista", disse.

Totalmente diferente da escultura do século XIX! Os pesos akans, que são semelhantes à escultura minimalista em aparência, devem ter parecido um nada para os vitorianos. Não tinham ponto de referência para associá-los com arte. Nada! Talvez com alguns ornamentos que os vitorianos nunca classificaram como arte. É só à medida que a própria arte progride que nós europeus podemos ler retroativamente alguma qualidade estética nessas coisas antigas. Ser capaz de dizer, por exemplo, que uma delas é como um Judd ou um Brancusi.

Phillips abre seu livro com uma descrição que chamou de objeto "graal", um peso impressionantemente autorreferente que ele havia procurado durante anos, retratando um grupo de figuras prestes a conduzir o ritual de pesar ouro. As figuras estão intensamente concentradas, umas em frente a outras separadas por balanças e pesos.

Uma delas segura a balança enquanto o colega comerciante porta um pequeno recipiente com seu pó de ouro em uma das mãos e uma espátula na outra. Uma terceira figura, fumando pensativamente um cachimbo de estilo africano, parece de algum modo estar atuando como árbitro. Embora o fato todo ocupe um espaço de apenas três centímetros de altura e cinco centímetros de comprimento, contém não somente a delicadeza das balanças com seus dois pratos suspensos por fios, como retrata, no chão entre os protagonistas, um par de formas minúsculas, uma delas com não mais de um milímetro de diâmetro, que pretendem, inequivocamente, representar pesos de forma tradicional.[15]

Pouco depois de começar a colecionar os pesos, Phillips procurou Timothy Garrard (1943-2007), a maior autoridade no assunto. Garrard era um advogado britânico que foi para Gana em 1967 como o único europeu trabalhando para a Procuradoria-Geral de Gana na capital, e logo se tornou procurador estatal sênior. Após sua chegada, Garrard ficou encantado com os pesos, e começou a colecioná-los e a investigar sua história. Preparou-se meticulosamente para a tarefa de se tornar aprendiz de um artesão akan no método da cera perdida, obtendo um mestrado em arqueologia na Legon University – e mais tarde um doutorado na UCLA; em 1983 tornou-se curador de um museu, à parte de suas tarefas em direito. Veio a ser reconhecido e respeitado por toda a África ocidental, como advogado e acadêmico – um dos poucos, e talvez o único, europeu a se tornar membro de uma sociedade secreta africana, a Poro, do povo senufo –, e reuniu uma extensa coleção não só de pesos, mas também de história e saber referentes ao seu uso. Seu livro *Akan Weights and the Gold Trade* é a fonte de maior autoridade sobre o assunto.[16]

Quando Phillips conheceu Garrard, descobriu que ele era "um personagem saído de um romance de Conrad – não como o sinistro Kurtz, mas do tipo envolvente, excêntrico, nascido-na-Europa-mas-feito-na-África". Garrard convidou Phillips a participar de viagens com o intuito de descobrir pesos e pesquisar relatos do seu uso feitos por viajantes. Eis aqui uma descrição especialmente vívida e acurada que encontraram, escrita por um missionário suíço no fim do século XIX:

> Os pesos, colheres e pratos de ouro são carregados com as balanças numa sacola de couro, sem a qual os ricos jamais se aventuram a sair; os objetos são carregados à sua frente na cabeça de um escravo ... O ouro é pesado em meio a cenas muito barulhentas. Cada pessoa leva seus pesos consigo, mas os dos vendedores são considerados pesados demais e os dos compradores, leves demais. Seguem-se demoradas discussões até que por fim é produzido o peso correto. Só agora a pesagem tem lugar, e o prato com o ouro deve descer apenas um bocadinho a mais do que o prato com os pesos. Novas discussões irrompem na hora no exame do ouro. Cada grão é revirado: "Veja, este ouro é ruim, aqui há uma pedra, este bocado precisa ser trocado." Ocorre uma nova pesagem e mais discussões, até que, após muita demora, a pequena transação é concluída.
>
> A pesagem do ouro pode ser tão prazerosa quanto cansativa, especialmente no caso de compras pequenas, por exemplo, quando se quer comprar frutas ou hortaliças das mulheres do mercado. A lei de Kumasi proíbe qualquer mulher de segurar balanças. Com que desconfiança ela encara você, como critica com veemência os seus pesos, e depois argumenta que o prato com o ouro não baixou o suficiente. Finalmente, quando também esse obstáculo é superado, ela pega o pequeno montinho de pó de ouro na mão e o divide em dois, com uma concha de marisco. Uma dessas duas partes, declara ela, é ouro ruim e precisa ser trocado.
>
> Dessa maneira uma transação de alguns centavos demora tanto quanto uma que envolva várias onças. Isso pode ensinar o homem branco a ter paciência, mas no meu caso várias vezes perdia a paciência e abandonava a compra que se arrastava interminavelmente.[17]

Além da demora e da frustração havia o fato de que tanto comprador quanto vendedor frequentemente pesavam a mesma quantidade de ouro com seus próprios pesos. Eis outra descrição de uma pesagem de um jornalista e viajante britânico da metade do século XIX:

Um cacho de bananas pode ser adquirido com o precioso metal, como eu mesmo vi, sendo colocados alguns grãos, como uma dose de morfina, na ponta de uma faca, e recebida num pedacinho de retalho de pano. Acaba acontecendo que todos os homens e mulheres adultos são negociantes de ouro e têm seus próprios testes, que aplicam rápida e corretamente.

Tendo o ouro sido entregue a Amoo (um recebedor de ouro), ele o pegou um pouquinho de cada vez, colocando-o num prato especial, e habilmente soprou afastando a poeira de terra que estava ali misturada. As pepitas foram cortadas ao meio com uma faca, depois esfregadas numa pedra de toque e examinadas com cuidado em relação às cores dos veios. Uma vez pego e analisado, Amoo o pesou, em parte com pequenos frutos vermelhos e em parte com pesos fundidos nativos com formas de bichos e aves.[18]

Durante duas décadas, Phillips e Garrard fizeram diversas viagens pela África à procura de pesos e informantes. Numa delas, encontraram quem poderia muito bem ser considerada a última pessoa viva com conhecimento de primeira mão de como usar os pesos, um homem frágil, quase cego, na casa dos noventa anos, que ficou encantado em demonstrar o modo correto de usar as ferramentas para limpar e espanar e de segurar as balanças – posicionando os dedos de modo a mostrar que não havia nenhuma trapaça –, coisas que ele aprendera na juventude, no fim do século XIX.

Uma guerra civil na Costa do Marfim forçou Garrard a fugir da África repentinamente, deixando para trás as provas de um novo livro. Ele começou a ter problemas de demência, e devido à guerra e à doença foi obrigado a desistir da carreira e de colecionar e regressar à Grã-Bretanha. Vendeu sua casa – uma palhoça de barro coberta de palha, que fora construída por aldeões akans – para Phillips e deu a ele sua coleção de pesos, em grande parte porque queria vê-la em mãos seguras, e não em um país amiúde dilacerado por guerras civis. Ele e Phillips fizeram planos de trabalhar juntos, mas Garrard ficou doente demais para o projeto; Phillips dedica seu livro a Garrard como memorial para as conquistas do amigo.

Quando Garrard morreu, em 2007, Phillips redigiu um obituário para seu mentor, citando um dos provérbios preferidos de Garrard sobre pesos

África ocidental: pesos de ouro

de ouro, acerca de pioneiros e aqueles que os seguem: "Aquele que segue o rastro de um elefante não precisa se molhar com a umidade dos arbustos em volta."[19] Phillips concluiu: "Seu trabalho abriu caminhos através de terrenos quase inexplorados, deixando gratos muitos estudiosos com informação que de outra forma teria se perdido" – informação sobre um dos sistemas de medidas mais originais, inovadores e sociais já inventados no planeta.

4. França: "Realidades da vida e do trabalho"

Brigitte-Marie Le Brigand apoiou resolutamente o ombro contra a porta de aço cinzenta – que tinha cerca do dobro do seu tamanho – e arremeteu.[1] Rangendo e emperrando, a porta lentamente foi se abrindo, para revelar um enorme cofre de metal. Le Brigand, arquivista dos Arquivos Nacionais franceses, tirou de uma caixa de madeira de duzentos anos uma chave antiga, de quinze centímetros de comprimento, destravou o cofre e puxou a porta para abrir. Dentro havia dúzias de caixas de arquivos vermelhas contendo os mais importantes documentos históricos do governo francês.

Nós chegamos a essa minifortaleza caminhando através de um labirinto de salas nos Arquivos Nacionais, localizados num imóvel palaciano a algumas quadras do Louvre. O edifício foi erigido em 1866 por Napoleão III, que quis abrigar os arquivos da nação em um prédio cuja dignidade estivesse à altura dos tesouros que conteria. A sala central dos Arquivos teria sido o dormitório real, se o prédio tivesse funcionado como palácio. As paredes da sala, com um pé-direito de quase sete metros, estavam cobertas de prateleiras de documentos, as mais altas só acessíveis por meio de uma escada presa a um estreito balcão. Armários com vitrines estavam cheios de selos e medalhas nacionais, algumas datando do século XII. Bem no centro da parede mais afastada estava o cofre que Le Brigand acabara de abrir. Ao ser construído, durante os perigosos tempos da Revolução Francesa, tinha três fechaduras que se abriam com três chaves diferentes, em posse de três diferentes pessoas: o presidente, o arquivista-chefe e o secretário da assembleia. Hoje, disse Le Brigand, a arquivista só se dá ao trabalho de usar uma fechadura.

Le Brigand apontou algumas caixas. "Aquela contém os papéis de Maria Antonieta, aquela outra os de Luís XVI, e ali está a atual Constituição francesa." No meio do cofre havia uma prateleira com uma coleção de objetos de aparência estranha. Um deles era uma massa de papel amarelado dobrado. "Esta é a primeira versão da Declaração dos Direitos do Homem, redigida em 1789", ela disse, referindo-se ao documento básico de direitos humanos da Revolução Francesa. Foi escrito pelos membros da Assembleia Nacional, o primeiro de uma série de corpos legislativos que governaram a França durante a Revolução. O artigo I dizia: "Os homens nascem e permanecem livres e iguais em direitos", e o documento expunha os direitos considerados universais para todos os seres humanos em todos os tempos. Ao seu lado na prateleira havia uma massa de folhas de cobre retorcidas do tamanho aproximado de um livro grande. "Essa é a Constituição de 1791, a primeira Constituição francesa." Redigida pela Assembleia Nacional quando o rei ainda estava vivo e o radicalismo revolucionário ainda não chegara ao auge, esse documento criava uma monarquia constitucional, dando soberania ao povo. "Quando foi criada", disse Le Brigand, "recebeu uma capa de cobre especial para retratar sua importância. Depois que o rei foi decapitado, em 1793, e uma nova Constituição redigida, os revolucionários acharam que deveriam quebrar simbolicamente a primeira." Eles tiveram claro prazer em fazê-lo; as folhas de cobre pareciam ter levado golpes de marreta.

Ao lado havia duas caixas, uma preta, octogonal, do tamanho de uma caixa de joias, e uma marrom fina e comprida. Elas continham o que eu viera ver. Le Brigand as pôs cuidadosamente sobre uma mesa, calçou um par de luvas de borracha e abriu-as. Na caixa fina e comprida havia um bastão de metal com cerca de dois centímetros de largura e, aparentemente, por volta de um metro de comprimento. Le Brigand o pegou na mão e virou-o: nenhuma marca. Dentro da outra caixa havia um simples cilindro de metal com cerca de três centímetros de diâmetro e altura aproximadamente igual. Nenhuma marca, tampouco.

Le Brigand disse: "Esses são os dois *étalons* [padrões] originais do metro e do quilograma. Foram feitos por ordem da Convenção Nacional", outro corpo legislativo entre os que sucederam a Assembleia Nacional, "e apresentados ao governo em 1799. O metro era uma fração do meridiano terrestre e o quilograma, o peso de um decímetro cúbico de água. A intenção era que corporificassem padrões naturais, fenômenos naturais imutáveis."

Eu fiquei observando, tomado de uma profunda reverência. Apesar da ausência de marcas identificadoras, nada como esses dois objetos jamais fora feito antes. Eram coisas poderosas: por quase cem anos, haviam governado uma rede de medidas que alcançaram todo o globo. Eram ao mesmo tempo objetos e instituições. Representavam a primeira tentativa – malsucedida, como se viria a saber – de uma solução final para o canhão do meio-dia, ou de descobrir uma maneira de vincular as medidas a fenômenos naturais de modo que, se os padrões se perdessem, poderiam ser reconstituídos com medidas idênticas.

A razão imediata para a construção dos padrões foi a Revolução Francesa, cujos líderes buscavam varrer vestígios do sistema feudal, no qual a autoridade era distribuída via um arranjo piramidal, hierárquico, onde o rei (que tecnicamente era proprietário de toda a terra) era o cume e reinava sobre senhores que por sua vez governavam sobre outros vassalos agraciados com a posse da terra. Os revolucionários visavam a substituir essa autoridade feudal com práticas universais, equitativas e racionais. Mas os motivos que tornavam a mensuração tão importante nesse esquema remontavam a um período muito mais antigo na história da França.

Primeiras medidas francesas

A história das primeiras medidas europeias é emaranhada, e persistem controvérsias acerca das origens até mesmo das unidades básicas. As medidas lineares na Europa, escreve o historiador Peter Kidson, são renomadas por serem "uma traiçoeira areia movediça de especulação e controvérsia da qual a pessoa prudente é aconselhada a manter-se distante"; Kidson considera aquele que não o faz como "marginal lunático

França: "Realidades da vida e do trabalho"

que vê ordem e continuidade onde todo o resto do mundo só vê caos e confusão".[2]

No começo da era medieval, por volta do século V, as medidas na França e em outros lugares da Europa já refletiam uma mistura de influências. Tribos gálicas tinham seus próprios pesos e medidas, mas após as guerras gálicas de César o Império Romano conseguiu introduzir muitas de suas unidades básicas – o *pes*, pé, para comprimento; *libra*, para peso[3] – na França e por toda a Europa, e essas unidades substituíram ou modificaram o que vinha sendo usado pelas tribos conquistadas. Na França, o pé era chamado *pied*, e era dividido em doze *pouces* (polegadas); seis *pieds* equivaliam a uma *toise* (toesa). A unidade básica de peso era *livre*, a libra. Em outras partes da Europa, a *Pfund* germânica, *pond* holandesa e *pound* britânica também vinham da libra romana. Certas medidas pré-romanas persistiram durante a Idade Média, inclusive algumas relacionadas a áreas e distância, tais como o arpente e a légua. O uso de numerais nas unidades de contagem refletia a influência árabe. Cada país, e mesmo diferentes regiões dentro de um mesmo país, adaptava as unidades romanas à sua própria maneira, alterando as dimensões e os nomes das medidas de acordo com as necessidades e condições locais, e até mesmo para se adaptar às coisas medidas.

Vários governantes tentaram impor uma medida única consistente sobre esses territórios. Na França de 789, Carlos Magno foi o primeiro a fazê-lo, e pôs em uso padrões que lhe foram enviados pelo califa árabe Harun al-Rashid; após a morte de Carlos Magno, em 814, as reformas não sobreviveram por muito tempo. Diz a lenda que o portão interno de entrada do Louvre, construído no século XII, teve durante séculos exatamente doze *pieds* – duas toesas – de largura. O rei João (1350-64) fez construir padrões de comprimento e peso, hoje mantidos no Conservatório Nacional de Artes e Ofícios em Paris. No mesmo corredor desse museu está também a chamada Pilha de Carlos Magno, ou pesos de Carlos Magno, que foram feitos no século XV e denominados segundo o que se diziam ser os padrões daquele soberano. Sua libra era dividida em duas marcas, com cada marca dividida em oito onças, cada onça em oito *gros*, cada *gros* em três *deniers* e cada *denier* em 24 grãos – um grão sendo entendido como originalmente um grão de trigo.

Essas medidas reais podem parecer organizadas e uniformes, mas nas terras rurais não o eram. Conforme escreveu o metrologista francês Henri Moreau:

> As unidades variavam, não só de país para país, e às vezes (como na França) de província para província, mas mesmo de uma cidade para outra, e também conforme a corporação ou associação profissional. É claro que esse estado de coisas levava a erros, fraudes e contínuos mal-entendidos e litígios, para não falar das sérias repercussões a que tal situação estava sujeita, em relação ao progresso da ciência. A multiplicidade de nomes dados a unidades pobremente determinadas e a diversidade de múltiplos e submúltiplos das medidas principais aumentava ainda mais a confusão.[4]

Medidas, afinal, são ferramentas; as pessoas as utilizam com fins específicos, e se as condições mudam ou surgem novas finalidades, as medidas são adaptadas ou são improvisadas substituições. Porém, as comunidades precisam compartilhar e confiar nelas. Como resultado, adquirem vida própria, difundindo-se lentamente e sendo substituídas com relutância. Desenvolve-se uma interação entre tradição, a forma como as medições foram feitas no passado, e a evolução das necessidades. A sociedade centralizada da China, e seu relativo isolamento em relação ao influxo e ao comércio estrangeiro, manteve suas necessidades relativamente uniformes estabilizando seus pesos e medidas. Na África ocidental, comerciantes e mercadores conseguiram usar ao mesmo tempo as suas próprias com as dos estrangeiros, numa espécie de coexistência confusa e benigna. A França tinha uma estrutura social e econômica completamente diferente, na qual proliferaram medidas, em vez de se consolidarem. Seus ambientes de trabalho diversificados e mutáveis, de regiões agrícolas a associações de artesãos, além de contato comercial com outras regiões da Europa, da Noruega ao sul da Espanha, cada uma com diferentes tipos de ambiente de trabalho, fez da França uma zona de

França: "Realidades da vida e do trabalho"

fogo cruzado de influências, forçando os trabalhadores a continuamente adaptar ou reinventar medidas.[5]

Como resultado, a evolução dos pesos e medidas franceses, na verdade europeus – unidades, padrões, legislação e administração –, está entrelaçada com cada aspecto da história europeia e seu domínio comercial, industrial e científico. Diversos historiadores eminentes têm se debatido com essa história emaranhada, inclusive o historiador norte-americano Ronald Zupko e o economista polonês Witold Kula, que focaliza a França em seu *Measures and Men*.[6] O livro de Kula, em particular, retrata essa história como espelho da personalidade e vitalidade da vida europeia prémoderna. Aqueles que não veem sentido nas medidas europeias, segundo Kula, com certeza não podem entender a Europa em si.

Agricultores, por exemplo, precisavam cultivar terras suficientes para sustentar suas famílias. A maioria dos países europeus, portanto, desenvolveu uma denominação para a quantidade de terra que um agricultor podia arar em um dia com um único boi ou cavalo, ou com uma parelha, sendo a medida às vezes chamada *journal* (lembrando que *jour*, em francês, é "dia"); na Lorena, um *hommée* (homem) era a porção de terra que um homem podia trabalhar num dia. Mas o tamanho da unidade dependia do produto da colheita; a Catalunha tinha um *journal* para lavoura de cereais, e outro para os vinhedos. Na Borgonha, os camponeses mediam "lavouras de cereais pelo *journal*, os vinhedos pelo *ouvrée* e os pastos pelo *soiture*", todos relacionados com o trabalho empenhado em cada um.[7] Variações de clima e qualidade de terra também afetavam o tamanho dessas unidades.

Outros tipos de tarefa desenvolviam suas próprias medidas. O *wash* [banho] era uma medida de volume numa área costeira da Grã-Bretanha, referindo-se à quantidade de ostras banhadas [*washed*] em determinado local; o *werkhop* [esforço de trabalho], em outra parte da Inglaterra, referiase à colheita de grãos num dia de labuta; e o *meal* [porção], em outra localidade, relacionava-se ao volume de leite que se podia obter de uma vaca numa única ordenha. Condições locais produziam variações. Vinho era vendido por tonel, e em áreas onde tende a se estragar mais depressa, como no Languedoc, os tonéis eram menores.[8]

O transporte de bens gerou unidades. Aqueles que precisavam ser transportados no lombo de animais passavam a ser medidos em sacolas, sacos ou pacotes – o tamanho dependendo do animal, dos bens carregados e da distância. Mercadorias levadas por outros meios podiam ser medidas por cargas de carroça, cargas de carreta e cargas de barco, ou em barris ou tonéis feitos especialmente para caber em tais veículos. A evolução das necessidades e da tecnologia – novos mercados, transportes melhores – remodelava as antigas unidades e criava novas.

Além disso, os agricultores, mercadores e trabalhadores franceses trabalhavam em meio a um contexto político e institucional em constante mudança, muito diferente de outras partes do mundo. Kula escreve:

> Portanto, sabemos de situações em que, numa única aldeia, era usada uma medida no mercado, outra em pagamento de títulos da Igreja e ainda uma terceira na prestação de contas com o feudo. Tais arranjos eram bastante comuns no contexto do feudalismo e de estruturas sociais semelhantes e, em princípio, não deviam gerar abusos nem protestos.[9]

Ao passo que tais estruturas sociais ganhavam força ou enfraqueciam, as medidas dominantes podiam se modificar de acordo com elas; quando um Estado era politicamente forte e unificado, tendia a consolidar e simplificar as medidas; quando era fraco e fragmentado tendia a multiplicá-las. "Medidas tradicionais", escreve Kula, "eram firmemente enraizadas nas realidades da vida e do trabalho … o caos aparente obedecendo a regras 'orgânicas' estritas, estabelecidas de longa data, que não deixavam lugar para conduta arbitrária."[10]

Em tempos pré-modernos, "realidades da vida e do trabalho" incluíam opressão e exploração, e esforços para combatê-las. Um comprador podia conseguir mais grão em uma medida de capacidade amontoando e adensando, despejando da altura do ombro em vez de usar a altura de

França: "Realidades da vida e do trabalho"

um palmo, ou despejando nas proximidades de um moinho em funcionamento, cujo tremor tendia a fazer o grão se assentar mais. Estratégias para coibir tais abusos podiam incluir "regular" ou aplainar o grão, insistindo que ele fosse despejado de uma posição específica do braço, ou evitando moinhos cujas máquinas estivessem operando. Quando os abusos saíam do controle, as autoridades podiam impor uma variedade de sanções morais, religiosas e legais. Em Gdansk, escreve Kula, a pessoa podia ter os dedos cortados por medidas desonestas, enquanto na Letônia do século XIII podia-se mesmo ser condenado à morte por medir falsamente um *ell* [uma vara], medida de comprimento – mas só se o tamanho da fraude fosse superior à largura de dois dedos.[11]

Métodos de medição duravam porque eram úteis, adaptados para lavouras ou bens específicos e para recursos e condições sociais locais. Uma área de terra não era igual a outra, devido à qualidade do solo e das precipitações de chuvas, tornando as unidades derivadas do tempo de trabalho e da fertilidade mais úteis do que unidades neutras com comprimentos e pesos abstratos. Quando as condições mudavam, o mesmo ocorria com as unidades. Kula viu a história e a cultura da Europa refletidas nas complexas e dinâmicas maneiras que o continente usava para medir:

> Ele [o sistema europeu] reduzia a medidas comuns a natureza e a cultura do mundo ao redor, bem como os artefatos humanos. Não só possibilitava ao homem medir campos, árvores e estradas, mas também impunha suas proporções às dimensões do tear do tecelão, aos tijolos e campanários das igrejas, sendo as dimensões dos tijolos parte do mesmo sistema que as proporções da arquitetura da igreja. ... [Tais] medidas, que haviam começado a evoluir em tempos pré-históricos e foram sendo incessantemente aperfeiçoadas ao longo de milhares de anos, uma vez desenvolvidas num sistema coerente serviam bem ao homem em seu trabalho. Davam-lhe a possibilidade de satisfazer suas vontades diárias e de criar obras de arte imortais: as nobres proporções das catedrais românicas, góticas e barrocas ainda nos deixam até hoje embevecidos.[12]

A súbita transformação

Então, em um período surpreendentemente curto, o país sofreu uma revolução nas medições na esteira da Revolução Francesa de 1789. As raízes dessa revolução, porém, podem ser identificadas por uma rede de fatores – sociais, políticos, científicos e tecnológicos – que começaram a se fazer sentir no início do século XVII. Uma nova Europa estava se formando, bem diferente daquela que Kula estudou e apreciou. Nela, não só as velhas medidas eram um fardo, mas todo o sistema de medição. O resultado acabaria sendo um sistema novo e universal, um sistema que – ironicamente – só a França poderia ter provido.

Pelo lado tecnológico, as oficinas industriais europeias estavam ficando cada vez mais atulhadas e dependentes de máquinas, desde relógios até equipamento de imprensa, de equipamento naval a canhões, teares giratórios a motores a vapor. As ferramentas e os equipamentos usados para produzir essas máquinas exigiam uma precisão cada vez maior em termos de construção e manutenção. As máquinas têm peças, elas se quebram, e as peças substitutas precisam ter a mesma precisão que as antigas. A proliferação de máquinas novas e mais complexas tornou crítica a precisão da fabricação. Máquinas com partes intercambiáveis – relógios em 1710, mosquetes em 1778 – levaram essa exigência a um novo nível: as peças precisavam se ajustar não a uma só máquina, mas a qualquer uma do mesmo tipo. Surgiu uma nova profissão de mecânicos treinados cientificamente, especializados em engenharia de precisão.

Essa demanda por peças de precisão requeria dispositivos de medição também precisos. A rede de mensuração começou a reger os elementos individuais dentro dela; a funcionalidade da mensuração tornou-se uma propriedade, não desta estatueta ou regulador de tom específicos, mas de toda a rede de elementos medidores. A crescente extensão da rede metrológica e o crescente anonimato de suas partes andavam de mãos dadas com a perda da riqueza social dos atos de medição individualizados. Nada semelhante à peça de Niangoran-Bouah poderia ter lugar nessas oficinas, onde o ato de medição era apenas um elemento de um

França: *"Realidades da vida e do trabalho"*

extenso encontro social entre comprador e vendedor. Comprar comida, construir edifícios e substituir peças foram se tornando atos cada vez mais automáticos e anônimos. Ofícios foram sendo substituídos por produção em série. A famosa fábrica discutida pelo economista político inglês Adam Smith em *A riqueza das nações* (1776), na qual a divisão de trabalho dos operários possibilitava produzir centenas ou milhares de vezes mais alfinetes do que antes, era constituída por processos padronizados. Esses desenvolvimentos metrológicos não eram, portanto, apenas tecnológicos, mas parte e parcela de um novo meio político e econômico na emergência do capitalismo.

Mudanças políticas, nesse ínterim, transformavam a administração dos pesos e medidas. Na Idade Média, casas senhoriais e feudos locais podiam se safar tendo suas próprias medidas e ignorando ordens do governo central; os governos centrais eram relativamente pequenos e careciam de burocracia extensiva. Isso começou a mudar na França no século XVII. O poder minguante dos senhores feudais marcou o desaparecimento de uma fonte básica de resistência à unificação de pesos e medidas. A expansão dos mercados nacionais e internacionais foi um incentivo para que os governos centrais insistissem em medidas definidas de comum acordo e em controlar sua supervisão. "A equalização e padronização dos pesos e medidas", escreve o economista Stanislas Hoszowski, "está em relação direta com a amplitude das relações de troca (comércio) entre determinados territórios."[13]

Socialmente, a ideia de uma identidade nacional estava cada vez mais entrelaçada com a uniformidade dos pesos e medidas. A substituição de um senso hierárquico de autoridade social por um senso intangível, mas crescente, de uma compartilhada "fraternidade do homem" estava aliada a um senso de que as medidas também deveriam ser compartilhadas e equitativas e os homens, libertados da exploração possibilitada pelas medições, tão comum na Idade Média. Kula insiste que essa fraternidade compartilhada era exigida antes que as nações agrárias europeias, pré-modernas, pudessem alterar significativamente seus sistemas metrológicos: "A reforma na mensuração não pode ser conseguida sem uma prévia

Declaração dos Direitos do Homem e do Cidadão, sem primeiro abolir os direitos feudais e sem uma bem desenvolvida economia de mercado." E a coisa funciona também no sentido inverso, pois tais ideais gloriosos seriam impossíveis de suster sem uma reforma metrológica. "A crescente padronização das medidas através do tempo", diz Kula, "é um excelente indicador de um dos mais poderosos, se não, de fato, o mais poderoso, processo histórico – o processo de amalgamar a unidade da humanidade."[14]

O pensamento científico também estava se modificando drasticamente. Até quase o final da Idade Média – seguindo Aristóteles –, o universo era geralmente visto como um ecossistema cósmico que incluía regiões vastamente distintas – os céus e a terra, antes de tudo – contendo diferentes tipos de coisas às quais se aplicavam diferentes tipos de generalizações, e para as quais diferentes medidas eram apropriadas. Localidades pediam medidas locais. A ciência era qualitativa; regras eram generalizações de como a natureza geralmente funciona da forma como nós humanos habitualmente a vivenciamos. Tudo isso mudou no começo da Era Moderna. A natureza veio a ser descrita não só por regras, mas por leis, produzidas não por generalizações, mas por medições. O primeiro texto científico de Galileu, composto quando ele tinha apenas 22 anos, foi "A pequena balança" (1586), que descrevia seu aperfeiçoamento de um instrumento de medição e seu uso para definir densidades relativas de substâncias. Na época dos *Principia* (1687), de Newton, um século depois, a ideia de localidade fora sobrepujada por um conceito de "espaço" único e uniforme. Os céus e a terra não eram lugares diferentes feitos de tipos diferentes de material obedecendo a diferentes regras; pertenciam a um espaço e obedeciam a um conjunto de leis matemáticas Esse espaço – o mundo – é um palco onde aparecem apenas pedaços mensuráveis de matéria, movidos por forças mensuráveis em movimentos mensuráveis. A natureza era entendida não se considerando os vários papéis sobrepostos que seus objetos desempenham num ecossistema cósmico, mas desvinculando-os de seu lugar e compreendendo-os pela sua localização no espaço-tempo do palco-mundo. Um espaço abstrato requer uma medida abstrata. Não só se requer apenas a igualdade dos seres humanos,

Franca: "Realidades da vida e do trabalho"

mas também a abstração do espaço. Distinções entre regiões, produtos e tempos não podem deixar sua marca em uma medida, naquilo que Kula, com pesar, chama de "alienação do produto". Esse novo mundo é mensurável, calculável e universal. Nada é definitivo, o mundo tem um final aberto, e qualquer coisa pode ser medida e remedida com precisão infinitamente maior. Para a vitória do sistema métrico, diz Kula, "duas condições precisaram ser satisfeitas: a igualdade do homem perante a lei e a alienação do produto".[15]

O escritor soviético Ilya Ehrenburg escreveu em suas memórias sobre o jantar, após a Primeira Guerra Mundial, com o escritor francês Georges Duhamel, que declamou com entusiasmo sobre o sistema métrico. "Quando Duhamel foi embora, caímos na gargalhada", escreveu Ehrenburg. "Nós gostávamos de seus livros, mas sua ingenuidade nos divertiu: ele aparentemente estava convencido de que poderia medir nossas estradas com o bastão métrico."[16] Lugares, um diferente do outro, precisam ser avaliados de forma diferente; isso estava abrindo caminho para o Espaço – único, uniforme e mensurável de uma só maneira.

O impacto desse personagem abstrato de espaço na nova ciência do século XVII é bem capturado pelo historiador da ciência de Harvard Steven Shapin. Referindo-se a um episódio em que o cientista-filósofo francês Blaise Pascal mandou seu cunhado até o pico Puy-de-Dôme com um barômetro para ver o que aconteceria, Shapin comenta: "Na prática, o filósofo natural não se importa com o que aconteceu com *este* mercúrio *neste* aparelho com peça de vidro *neste* dia *neste* lugar, exceto pelo fato de que os resultados sustentam inferências relativas ao não local e não específico. O local e o específico não estão em questão nesses experimentos."[17]

Em 1690, o filósofo britânico John Locke expressou as implicações dessa ideia de mensuração. Um comprimento, escreveu, é apenas uma noção que temos de certa quantidade de espaço. Uma vez que nós humanos tenhamos essa ideia, podemos aplicar esses comprimentos para medir corpos, independentemente de seu tipo ou tamanho, somando um segmento específico a outro. As medidas não têm necessariamente conexão com partes ou propósitos humanos; são determinações abstratas por meio de ideias abstratas. Medidas não deveriam surgir de oficinas e das tarefas ali executadas, mas deveriam ser produzidas pela mente humana.

Essa noção reforçava o caso de se usar escalas decimais em medições, em lugar das tradicionais divisões fracionárias. Divisões fracionárias são práticas no mercado; é fácil especificar a olho metade ou o dobro de certa quantidade, e mais uma vez metade ou o dobro. Como tudo o mais em relação a pesos e medidas, o sistema decimal não era natural, mas uma criação humana. Os chineses já usavam um sistema decimal no século XII, mas ele não chegou sequer a ser proposto na Europa até o final do século XVI. Pelo fato de os cálculos serem mais fáceis com decimais, os cientistas foram rápidos em abraçá-los. Os números adquiriram uma nova importância na ciência. "Antes da época de Kepler, Galileu e Harvey", escreve o historiador da ciência I.B. Cohen,

os números não eram usados para exprimir leis gerais da natureza ou fornecer questões testáveis para testar uma teoria científica. Essa característica de usar números na ciência estabeleceu uma divisória entre a nova ciência da Revolução Científica e o estudo tradicional da natureza; na verdade, é ela quem define a novidade da nova ciência.[18]

Os cientistas descobriram, no entanto, suas necessidades de medidas e instrumentos precisos, muito superiores aos que eram disponíveis na época. Galileu debateu-se para medir o tempo com precisão suficiente para seu estudo dos pêndulos e bolas rolando sobre planos inclinados; William Harvey teve dificuldade em medir o fluxo sanguíneo em seus estudos da circulação do sangue; e Johannes Kepler reconheceu o valor de medições astronômicas precisas ao elaborar uma maneira, superior à de Ptolomeu, de caracterizar os céus. Desse modo eles e outros usaram instrumentos para caracterizar fenômenos de uma forma que cientistas nunca tinham feito antes. Eles viam-se limitados por medidas pobres e inconsistentes, e pelas diferentes medidas usadas por colegas em países diversos; estavam interessados em melhorar as medidas e em inventar e refinar os métodos e instrumentos de medição.

França: "Realidades da vida e do trabalho"

De início, os cientistas reuniram-se em grupos informais, tais como a Accademia dei Lincei, à qual Galileu pertencia. Na França, uma comunidade de cientistas cujos primeiros membros incluíam René Descartes (1595-1650) tornou-se mais assertiva, e, em 1666, Luís XIV sancionou a Academia Francesa de Ciências. Com respaldo real, foram capazes de embarcar em projetos ambiciosos, tais como estudos do formato da Terra. Na Inglaterra, outro grupo de cientistas, inicialmente reunindo seguidores de Francis Bacon (1561-1626), cresceu para tornar-se a Real Sociedade de Londres para a Promoção do Conhecimento Natural,* que foi oficialmente incorporada em 1662.

A Academia Francesa e a Royal Society logo começaram a colaborar. Membros de ambas as instituições se empenharam em descobrir fenômenos imutáveis que pudessem ser usados para avaliar a precisão de padrões e recriar outros caso fossem danificados, perdidos ou destruídos. Havia dois candidatos principais. Um era o "pêndulo de segundos", ou o pêndulo que levava um segundo para oscilar uma vez em cada sentido. Galileu descobrira que o tempo de oscilação de um pêndulo depende somente do seu comprimento, isso significando que o comprimento de um pêndulo de segundos, cuidadosamente construído, não afetado por outras influências, deve ser sempre o mesmo, em qualquer lugar da Terra. Conforme se revelou, um pêndulo de segundos tem cerca de um metro, comprimento conveniente para um padrão de medida.

O outro candidato era o meridiano terrestre, ou o círculo máximo passando pelos dois polos. O círculo em torno do equador foi também proposto, mas seria mais difícil de medir e só cruzava certos países – ao passo que todo país tem meridianos passando por ele. O meridiano terrestre seria difícil de ser medido acuradamente, mas com certeza permaneceria constante.

Os cientistas presumiram que a tecnologia disponível em breve mediria o pêndulo de segundos e o meridiano com precisão suficiente para definir uma unidade, de modo que se o padrão fosse danificado ou

---

* Conhecida em todo o mundo como Royal Society. (N.T.)

destruído, poderia ser recriado com a mesma precisão, ou ainda maior. Essa premissa se mostraria falsa. Todavia, nos séculos XVII e XVIII, a total confiança dos cientistas estimulou a tendência para um sistema metrológico universal.

Em 1670, Gabriel Mouton (1618-94), membro fundador da Academia Francesa, descobriu que o pêndulo de segundos variava com a latitude devido a desvios no formato da Terra, que não era o de uma esfera perfeita. Ele usou essas variações para recalcular o comprimento do meridiano e propôs que suas subdivisões fossem utilizadas como medidas fundamentais de comprimento.[19] Mouton chamou o minuto (a sexagésima parte) de um arco de *mille*, ou milhar, com outras unidades sendo frações decimais: um décimo era um estádio, um centésimo, um funículo, um milésimo, uma virga, um décimo de milésimo, uma vírgula, e assim por diante.[20] A virga e a vírgula eram aproximadamente do tamanho da toesa e do *pied* das medidas francesas existentes.

Um colega de Mouton, Jean Picard (1620-82), outro cofundador da Academia, organizou uma expedição para medir o arco do meridiano que passa por Paris. Como primeiro passo, em 1668, ajudou a reparar uma barra de ferro presa à muralha externa do palácio Châtelet, que fora há muito usada como medida da toesa e estava deteriorada. Sua nova estimativa para o meridiano – 57.060 toesas, medidas de acordo com o novo padrão Châtelet – era amplamente mais precisa do que as medições anteriores e inaugurou uma nova era de geodesia, ou medições da Terra.[21] Picard propôs também um padrão universal.[22] A deterioração da toesa de Châtelet indicava a necessidade de algo permanente, e o pêndulo de segundos oferecia uma oportunidade. Picard mediu o comprimento de um pêndulo de segundos e descobriu que era 36 polegadas, 8½ linhas pela toesa de Châtelet. O pêndulo variava ligeiramente com as estações do ano, devido a efeitos de mudança de temperatura e umidade, de modo que esses fatores precisavam ser levados em conta. Uma vez considerados, o pêndulo de segundos constituía uma "[medida] original tirada da própria natureza, que portanto deveria ser invariável e universal", e para padrões nós "não necessitaremos outro original além dos Céus". Picard chamou o comprimento do pêndulo de segundos de "Raio astronômico", um terço dele o "Pé universal", seu dobro a "Toesa universal", seu quádruplo a "Percha universal", mil dessas perchas a "Milha universal".

A ideia de que tanto o meridiano como o pêndulo de segundos podia ser usado como padrão universal atraiu mais atenção. Em 1720, Giacomo Cassini (1677-1756), a segunda de quatro gerações de astrônomos e geralmente conhecido como Cassini II (seu pai, Cassini I, viera da Itália para se tornar o primeiro diretor do Observatório de Paris), foi além no desenvolvimento das medições do meridiano de Picard, abrangendo o arco medido ao norte até Dunquerque e ao sul até a Espanha. Cassini II propôs um "pé geométrico" que seria ⅙.₀₀₀ do minuto de arco; seis pés desses seriam uma toesa.

As medições de Cassini sugeriam que o formato da Terra era um esferoide prolato – ovoide, mais fino no equador do que nos polos. Isso ia contra a conclusão de Newton, de que era um esferoide oblato, mais plano nos polos, devido à força centrífuga, do que no equador. Em 1735, a Academia Francesa buscou resolver a disputa montando uma nova expedição para medir o comprimento de um meridiano no Peru, próximo ao equador, e na Lapônia, perto dos polos. Na preparação foi construído, com maior cuidado, outro padrão toesa. Esse esforço, que determinou, afinal, que Newton estava certo, criou um padrão francês de comprimento com uma nova precisão, conhecido como toesa do Peru. Era dividida em seis pés, cada pé em doze "polegares" e cada polegar em doze linhas. Em 1766 foram feitas oitenta cópias e enviadas a várias partes da França, inclusive Châtelet.

Outras propostas do século XVIII para vincular um padrão de comprimento ou ao pêndulo de segundos ou a alguma fração do meridiano terrestre incluíram "Nova tentativa de uma medida invariável capaz de servir como medida comum a todas as nações" (1747), pelo membro da Academia Francesa Charles Marie de Condamine, que argumentou em favor do pêndulo de segundos. Em 1773, Jean Antoine Condorcet (1743-94), o novo secretário-assistente da Academia Francesa, começou a trabalhar com Anne-Robert-Jacques Turgot (1727-81), o controlador-geral das finanças (1774-77) sob Luís XVI, em uma proposta para um sistema uniforme de pesos e medidas. Tal sistema defendia um padrão de comprimento que consistia no "comprimento de um pêndulo simples que vibra segundos numa dada latitude"; o peso padrão seria "determinado de maneira semelhante por métodos filosóficos", tais como criar um recipiente cúbico de um formato padronizado segundo o comprimento padrão e pesar a quantidade de água pura necessária para preenchê-lo.[23] O plano foi arquivado em 1775, quando uma intriga política custou a posição de Turgot.

Na Inglaterra, os membros da Royal Society também tentavam vincular padrões de mensuração ao pêndulo de segundos e ao meridiano, e acabaram colaborando com seus colegas franceses. Christopher Wren (1632-1723), na Inglaterra, e o físico e matemático holandês Christiaan Huygens (1629-95), membro tanto da Academia Francesa quanto da Royal Society, propuseram o pêndulo de segundos como padrão. Em 1742, num marco histórico de colaboração científica, a Royal Society fez duas cópias de uma medida linear na qual marcava seus padrões, e mandou ambas para a Academia para que os franceses marcassem os seus; a Academia guardou uma delas e devolveu a outra.

Em 1758, a Royal Society trabalhou com os membros de uma comissão real, conhecida como Comissão Carysfort pelo seu presidente, que levou a cabo uma extensiva revisão dos padrões existentes e criou novos, "Por não menos de 415 anos", dizia o relatório,

> ou seja, desde a Magna Carta até Carlos I, no século XVI, O Livro de Estatutos abunda com Atos do Parlamento, decretando, declarando, repetindo que deve haver um Peso e Medida uniforme no reino; e todavia todo estatuto reclama que os estatutos precedentes eram ineficazes, e que as leis eram desobedecidas.[24]

Novos padrões britânicos, linear e de peso, foram criados na esteira do relatório da comissão. Mas a legislação proposta de acordo com suas recomendações não deu resultado.

Tais propostas, mesmo as influentes, estavam condenadas sem força política. Isso ocorreu na França na segunda metade do século XVIII, nas décadas que antecederam a Revolução Francesa, devido a perturbações no comércio, inquietação popular e pressão científica. O controlador-geral das finanças considerou reformas metrológicas em 1754 e onze anos depois, em 1765. Em cada caso o rei evitou, em vista do custo, a luta que seria necessária para alterar o costume, e a desagradável confusão que sem dúvida criaria. A pressão popular crescia, mas os sucessivos reis continuaram postergando a medida. Em 1778, o ministro das Finanças, Jacques Necker (1732-1804), redigiu um relatório para Luís XVI apontando as vantagens e desvantagens de uma reforma metrológica radical, mas a conclusão do relatório ficou com as desvantagens.

Todavia, as pressões por mudanças cresciam. A questão chegou ao auge em 1789, quando Luís XVI pediu aos três estados ou divisões da sociedade francesa – a nobreza, o clero e os comuns – que fizessem suas reclamações diretamente a ele. O resultado foi uma coleção de queixas conhecida como *Cahiers de doléances*, "a mais extensiva investigação de opinião pública na Europa até o nosso próprio século, e uma expressão detalhada da vida social francesa às vésperas da Revolução".[25] Muitos *cahiers* se queixam amargamente do sistema existente de pesos e medidas, que vinha sendo usado implacavelmente como instrumento de abuso pelos senhores de terras contra os camponeses; esses *cahiers* exigiam "um peso e uma medida".

Revolução Francesa

Após a tomada da Bastilha, a fortaleza de Paris, em julho de 1789, a diversidade de pesos e medidas e os abusos que a acompanhavam – já imensa fonte de descontentamento – tornaram-se um símbolo político. Os membros da Academia Francesa passaram a discutir entre si a melhor maneira de fazer a sua instituição ter algum peso, por assim dizer. Em agosto, o membro da Academia Jean-Baptiste Le Roy (1720-1800) propôs que apresentassem uma petição à Assembleia Nacional para instituir um padrão uniforme para pesos e medidas.[26] Os membros da Academia debateram a respeito de qual seria o melhor entre seus pares a ser convidado para porta-voz da causa. Concordaram que seria Charles Maurice de Talleyrand-Périgord (1754-1838).

Talleyrand foi uma escolha sábia, um político astuto de passado aristocrático hábil em conduzir situações difíceis e minimizar perdas. Ordenado padre em 1779, tornou-se o representante da Igreja junto ao rei Luís XVI no ano seguinte. Quando a febre revolucionária varreu a França, ele aderiu com entusiasmo, ajudou a redigir a Declaração dos Direitos do Homem, voltou-se contra a mesma Igreja a quem devia seu elevado perfil político e foi excomungado. Nesse período, reconheceu, pelos *cahiers*, a urgência – e o poderoso simbolismo – de reformar pesos e medidas.

Em 1790, após consultar-se com os membros da Academia, Talleyrand apresentou uma proposta à Assembleia Nacional. "A grande variedade em nossos pesos e medidas ocasiona confusão em nossas ideias, e necessariamente uma obstrução ao comércio", começava ele. Abusos são frequentes,

Charles Maurice de Talleyrand-Périgord.

França: "Realidades da vida e do trabalho"

e é dever da Assembleia Nacional intervir. Fez uma revisão dos fracassos franceses para unificar pesos e medidas – mas hoje, dizia, estamos numa "era mais esclarecida" e podemos enfrentar o desafio. O caminho mais fácil e simples seria adotar as já existentes libra e toesa de Paris – mas é melhor ser mais ambicioso, pois os cientistas têm demonstrado como basear as medidas em um "modelo invariável encontrado na natureza", de modo que quando os padrões são perdidos ou danificados podem ser substituídos. Ele propôs definir a *aune* [vara] como comprimento do pêndulo de segundos; a toesa como seu dobro; e dividir a toesa em pés, polegadas e linhas. O eminente cientista francês Antoine Lavoisier (1743-94), disse Talleyrand, estudará como derivar uma medida de peso tomando o peso de um cubo de água cujo lado seja $\frac{1}{12}$ do comprimento desse pêndulo. A Inglaterra, prosseguia ele, seguramente acompanhará a França nessa causa de reforma, "na qual nossas ligações comerciais nos dão um interesse comum; e que doravante poderão ser benéficas para o mundo inteiro", e igual número de membros da Royal Society e da Academia Francesa de Ciências deveriam combinar de se encontrar em algum local adequado para deduzir um padrão invariável. Dessa maneira, a França lideraria uma "união política provocada pela mediação das ciências". A mudança de medidas trará "alguma desordem", mas uma vez que tudo seja explicado e tabelas de conversão distribuídas, meros seis meses serão necessários para implantar o sistema.[27]

A Assembleia Nacional aprovou a proposta de Talleyrand, e em 12 de agosto de 1790 Luís XVI fez o mesmo. As paixões populares continuavam com toda a intensidade exigindo a reforma metrológica, e até provocando tumultos; as medidas tradicionais tinham sido instrumento de abuso com o qual o sistema feudal oprimia os camponeses. Era hora de um sistema moderno e científico! Isso dava à proposta de Talleyrand todo o impulso de que necessitava.

O rei enviou a proposta de Talleyrand para a Academia, onde um comitê recomendou que ela se baseasse no sistema decimal e outro investigou padrões naturais. Lavoisier auxiliou ambos os comitês. Em 19 de março de 1791, o segundo comitê emitiu seu relatório, "Sobre a escolha de uma unificação de medidas", que delineava três possibilidades para um padrão natural: o comprimento do pêndulo de segundos, a quarta parte do equador terrestre e um quadrante do meridiano que passava por Paris. O comitê optou pelo terceiro: a unidade básica de comprimento seria uma décima milionésima parte do meridiano de Paris.

A escolha exigia montar uma nova expedição para medir o arco de meridiano, o que inflaria substancialmente o orçamento da Academia, prolongando seu envolvimento na criação do sistema e proporcionando uma oportunidade para medições científicas adicionais e testes de equipamentos científicos. Além disso, dado que o meridiano já fora medido meio século antes, o resultado não seria surpresa e um padrão provisório aproximado poderia ser processado imediatamente.

A Academia queria criar um padrão que todas as nações pudessem ser persuadidas a adotar: "A Academia tem feito o seu melhor para excluir todas as considerações arbitrárias – de fato, tudo que pudesse ter levantado a suspeita de ter atendido aos interesses particulares da França." Logo adotaram o nome "metro" para a unidade básica de comprimento, que provinha da palavra grega *metron*, que significa "medida".[28] A nomenclatura grega também ajudava o produto a soar mais universal que francês. A Academia empenhou-se então em criar um sistema decimal de medidas de comprimento baseado nas divisões e nos múltiplos do metro. Unidades de volume seriam criadas formando cubos com tais medidas de comprimento; unidades de peso enchendo tais unidades de volume com água destilada. Unidades de comprimento, volume e massa estariam todas interligadas, o sistema inteiro derivado de um padrão único, universal e invariável.

Talleyrand levou o plano de volta para a Assembleia, que o aprovou em 30 de março de 1791. O Comitê de Esclarecimento Público, inflamado com uma mistura de fervor patriótico e universalismo racionalista, proclamou: "Seguramente isso demonstra ... que nesse campo, como em muitos outros, a República Francesa é superior a todas as outras nações."[29]

Os membros da Academia formaram diversos comitês para implantar o projeto. Um deles, a cargo de Pierre Méchain e Jean Baptiste Delambre, deveria conduzir a medição do meridiano. Outro, medir um pêndulo de segundos a 45 graus no nível do mar, foi atribuído a Jean-Charles de Borda, Méchain e Jean Dominique Cassini (Cassini IV). Um terceiro comitê, ao qual pertencia Lavoisier, deveria descobrir o peso de certa massa de água destilada no ponto de congelamento, o que ajudaria a determinar o peso padrão. Um quarto comitê foi encarregado de compilar tabelas de equivalentes entre o novo sistema e o antigo.

Foi uma tarefa difícil, executada enquanto o idealismo da Revolução Francesa se desintegrava numa série de ditaduras brutais e sanguinárias. O poder era detido por corpos legislativos cada vez mais radicais e frequentemente implacáveis – a Assembleia Nacional (1789), a Assembleia Nacional Constituinte (1789-91), a Assembleia Legislativa (1791-92), a Convenção Nacional (1792-95; seu Comitê de Segurança Pública exerceu o poder durante o Reinado do Terror, de junho de 1793 a julho de 1794) e o Diretório (1795-99). O projeto levaria mais de sete anos para ser completado.

Em 19 de junho de 1791, uma dúzia de membros da Academia, inclusive Cassini, reuniu-se com o rei Luís XVI para discutir o projeto. O soberano, confuso, perguntou por que ele queria medir novamente o meridiano de Paris, dado que seus ancestrais já o tinham feito. Cassini pacientemente explicou que instrumentos modernos possibilitavam melhorar as medições. O rei estava certamente confuso, pois no dia seguinte tentou fugir do país com Maria Antonieta e seu filho, o delfim, mas foi capturado e aprisionado. Seu endosso para o projeto de medidas da Academia foi seu ato final como governante livre.

Mais tarde, nesse mesmo ano, Méchain e Delambre empreenderam a expedição, levando duas hastes padronizadas de platina que tinham o dobro do comprimento da toesa do Peru. Sua missão acabou se revelando difícil e perigosa. A Revolução ainda estava em progresso, impopular em certas áreas, e Méchain – funcionário representante de um governo revolucionário – foi detido como espião na Espanha. Sua épica história é narrada no livro *A medida de todas as coisas: a odisseia de sete anos e o erro oculto que transformou o mundo* – o "erro" mencionado no título, de forma um tanto esbaforida e hiperbólica, refere-se a enganos cometidos no trabalho por Méchain e depois encobertos por ele mesmo e Delambre.[30]

Enquanto isso, na França, as condições eram aterradoras. Os revolucionários, exibindo fervor decimal, ordenaram a decimalização das horas do relógio: dias de dez horas, horas de cem minutos, minutos de cem segundos. Esse ato tornou inútil cada relógio existente, assustou países que de outra forma eram simpáticos à causa e logo foi abandonado. Um calendário ordenava que os meses do ano fossem renomeados e que a contagem reiniciasse no Ano Um em 1792. Essa reforma conseguiu durar dez anos. A essa altura, a guilhotina tornou-se o instrumento de execução predileto dos revolucionários, e o rei Luís XVI foi decapitado em janeiro de 1793. O Comitê de Segurança Pública da Convenção Nacional, estabelecido naquele mês de abril, serviria como braço executivo do governo durante o longo Reinado do Terror que se seguiria.

Uma constante ao longo desse período tumultuado e tortuoso era o amplo entusiasmo pelo sistema métrico. Parecia uma meta clara e atingível e um elemento indispensável para a sociedade racional, igualitária e universal que os revolucionários aspiravam a estabelecer. Em 1º de agosto de 1793, a Convenção Nacional aprovou o plano da Academia Francesa, efetivando o novo sistema baseado na décima milionésima parte do quadrante conforme determinado em 1740 – mas impondo a utilização do novo sistema a partir de 1º de julho de 1794. Esse prazo final irremediavelmente otimista era quase impossível de se cumprir. O projeto da Academia ainda não estava completo, muitos nomes de unidades ainda deveriam ser estabelecidos – embora "metro" já estivesse – e ainda havia padrões para desenvolver.

Seguiram-se notícias piores. Academias e sociedades literárias de todos os tipos caíram sob suspeição e foram abolidas por um decreto de 8 de agosto de 1793. Lavoisier tentou pressionar em favor da continuidade da Academia e outro membro, Antoine Fourcroy (1755-1809), conseguiu fazer com que uma comissão temporária de pesos e medidas fosse criada em 11 de setembro de 1793. Mas três meses depois o Comitê de Segurança Pública expurgou seis membros da comissão por não serem suficiente-

França: *"Realidades da vida e do trabalho"*

mente revolucionários, inclusive Borda, Coulomb, Delambre e Lavoisier. Condorcet ficou sob suspeita devido a um panfleto político que publicara, e sua prisão foi ordenada. Ele fugiu e ficou na clandestinidade por meses. Finalmente foi detido em 27 de março de 1794, levado para uma prisão num subúrbio de Paris recém-rebatizado de Bourg-Egalité (algo como "Vila da Igualdade") e encontrado morto em sua cela na manhã seguinte, com algumas pessoas na época desconfiando de suicídio. Lavoisier, um dos maiores cientistas de todos os tempos, foi preso em novembro de 1793 e guilhotinado em 8 de maio de 1794.

No entanto, o Comitê de Segurança Pública estava determinado a estabelecer um novo sistema de pesos e medidas e oferecê-lo ao mundo; assim, em 11 de dezembro de 1793, ordenou a um médico e cientista chamado Joseph Dombey que levasse padrões provisórios para os Estados Unidos. A reforma metrológica possuía diversos fatores trabalhando a seu favor. Um era o zelo dos revolucionários, que tinham a vontade e o poder políticos. Para eles, a reforma era parte e parcela da derrubada do feudalismo e do Antigo Regime e essencial para a criação da liberdade e da igualdade e eliminação da servidão. Os cidadãos receberam a ordem de usar o novo sistema para provar sua lealdade cívica. Outro fator era que, ao contrário das reformas do relógio e do calendário, a reforma metrológica era urgentemente necessária.

A comissão temporária, com afinco, criou um manual de instruções para o novo sistema, publicado em 1794. Mas em 7 de abril de 1795, a Convenção Nacional cancelou a lei anterior de 1º de agosto de 1793, substituiu a maioria dos nomes e anunciou que tornaria o sistema obrigatório – apesar do fato de ainda não haver padrões. Os nomes básicos – metro, litro (um decímetro cúbico) e grama (definido como o peso de um centímetro cúbico de água pura na temperatura do gelo em fusão) – seriam usados para construir uma nomenclatura abrangente, com prefixos para denominar dez, cem e mil e um décimo, um centésimo e um milésimo. Isso facilitaria passar de uma escala a outra; seria uma simples questão de mover uma casa decimal. Mas a Convenção não estabeleceu uma data para o velho sistema ser abolido. Essa lei foi o que houve de mais próximo ao

Padrão provisório do metro na Place Vendôme, um dos muitos colocados para uso público por toda Paris entre 1796 e 1797.

nascimento efetivo do próprio sistema decimal, embora não ainda de seus padrões. Cópias do metro foram colocadas por toda Paris para familiarizar o público com o novo padrão; dessas, só duas restaram.

Nesse ínterim, a medição do arco de meridiano fora suspensa devido ao expurgo de Delambre da comissão, e da detenção de Méchain na Espanha. Em 17 de abril de 1795, o governo nomeou um comitê para recomeçar a medição do arco de meridiano, e em outubro criou um novo instituto para substituir a Academia. Nesse mesmo mês, a Convenção foi dissolvida e substituída por outro corpo legislativo, o Diretório.

Felizmente, Delambre foi reabilitado e Méchain libertado, e os dois retornaram à sua medição do arco de meridiano. Em janeiro de 1798, à medida que os vários comitês terminavam seus projetos, diversos membros do instituto sugeriram que se convidassem cientistas de outros países para participar da finalização do sistema, que, afinal, pretendia-se que fosse usado no mundo todo. Talleyrand concordou e enviou convites para vários países vizinhos conhecidos como simpáticos ao atual governo revolucionário. Delegados estrangeiros começaram a chegar em setembro – onze ao todo, da Espanha, Dinamarca e várias repúblicas europeias – e se

França: "Realidades da vida e do trabalho"

juntaram a dez cientistas franceses para estudar o problema da criação de novos padrões. Méchain retornou em novembro de 1798 e o comitê – cujos participantes estrangeiros eram em número maior que o dos anfitriões – se reuniu em 28 de novembro. Foi um encontro científico de um novo tipo, escreve o historiador Maurice Crosland, "uma transição rumo à ideia moderna de um congresso científico internacional".[31]

Os participantes da conferência redigiram um relatório em 30 de abril de 1799. Haviam determinado o comprimento do quadrante de meridiano como 5.130.740 toesas e basearam o comprimento do metro nesse número. Uma medida de água destilada foi usada para estabelecer o peso do quilograma padrão. Os novos padrões foram confeccionados com platina, com o padrão do metro, chamado *étalon*, tendo uma seção transversal de 25 milímetros de largura por quatro milímetros de espessura. Em 22 de junho de 1799 o *étalon* métrico e o quilograma foram oficialmente apresentados para a legislatura. Um porta-voz não identificado – provavelmente Pierre-Simon Laplace (1749-1827) – prestou nessa ocasião um comovente tributo ao esforço da Academia. Nosso trabalho, disse o porta-voz, tão útil para o mundo inteiro e tamanho reflexo da glória da França, agora está completo. Até agora, as medidas de todos os países têm sido arbitrárias. Agora, graças aos esforços da Academia, o mundo tem um sistema de medidas baseado na própria natureza, tão inalterável quanto o globo. Todos na Terra serão capazes de compreender e sentir afinidade com o novo sistema. Os pais podem dizer, com gosto, que "o campo que alimenta meus filhos é parte desse Globo, e o é na medida em que eu sou coproprietário do Mundo". O porta-voz empenhou-se arduamente para enfatizar o caráter internacional do sistema, ressaltando que a Academia havia convidado muitos cientistas estrangeiros para fazer parte de sua criação – e quando anunciou os nomes dos participantes da conferência, o fez em ordem alfabética, sem dar prioridade aos cientistas franceses. Ainda que alguma catástrofe engolisse a Terra, ou algum relâmpago destruísse os padrões criados, nosso trabalho não é em vão, pois também os vinculamos ao comprimento do pêndulo de segundos em Paris, o que significa que podemos reconstituir os padrões que agora apresentamos – um "metro *da* natureza *para* medir a natureza e um verdadeiro quilograma derivado disso". Havemos de proteger os dois padrões, concluiu o porta-voz, "com vigilância religiosa".[32] Desde então, esses dois padrões têm sido conhecidos como o Metro – e o Quilograma – dos Arquivos.

Foi de fato um momento marcante para a metrologia, para a ciência e para a civilização. Num relatório escrito duas décadas mais tarde, em 1821, John Quincy Adams descreveria o evento:

> É ao mesmo tempo tão raro e tão sublime o espetáculo no qual o gênio, a ciência, a habilidade e o poder de grandes nações confederadas são vistos de mãos dadas no verdadeiro espírito da igualdade fraternal, chegando em uníssono ao estágio destinado da melhora da condição da espécie humana, que – sem interromper por um momento que seja, mesmo com questões não essencialmente ligadas a isso – contemplar uma cena tão venerável ao caráter e às capacidades da nossa espécie, seria argumento em favor do desejo de sensibilidade para apreciar seu valor. Essa cena formou uma época na história do homem. Foi um exemplo e uma advertência aos legisladores de cada nação e para todos os tempos vindouros.[33]

LE BRIGAND MOSTROU-ME outros artefatos da Revolução guardados no cofre. Estes incluíam termômetros usados para padronizar a escala de temperatura e cópias dos protótipos do metro e do quilograma a serem usados para comparações e para produzir outras cópias – estas, diferentemente do próprio *étalon* do metro, eram marcadas em centímetros, decímetros e milímetros. A cópia do metro tinha manchas escuras em vários pontos: é o rastro do toque de um dedo oleoso na platina depois de duzentos anos.

Mas a minha atenção continuava voltada para os originais sem marcas, sem referências a réguas, datas ou a ambientes culturais ou naturais. Pensei nos pesos de ouro da África ocidental, nas flautas chinesas, na Pilha de Carlos Magno que eu vira numa caixa adornada com a flor de lis. Eles haviam sido confeccionados um a um, com cuidado não só para serem usados, mas também para serem visualmente apreciados. Tais medidas ar-

França: "Realidades da vida e do trabalho"

tisticamente elaboradas foram substituídas pelos protótipos sem face que Le Brigand estava agora guardando, as pesadas portas de metal rangendo outra vez ao serem fechadas. Foi uma mudança drástica na mensuração e também no papel das medições no mundo.

Nas palavras de um slogan público frequentemente repetido: "A tous le temps, a tous les peuples" [Para todos os tempos, para todos os povos]. Mas levaria algum tempo para que outros povos concordassem.

5. Passos hesitantes rumo à universalidade

EM 17 DE JANEIRO DE 1794, um médico e botânico francês chamado Joseph Dombey subiu a bordo do *Soon*, um brigue que partia de Le Havre para a Filadélfia. Dombey portava uma carta de apresentação do Comitê de Segurança Pública, o corpo executivo que regia a França durante o Reinado do Terror. Levava para o Congresso dos Estados Unidos um padrão provisório de comprimento feito de cobre – recém-denominado *mètre* – e uma medida de peso de cobre, ainda não oficialmente chamado *kilogramme*, na intenção de ajudar os Estados Unidos a reformar seu sistema de pesos e medidas.

Os revolucionários franceses haviam escolhido bem seu emissário. Dombey era dono de uma personalidade envolvente e da riqueza de uma formação científica que seguramente impressionaria os norte-americanos. "Tinha integridade, coragem e um senso de aventura", escreve o historiador Andro Linklater em *Measuring America*. "Era a escolha ideal sob todos os aspectos, exceto um – tinha uma sorte extremamente ruim."[1] De fato, sua história era tão calamitosa que se tivesse acontecido em alguma época anterior ele seguramente teria fornecido material para uma ópera trágica, uma farsa, ou ambas.

Quando jovem, Dombey (1742-94) foi um ávido estudante de medicina e história natural e tornou-se médico. Em 1776, aos 34 anos, foi indicado para uma expedição botânica espanhola para a América do Sul, durante a qual reuniu para a França sua coleção de espécimes botânicos de plantas sul-americanas, o que lhe valeu uma cadeira na Academia Francesa. Suas experiências nessa excursão foram desafiadoras – contraiu disenteria e foi forçado a adiar a publicação de seus achados até depois da de seus colegas espanhóis. Desgostoso com a política da botânica, recolheu-se em Lyon para praticar medicina em um hospital militar.

Não foi uma boa escolha. Durante a Revolução, Lyon era um enclave de resistência ao Reinado do Terror, e seus habitantes foram atacados e humilhados pelos revolucionários. Dombey assistiu a seus pacientes serem arrastados para fora do hospital e guilhotinados. Preocupado com sua sanidade, alguns amigos bem-relacionados lhe arranjaram outra expedição – aos Estados Unidos, para levar ao aliado amostras do novo e racional sistema de pesos e medidas e coletar espécimes botânicos.

Dombey jamais chegou à costa dos Estados Unidos. Em março, com a embarcação se aproximando da Filadélfia, uma tempestade feroz danificou o brigue e o arrastou para o sul até as Antilhas, onde atracou em Point-à-Pitre, em Guadalupe. Essa colônia francesa estava ela própria dividida. O governador era partidário do rei, mas a cidade estava cheia de simpatizantes dos revolucionários. Dombey não pôde evitar tornar-se um peão político. A presença de um emissário do venerado Comitê de Segurança Pública da pátria inflamou o fervor dos nativos contra o governo, que mandou prender Dombey. Uma turba se juntou para exigir a libertação do homem que era, na verdade, um representante oficial do governo francês numa terra francesa.

A libertação de Dombey incitou a multidão a se vingar de seus captores. Parado na borda de um canal, Dombey tentou impedir a violência, mas foi jogado na água. Ao ser pescado de volta, estava inconsciente e contraiu uma febre forte.

O governador tomou Dombey sob custódia, interrogou-o, percebeu que não era nenhum agitador e o colocou de volta a bordo do *Soon*. Logo depois que o navio deixou o cais, foi atacado por corsários britânicos que se apropriaram da carga e tomaram a tripulação como refém. Embora estivesse disfarçado de marinheiro espanhol, Dombey foi reconhecido e aprisionado para resgate na colônia britânica de Montserrat, onde no fim de março – ainda enfermo – pereceu.

Na longínqua França, durante os dias mais sombrios da Revolução Francesa, ninguém no Comitê de Segurança Pública estava preocupado com a ausência de notícias de Dombey; ficaram sabendo da sua sorte apenas meses depois, em outubro.

A carga do *Soon* foi leiloada. O metro e o quilograma de Dombey foram adquiridos por alguém que os enviou a um funcionário francês na Filadélfia. Esse funcionário os deixou em mãos que, sem perceber sua importância, nunca os entregou ao Congresso norte-americano. Tivesse a missão de Dombey sido bem-sucedida, poderia ter dado impulso ao avanço do sistema métrico nos Estados Unidos. "A visão daqueles dois objetos de cobre", escreve Linklater,

> tão facilmente copiáveis e mandados para todos os estados da União, junto com argumentos científicos de peso para apoiá-los, poderia muito bem ter clareado a mente de senadores e representantes. A vibrante e determinada personalidade de Dombey poderia ter criado uma empatia imediata. E talvez hoje os Estados Unidos não seriam o último país [importante] do mundo a resistir ao sistema métrico.[2]

A missão de Dombey teve lugar em uma época tumultuada na história dos pesos e medidas. Na China e na África ocidental, assim como em outras partes do mundo, a agressão e a aberta colonização em breve começariam a ocupar o lugar dos sistemas de medição locais à medida que o país começasse a impor as suas. Na própria Grã-Bretanha, assim como na França e nos Estados Unidos, reformas radicais estavam ou em andamento ou em sérias discussões de um modo totalmente novo.

Com toda a certeza, os governos já tinham revisto antes seus pesos e medidas. Haviam imposto sistemas de medidas em lugar de outros. O que estava acontecendo nos anos 1790 era novo. Três países importantes estavam considerando impor, *a si mesmos*, um sistema de pesos e medidas radicalmente novo. As características mais drásticas desse sistema eram: sua escala decimal, seu objetivo de vincular o sistema a um padrão natural e o fato de que o sistema seria supervisionado por cientistas, não por administradores governamentais. John Playfair (1748-1819), matemático e geólogo escocês, declarou: "O sistema adotado pelos franceses, se não absolutamente o melhor, está tão perto disso que a diferença não importa."[3] Lavoisier dizia: "Nunca algo mais grandioso e mais simples e mais coerente em todas suas partes veio das mãos dos homens."[4]

Todavia, os esforços para eliminar sistemas arraigados se depararam com numerosos desafios. O sucesso exigia necessidade premente, liderança apaixonada e clima político propício. O esforço tinha de ser uma cruzada. Na década de 1790, o sistema métrico tornou-se único, pelo menos para vários indivíduos-chave nesses três países. O novo sistema era apresentado pelos seus advogados como o meio mais avançado, imparcial, de medir a natureza no mundo newtoniano do espaço abstrato. No entanto, havia mais do que apreciação científica imparcial por ele, havia zelo. Os advogados do sistema métrico o viam como parte necessária de um mundo verdadeiramente esclarecido; a oposição, com certeza, provinha dos perigosos vestígios de irracionalidade e superstição.

O sistema métrico era agora a escolha da França: seria do mundo? As comunidades do planeta tinham uma vasta gama de sistemas de medição que eram estarrecedores em sua originalidade e engenhosidade, cada um intimamente entrelaçado com a cultura local. Como foi que o sistema francês conseguiu a universalidade que seus planejadores divisaram?

Grã-Bretanha

A Grã-Bretanha experimentava reduzido fervor revolucionário no fim do século XVIII, e a reforma metrológica fez pouco progresso ali. O parlamentar John Riggs Miller (1744-98) era um dos principais advogados da reforma de pesos e medidas. Em julho de 1789, e novamente em fevereiro de 1790, fez vários discursos apaixonados na Câmara dos Comuns insistindo na criação de um padrão a partir de algo "invariável e imutável" na natureza, que seria "em todos os tempos, e em todos os lugares, igual e o mesmo". É dever do governo tornar o meio pelo qual o povo "compra e vende, paga, comunica-se, permuta, come e vive" tão simples e autoevidente "que o mais simplório intelecto se equipare ao mais destro". Viaje dez milhas, ele disse, que você encontrará acres, alqueires, libras e galões diferentes. Quem ganha com isso? Somente "gatunos e patifes".[5]

Miller recebeu uma carta do ministro francês Talleyrand, que soubera de suas ideias. "Tempo demais Grã-Bretanha e França estiveram em diferença uma com a outra, por honra vazia e por interesses culpados", escreveu Talleyrand. "É hora de duas nações livres unirem seus esforços para a promoção de uma descoberta que deve ser útil para a humanidade."[6]

Encorajado, Miller fez um terceiro discurso no Parlamento a respeito da reforma metrológica, "sua influência moral, comercial e filosófica [científica] sobre a humanidade". Mencionou o impacto benéfico sobre o comércio, bem como sobre a vida social. Com relação à influência moral, pesos e medidas complexos e confusos prejudicam o honesto e beneficiam o desonesto. No comércio, tais medidas perturbam a confiança, levando os mercadores a ser exageradamente cautelosos, expondo-os a processos legais. Finalmente, a pesquisa científica fica prejudicada por pesos e medidas complexos e imprecisos. Enquanto pequenos erros no comércio não são mortais, sendo mesmo esperados, pequenos erros em ciência podem ser fatais.

Miller propunha quatro maneiras possíveis de deduzir padrões da natureza. Duas – o pêndulo de segundos e a fração do meridiano – eram bem populares. As outras duas eram menos conhecidas e engenhosas: a distância que corpos caíam em um segundo e uma gota de água ou vinho a uma certa temperatura. Admitindo que gotas tenham tamanho igual, elas poderiam fixar pesos e volume – e até mesmo comprimento se um recipiente cúbico fosse feito para conter certa quantidade, matando três coelhos com uma só cajadada. Mas era uma premissa grande demais, e provavelmente impraticável; portanto, propôs o pêndulo de segundos. "Tendo um padrão universal de pesos e medidas", prosseguiu Miller, "o viajante em todas as nações, em relação às distâncias, estaria *em casa*; os mercadores de todas as nações se encontrariam em solo conhecido no comércio e os filósofos de todas as nações estariam no mesmo pé na ciência." Pesos e medidas deveriam ser estabelecidos sobre

Passos hesitantes rumo à universalidade

uma fundação permanente, inalterável, da qual se pudessem obter padrões invariáveis, aos quais todas as nações pudessem se referir, e com as quais poderiam comparar as respectivas medidas, reduzindo-as a um denominador universal, invariável, para conveniência e benefício mútuo de toda a humanidade; deduzi-las de tais princípios possibilitaria a todas as gerações futuras obter medidas similares de comprimento, capacidade e peso.[7]

Os britânicos, cautelosos com o fervor revolucionário francês, também tinham cuidado com as tentativas de Talleyrand de aliciá-los em seus esforços de desenvolver o novo sistema. Ademais, os reformadores britânicos estavam atentos às dificuldades que os franceses tinham em fazer com que seus cidadãos adotassem seu sistema "racional" e "universal". As propostas de Miller não entusiasmaram a população, e ele foi derrotado na eleição seguinte. Entre os promotores remanescentes da reforma metrológica, George Skene Keith (1752-1823) advogava o pêndulo de segundos como padrão natural em sua monografia de 1791, "Sinopse de um sistema de equalização de pesos e medidas da Grã-Bretanha", e voltou a retomar a ideia em 1817 em "Diferentes métodos de estabelecer uma uniformidade de pesos e medidas". Francis Eliot (1756-1818), outro reformador, escreveu em 1814 "Cartas sobre a situação política e financeira do país", mas a reforma proposta por ele não teve êxito, embora tivesse tido, sim, o mérito de introduzir o nome "imperial", em breve a ser adotado para designar o sistema britânico.

Os reformadores britânicos não tiveram nada parecido com o impacto de suas contrapartes francesas. No mínimo por uma razão: tinham a tendência de agir sozinhos em vez de se aproximar de funcionários do governo; não possuíam nenhum Talleyrand nem revolução para dar a suas propostas valor simbólico e emocional. Por fim, o comércio e a economia britânicos estavam longe de falidos, como ocorria na França. Como escreve Zupko:

A Inglaterra era a nação industrial de ponta no mundo e seus líderes industriais, comerciais e financeiros argumentavam que uma mudança muito abrupta ou radical prejudicaria o crescimento presente e futuro (alegação repetida até os dias de hoje). Se peças de máquinas precisassem ser trocadas, ou se as dimensões da maioria das exportações tivessem que ser alteradas, resultaria uma confusão inconcebível na economia e toda a nação seria lançada numa recessão ou depressão. (Argumentos semelhantes têm sido apresentados pelos porta-vozes antimétricos nos Estados Unidos ao longo deste século.) Seria muito mais sensato, alegavam, proceder cautelosamente com as mudanças e modificar apenas os aspectos da metrologia existente que fossem prejudiciais à continuidade do crescimento econômico. Londres ficou convencida por esses argumentos (não obstante o alvo político de tais poderosos grupos de pressão) e dos provenientes de outros setores da população e acabou cedendo na legislação passada em 1824. Moderação e não revolução: era esse o tema.[8]

Moderação e adiamento. Em 1814, um comitê da Câmara dos Comuns recomendou – finalmente – que o padrão da jarda construído pelo Comitê Carysfort de 1758 fosse oficialmente adotado. Um segundo comitê examinou o uso do pêndulo de segundos como padrão natural, e o trabalho foi completado em 1818. O resultado foi o Ato Imperial de Pesos e Medidas de 1824, estabelecendo efetivamente a resposta britânica ao sistema métrico de um quarto de século antes.

O ato criava um sistema imperial de unidades baseado em unidades herdadas dos romanos e usadas em todo o Império Britânico. O sistema imperial relaciona medidas de comprimento – polegadas, pés, jardas e milhas (63.360 polegadas em uma milha) – e medidas de peso – grãos, onças, libras e toneladas (14 milhões de grãos em uma tonelada "curta" ou comum). Foi o máximo de revolucionário que os britânicos conseguiram, legalizar o trabalho com pesos e medidas padronizados que fora executado ao longo do século anterior. Ainda assim, vinculava um padrão – a jarda – a um fenômeno natural, o pêndulo de segundos, de modo que no caso de um padrão existente ser destruído podia ser recriado. A libra era definida como uma polegada cúbica de água destilada, pesada no ar, na temperatura de 62°F e pressão barométrica de 30 polegadas. Ambos os padrões foram guardados na Casa do Parlamento. Finalmente, a nação mais industrializada da Terra tinha padrões de pesos e medidas.

Então, em 16 de outubro de 1834, operários queimando velhas talhas no porão da Câmara dos Lordes atearam fogo no edifício, em um incêndio que destruiu ambas as Casas do Parlamento – junto com os recém-entronados padrões imperiais. Era exatamente o tipo de desastre que dera à ideia de um padrão natural uma perspectiva tão atraente; se um sistema metrológico esteve vinculado a um padrão desses, como os cientistas britânicos julgaram ter feito tão cuidadosamente, poderiam ser recuperados exatamente como haviam sido elaborados antes, sem mudança de tamanho nas unidades.

Uma comissão científica, comandada por George Airy, foi incumbida de descobrir a melhor maneira de restaurar os padrões. Airy (1801-92) – obsessivo, determinado e ordeiro – guardara tudo, desde correspondência até cadernos de testes. "Ele parece não ter destruído um único documento de nenhum tipo", escreveu um biógrafo. Era um "organizador em vez de cientista ... mas tornava a grande ciência possível"[9] – um comentário que poderia ser aplicado à própria metrologia. A maior controvérsia na vida de Airy envolveu uma descoberta perdida do planeta Netuno. Ele fornecera a informação a vários cientistas, e aconteceu de não estar em casa quando veio a chance de fazer a descoberta. Era o "protótipo do grande cientista governamental moderno". Sob a direção cuidadosa de Airy, a comissão descobriu muito mais incertezas no pêndulo de segundos do que esperava; a ação gravitacional, longe de ser universal, era sensível a leves e numerosas variações e perturbações. Era quase impossível determinar o verdadeiro comprimento de um pêndulo com alguma precisão exigida por um artefato padronizado. Após longa e meticulosa deliberação, o comitê de Airy reportou, em 21 de dezembro de 1841, que o método do pêndulo de segundos não era acurado o bastante para recriar o padrão de comprimento. A comissão se dispôs a criar novos padrões usando, em vez disso, as cópias existentes dos padrões antigos.

O pêndulo de segundos havia incendiado a imaginação daqueles que acreditaram em padrões naturais e sistemas universais por um século e meio. O que deveria ter sido um triunfo da metrologia – a chance de provar que os padrões podiam ser recriados se destruídos – tornou-se, em vez disso, um enorme constrangimento.

Estados Unidos

Enquanto isso, reformadores nos Estados Unidos mantinham algum impulso após sua revolução de 1776-81. Uma década depois, o país ainda estava decidindo suas estruturas governamentais e comerciais básicas, que haviam sido em grande parte herdadas dos britânicos. Os líderes do recém-independente país estavam mais do que dispostos a mudar tais instituições se outras melhores pudessem ser encontradas. Essas instituições incluíam o sistema de pesos e medidas do país.

Antes da Revolução Americana, cada colônia determinava seus próprios pesos e medidas com pouca uniformidade entre elas, da mesma forma que as regiões feudais na Europa. Isso criava dificuldades no comércio interestadual, entre outras questões. Os Artigos da Confederação de 1777, ratificados em 1781, davam ao Congresso o direito de "fixar os padrões de pesos e medidas por todos os Estados Unidos" (artigo IX), mas nenhuma ação foi concluída. A confusão que brotava da diversidade de pesos e medidas ecoava aquilo que se passava na Inglaterra e na França. O novo país empregava o sistema britânico herdado, cuja utilização era incentivada pelo Decreto da Terra de 1785, que ordenava levantamentos topográficos. Isso apesar de o autor do decreto, Thomas Jefferson, vir brincando com a ideia de um sistema decimal de pesos e medidas vinculado ao pêndulo de segundos. Tivesse o Decreto da Terra sido adiado por cerca de doze anos, ou algo assim, os Estados Unidos teriam tido uma excelente oportunidade de começar do zero a redefinição de seus pesos e medidas.

Em 1785 James Madison, na época membro da Câmara de Delegados da Virgínia, escreveu a um colega membro do Congresso da Virgínia e Continental, James Monroe, queixando-se do sistema monetário e pedindo a intervenção dos membros do Congresso. Madison acrescentou que o Congresso deveria também considerar a questão separadamente, mas correlacionada, dos pesos e medidas:

> Não seria altamente oportuno, bem como honrável para a administração federal, seguir o palpite que foi sugerido por homens engenhosos e filosóficos,

a saber: que o padrão de medida deveria ser fixado pelo comprimento de um pêndulo vibrando segundos no equador ou a uma dada latitude; e que o padrão de pesos deveria ser uma peça cúbica de ouro ou outro corpo homogêneo, de dimensões fixadas pelo padrão de medida?

Ao fazê-lo, Madison continuava, não só seria eminentemente prático estabelecer um sistema uniforme por todos os Estados Unidos, mas poderia levar também a um sistema compartilhado com o mundo inteiro. "Lado a lado com o inconveniente de falar diferentes línguas, está o de usar diferentes e arbitrários pesos e medidas."[10]

O Congresso Continental, de fato, logo se preocupou com as aflições do sistema monetário; o dólar foi adotado oficialmente como unidade básica da moeda em 1785, seguido de um sistema decimal completo um ano depois. Pesos e medidas permaneceram esquecidos.

Os "pais fundadores" ainda estavam refinando suas ideias, e o desejo de revisar os Artigos da Confederação de 1787 levaram a uma meticulosa vistoria. A Constituição resultante, adotada em 1787, também dava ao Congresso poderes para estabelecer "o Padrão de Pesos e Medidas" (art. I, seção 8). Em 1789, o primeiro Congresso dos Estados Unidos se reuniu e o país elegeu George Washington seu primeiro presidente. No primeiro pronunciamento sobre o Estado da União feito por Washington, em 8 de janeiro de 1790, ele afirmou que "uniformidade em moeda, pesos e medidas dos Estados Unidos é objeto de grande importância, e será, estou convencido, devidamente considerado". Em seguida, em 15 de janeiro, a Câmara dos Deputados, reunindo-se em Nova York, ordenou a Jefferson, agora secretário de Estado, que preparasse "um plano apropriado para estabelecer uniformidade em moeda, pesos e medidas dos Estados Unidos".

Jefferson (1743-1826) era a pessoa certa para assumir essa tarefa. Era um apaixonado por ciência, tanto teórica como prática. Havia lido os *Principia*, de Newton, e dominado o cálculo, o suficiente para usá-lo para projetar um novo e imaginativo tipo de arado. Havia sido agrimensor do condado na sua Virgínia natal, em 1773; embora fosse uma indicação política, o cargo refletia suas capacidades. Politicamente, estava bastante envolvido nos acontecimentos da Revolução Americana, sendo o principal autor da Declaração da Independência, em 1776, e governador da Virgínia em 1779. Seu famoso *Notas sobre o Estado da Virgínia* foi o primeiro estudo sistemático e abrangente de uma região do novo país. De 1785 a 1789 Jefferson foi ministro na França (onde, dizem os historiadores, a escrava adolescente Sally Hemings provavelmente veio a se tornar camareira e amante de Jefferson) e regressou com o convite de George Washington para ser o primeiro secretário de Estado da nação.

Em 15 de abril de 1790, Jefferson recebeu instruções para trabalhar com propostas de medidas, e terminou um esboço em torno de 20 de maio. Ele propunha um sistema decimal cujo padrão estaria vinculado ao pêndulo de segundos na latitude mediana dos Estados Unidos de 38 graus. Algumas

Thomas Jefferson, que, como primeiro secretário de Estado dos Estados Unidos (1789-93), redigiu o primeiro plano para estabelecer "uniformidade em moeda, pesos e medidas" – que o Congresso deixou de aprovar – e que, como terceiro presidente do país (1801-09), estabeleceu o Levantamento Topográfico dos Estados Unidos, a primeira instituição federal a supervisionar pesos e medidas no país.

Passos hesitantes rumo à universalidade

semanas depois, recebeu inesperadamente uma cópia do discurso de Talleyrand na Assembleia Nacional e ficou impressionado com o fato de ele ter fixado a latitude onde seria medido o pêndulo de segundos francês em 45 graus, na esperança de atrair a participação britânica. Essa latitude era, na época, a principal fronteira setentrional do país, a extremidade mais alta de Nova York e Vermont, portanto inconveniente para cientistas dos Estados Unidos, mas Jefferson concordou, "na esperança de que possa tornar-se uma linha de união com o resto do mundo". Ele estava, portanto, disposto a aliar seu novo e revolucionário plano para os pesos e medidas dos Estados Unidos com aqueles que vinham sendo amadurecidos na Europa.

Jefferson mandou sua proposta a dois conhecidos de confiança para críticas, o secretário do Tesouro, Alexander Hamilton, e David Rittenhouse, um notório astrônomo e fabricante de instrumentos da Filadélfia, além de ex-presidente da Sociedade Filosófica Americana. Hamilton gostou do relatório e não fez comentários substanciais. Rittenhouse teve uma reação morna e teceu extensivos comentários. Meio século antes de os britânicos descobrirem a mesma coisa, Rittenhouse percebeu que o pêndulo não daria um bom padrão, e desfiou para Jefferson as numerosas fontes de erro. Ele aconselhou o amigo dizendo que a abordagem tradicional – fazer um padrão artificial – seria superior. Mas Jefferson estava enamorado demais da engenhosidade de sua própria ideia de padrão para abandoná-la. Ao saber que um relojoeiro da Filadélfia fazia pêndulos com hastes em vez de fios, Jefferson incluiu essa ideia, na esperança de que ela superasse as objeções de Rittenhouse. Jefferson completou seu "Plano para estabelecer uniformidade em moeda, pesos e medidas dos Estados Unidos" em 4 de julho de 1790, submetendo-o à Câmara dos Deputados em 13 de julho. Ele propunha um pêndulo padrão equipado com uma haste cilíndrica feita de ferro e usado no nível do mar. Jefferson escreveu que quaisquer imprecisões em tal dispositivo, agora pequenas, serão cada vez menores, dada a tendência da ciência de "progredir rumo à perfeição".

Jefferson enfatizou que o Congresso Continental já havia abolido o sistema monetário britânico, baseado em libras, xelins, *pence* e *farthings*, substituindo-o por uma moeda decimal baseada em dólares e centavos. A

Câmara dos Deputados poderia considerar estender "semelhante melhoria" a um novo sistema de pesos e medidas. Tal melhoria seria "sentida em breve e sensivelmente por toda a massa da população", que poderia calcular valores muito mais rápido do que com "os atuais índices, complicados e difíceis", estimulando a igualdade entre os cidadãos. No entanto, Jefferson também considerava que a dificuldade de "mudar os hábitos estabelecidos de toda uma nação" poderia "ser um obstáculo insuperável para essa melhoria". Propunha, portanto, dois planos para a Câmara dos Deputados, um envolvendo unidades decimais, outro envolvendo unidades tradicionais. Ambas as propostas vinculavam as unidades ao pêndulo de segundos.

Proposta 1. A primeira proposta era manter os pesos e medidas atuais, herdados dos britânicos, mas torná-los "uniformes e invariáveis", acorrentando-os a um padrão natural. Ele recorreu ao Comitê Carysfort de 1758 e 1759 como "o melhor testemunho escrito existente das medidas e pesos padronizados da Inglaterra". Assim, dividiu o bastão padrão dos 45 graus em 587½ partes iguais, definindo cada parte como uma "linha"; em seguida a comparou com as medidas lineares britânicas, conforme se segue:

10 linhas, uma polegada [*inch*]

12 polegadas, um pé [*foot*]

3 pés, uma jarda [*yard*]

3 pés, 9 polegadas, um *ell*

6 pés, uma braça [*fathom*]

5½ jardas, uma percha ou vara [*perch* ou *pole*]

40 perchas, um *furlong*

8 *furlongs*, uma milha [*mile*]

3 milhas, uma légua [*league*]

Jefferson propunha manter as mesmas medidas de área (um acre de quatro *roods*, um *rood* de quarenta perchas quadradas). Para volume, um galão consistiria em 270 polegadas cúbicas. Suas subdivisões incluiriam o quarto (um quarto de galão) e o *pint* [quartilho] (metade do quarto). Seus múltiplos incluiriam o *peck* (dois galões); o *bushel* ou *firkin* (oito galões); o *strike* ou *kinderkin* (dois *bushels*); o *barrel* ou *coomb* [barril] (dois *strikes*); o *hogshead* ou *quarter* (dois *coombs*); o *pipe, butt* ou *puncheon* [pipa ou tonel] (dois *hogsheads*); e o *ton* [tonelada de volume] (dois tonéis). Para peso, Jefferson propunha que uma onça tivesse o peso de um cubo de água da chuva com um décimo de pé de aresta – ou, de maneira equivalente, um milésimo do peso de um pé cúbico de água da chuva. Suas subdivisões seriam o *pennyweight* (dezoito em cada onça) e o *grain* [grão] (24 em cada *pennyweight*); seus múltiplos seriam o *pound* [libra] (dezesseis onças).

Proposta 2. A segunda proposta de Jefferson era por uma "meticulosa reforma" de todo o sistema. Aqui, o pêndulo de segundos seria dividido em cinco partes iguais, cada uma delas denominada um "pé". Esse pé seria dividido em dez polegadas, a polegada em dez linhas e a linha em dez pontos. Além disso, dez pés fariam uma década; dez décadas, um *rood*; dez *roods*, um *furlong*; e dez *furlongs*, a milha. As medidas de área seriam basicamente quadrados dessas medidas; medidas de volume seriam em pés cúbicos, ou *bushels*. Os *bushels* seriam divididos em dez *pottles* [cantis], os *pottles* em *demi-pints* [meios quartilhos], os *demi-pints* em dez *meters* [metros] – cada *meter* sendo uma polegada cúbica. Múltiplos do *bushel* seriam o *quarter* (dez *bushels*) e o *double ton* (dez *quarters*). A medida padrão de peso seria o peso de uma polegada cúbica de água da chuva, definida como onça. Ela seria subdividida em *double scruples* [escrúpulos duplos] (dez por onça), *carats* [quilates] (dez em cada duplo escrúpulo), *minims* ou *demi-grains* [mínimos ou meio-grãos] (dez por quilate) e *mites* (dez por mínimo); as onças seriam multiplicadas na libra (dez onças), pedra (dez libras), quintal (dezesseis pedras) e *hogshead* (dez quintais).

Posteriormente Jefferson ouviu que os franceses estavam mudando da ideia de um pêndulo para a de um meridiano. Ficou desapontado; a troca parecia trair a ambiciosa tentativa rumo à universalidade, que fora um de seus principais méritos. Escreveu:

O elemento de medida adotado pela Assembleia Nacional exclui, *ipso facto*, toda e qualquer nação da Terra de uma comunhão de medida com eles; pois eles próprios reconhecem que uma devida proporção de aferição de um meridiano cruzando o 45º grau de latitude, e terminando no mesmo nível em ambas as extremidades, não pode ser encontrado em nenhum outro país da Terra a não ser o deles. Seguir-se-ia, portanto, que outras nações devem confiar em sua aferição, ou enviar pessoas ao seu país para elas próprias a fazerem, não só na primeira instância, mas sempre que posteriormente possam desejar verificar suas medidas. Logo, em vez de concorrer numa medida que, como o pêndulo, pode ser encontrada em cada ponto do 45º grau, e ao longo de ambos os hemisférios, e consequentemente em todos os países da Terra que jazem sob esse paralelo, seja ao norte, seja ao sul, eles adotam uma que só pode ser encontrada em um único ponto do paralelo norte, e consequentemente apenas em um país, e esse país é o deles.[11]

O relatório de Jefferson chegou em 13 de julho de 1790, em um momento crítico para as reformas de medidas nos Estados Unidos. As terras do Oeste estavam sendo conquistadas, colonizadas e topografadas; qualquer atraso na implantação de um novo sistema dificultaria a substituição do existente. Mas o Congresso interrompeu a discussão, adiada em 12 de agosto, e a retomou apenas em dezembro. Na terça-feira, 7 de dezembro, na segunda mensagem de Washington ao Congresso, ele mais uma vez insistia na urgência da ação sobre pesos e medidas, e o relatório de Jefferson foi encaminhado a uma comissão.

Mas o Congresso dos Estados Unidos nunca atuou sobre o ambicioso sistema de Jefferson, ocupado como estava com outros assuntos prementes. Em seu terceiro pronunciamento, em outubro de 1791, Washington instou mais uma vez o Congresso. O Senado nomeou uma comissão que, em abril de 1792, aprovou as propostas de Jefferson, mas postergou pedir ao Senado que a considerasse. Mais adiamentos se seguiram; nenhuma ação. Comissões do Congresso voltaram a considerar a ideia em 1798, 1804 e 1808. Ainda nada de ação.

Jefferson foi eleito o terceiro presidente do país em 1801 e conseguiu obter um efeito de longo alcance sobre os pesos e medidas norte-americanos por outra via: seu interesse em topografia. Em 1803, negociou com a França a aquisição da Louisiana, uma enorme área que quase duplicava o território da jovem nação. Estava interessado em fazer o levantamento não só daquele território, mas também de outras terras, despachando a expedição Lewis e Clark para explorar a rota para a costa do Pacífico e seus recursos. No alto da agenda de Jefferson estava encontrar o meio de fazer um levantamento topográfico dos Estados Unidos em larga escala.

Uma solução surgiu em 1806, mediante uma carta de apresentação de Robert Patterson, diretor da Casa da Moeda de Jefferson, referente a um certo Ferdinand Hassler, um suíço recém-imigrado:

> Ele é um homem de ciência & educação; e ... um personagem de considerável importância em seu próprio país. É seu desejo obter um emprego nos Estados Unidos, o que exigiria a prática de topografia ou astronomia. Ele se engajaria de bom grado numa expedição de exploração, tais como aquelas de que o senhor já participou.[12]

Patterson disse que anexaria uma breve biografia que pedira a Hassler que redigisse, depois mencionou outras qualificações:

> Além de seu conhecimento de latim, ele fala alemão, francês, italiano & inglês. À sua familiaridade com a matemática em geral, que, até onde sou capaz de julgar por um contato breve, mas não pequeno, é bastante extensa, ele acrescenta um bom conhecimento de química, mineralogia e todos os outros ramos da filosofia natural. Em suma, senhor, acredito que seus serviços possam ser utilizados para este seu país de adoção. Ele possui uma biblioteca muito valiosa e um conjunto de instrumentos topográficos & astronômicos não inferiores a qualquer outro que eu tenha visto.

Hassler (1770-1843) também se mostrou difícil de colaborar. Era "egoísta, exasperante e não cooperativo", nas palavras de um moderno historiador

Ferdinand Rudolph Hassler, primeiro superintendente
do Levantamento Topográfico dos Estados Unidos.

da ciência.[13] Mas tornou-se uma figura importante nos primeiros levantamentos topográficos norte-americanos, bem como no estabelecimento dos pesos e medidas nos Estados Unidos.

Hassler aprendera o apreço por instrumentos com seu pai, um relojoeiro suíço, e em pouco tempo estava empreendendo trabalho de campo em geodesia, mapeando Berna. Os combates na Europa o levaram aos Estados Unidos para tornar-se agricultor. Trouxe consigo alguns livros e instrumentos, inclusive uma cópia do metro e do quilograma do Comitê, bem como uma toesa padrão francesa e uma libra inglesa.

Na Filadélfia, Hassler conheceu diversos amigos de Jefferson, inclusive o diretor da Casa da Moeda, Patterson; John Vaughan, um comerciante de vinho que era bibliotecário da Sociedade Filosófica Americana; e Arthur Gallatin, um cortês diplomata nascido na Suíça, administrador e servidor público. Todos ficaram impressionados com o conhecimento que Hassler tinha de pesos e medidas e com a sua habilidade como topógrafo, e perceberam que seus talentos podiam ser úteis para o jovem país. Vaughan adquiriu os pesos e medidas de Hassler e escreveu para Jefferson:

> O importante objetivo de um Padrão Universal de Peso e Medida há muito tem ocupado seus pensamentos; terá prazer, portanto, em ficar sabendo

Passos hesitantes rumo à universalidade 107

que recentemente tomei posse, por aquisição do sr. Hassler, das toesa-
metro e do quilograma padrão franceses & do troy padrão inglês, que
podem servir de padrões de comparação, quando o assunto for retomado
por este país.[14]

Jefferson, inicialmente cético, logo reconheceu as habilidades de Hassler.
Propôs que o Congresso autorizasse um levantamento sistemático da costa
dos Estados Unidos, o que foi aprovado em 1807. Hassler foi nomeado seu
superintendente e despachado para a Europa em busca de instrumentos topográficos e mais pesos e medidas. Mas o projeto sofreu atrasos, o
regresso de Hassler foi interrompido pela guerra de 1812, e somente em
1816 assumiu oficialmente a posição de superintendente do Levantamento
Topográfico dos Estados Unidos. Seu mandato não durou muito. Ele trabalhava com lentidão e afastava as pessoas com seus ares de superioridade.
Mais ainda, muitos no Congresso não aprovavam um estrangeiro como
encarregado de tão prestigioso projeto, e os oponentes de Hassler naquela
instituição passaram uma emenda exigindo que o Levantamento fosse
comandado por pessoal militar norte-americano. Hassler foi forçado a
abaixar a crista, embora viesse a recuperar o posto.

Nesse ano de 1817, o Senado dos Estados Unidos pediu ao secretário
de Estado, John Quincy Adams, para preparar um relatório a respeito
dos pesos e medidas usados no exterior, as diferentes regulamentações
estatais e as perspectivas para estabelecer pesos e medidas uniformes
nos Estados Unidos. Adams (1767-1848) passara muito tempo fora do país,
primeiro acompanhando seu pai, John Adams (1735-1826), que foi enviado
para a França e a Holanda antes de se tornar vice-presidente e presidente; e
então em viagens para a Finlândia, Suécia, Dinamarca, Silésia e Prússia; e
finalmente como embaixador na Rússia e depois na Grã-Bretanha. Durante
essas viagens, Adams ficou fascinado com os ainda diversificados sistemas
europeus de pesos e medidas e com o novo sistema métrico. Em 1817, o
presidente James Monroe chamou Adams de volta da Grã-Bretanha para
ser secretário de Estado, quando lhe foi atribuída a incumbência de reabrir
a tão postergada questão dos pesos e medidas.

Adams era um *workaholic* durante uma época exigente na história norte-americana. Entre outras coisas, ele redigiu a Doutrina Monroe, que anunciava que os Estados Unidos resistiriam à incursão europeia nas Américas e evitariam interferir com outros Estados, com a famosa declaração de que os Estados Unidos "não iriam para o exterior em busca de monstros para destruir". Ele achou a pesquisa de pesos e medidas igualmente fascinante e passou três anos debruçado sobre ela. Pediu a cada estado suas leis e revisou de maneira metódica os sistemas europeus. Não usava estagiários ou assistentes para pesquisar documentos nem redatores para escrever os rascunhos, mas pesquisava e escrevia ele próprio, acordando às cinco da manhã, e às vezes mais cedo, para escrever à luz de velas. Rejeitou a sugestão de seu pai de suspender o projeto para tirar as férias anuais da família em Maryland. Sua esposa se queixava: "Toda sua mente está tão imersa nos pesos e medidas que seria de se supor que a própria existência dele depende desse assunto."[15]

As ambições de Adams com relação ao relatório cresciam. "Onde o projeto a princípio prometia ser meramente uma árida enumeração de tabelas e fórmulas", escreveu um historiador, "sob os poderes de interpretação de JQA tornara-se uma visão do que o governo podia fazer para o bem-estar público."[16]

Em 1821, Adams submeteu ao Congresso um relatório de 135 páginas, com cem páginas adicionais de apêndices, cobrindo a história dos pesos e medidas e analisando as perspectivas e os problemas da reforma. Ele considera teoria e prática, assuntos científicos e políticos, questões filosóficas e morais. Não é fácil de ler, sobretudo agora na era do PowerPoint: não há tracinhos nem bolinhas para enumerar itens, nem grifos, nem resumos. É repetitivo e muitas vezes passa de minúcias para a eloquência em poucas sentenças. Todavia, é profundo e abrangente.

Adams começa por traçar as origens dos pesos e medidas desde dimensões corporais até a necessidade de multiplicar, bem como padronizar, pesos e medidas após o estabelecimento da sociedade civil. É sensível às questões da confiança e da moralidade levantadas por sistemas de pesos e medidas e às dificuldades de legislação: "A natureza plantou fontes de diversidade, que o legislador em vão desconsideraria, que em vão tentaria controlar." Numa comparação meticulosa dos sistemas britânico e francês, Adams preferiu de longe o último e declarou que os britânicos eram "a ruína de um sistema", sua nomenclatura, "cheia de confusão e absurdos". O sistema francês, se implantado universalmente, seria um grande passo adiante para a humanidade. "Esse sistema se aproxima do ideal perfeito de uniformidade aplicada a pesos e medidas; e, quer esteja destinado a ter êxito, quer condenado a fracassar, espalharia eterna glória sobre a época em que foi concebido e sobre a nação na qual sua execução foi tentada e em parte conseguida." Esse sistema de medidas, esperava Adams, forjaria laços "entre os habitantes das regiões mais distantes", circundando o globo, e "uma linguagem de pesos e medidas será falada do equador aos polos".[17] Ele ressalta:

> Pesos e medidas podem ser enumerados entre as necessidades da vida de todo indivíduo da sociedade humana. Entram nos arranjos econômicos e preocupações cotidianas de toda família. São necessários a toda ocupação da indústria humana; para a distribuição e segurança de toda espécie de propriedade; a toda transação de comércio e negócio; à labuta do lavrador; à engenhosidade do artífice aos estudos do filósofo; às pesquisas do antiquário; à navegação do marinheiro e às marchas do soldado; a todas as trocas em tempos de paz e a todas operações de guerra. O conhecimento deles, como no uso estabelecido, está entre os primeiros elementos da educação e é amiúde aprendido por aqueles que não aprendem mais nada, nem mesmo a ler e a escrever. Esse conhecimento é fixado na memória pela sua aplicação habitual aos empregos do homem vida afora.[18]

Adams considerava o sistema métrico "uma nova energia oferecida ao homem, incomparavelmente maior do que aquela adquirida pela nova atividade dada ao vapor. Em concepção é a maior *invenção* da engenhosidade humana desde a imprensa". Além disso, tem vantagens morais na maneira como facilita e simplifica transações entre seres humanos, estimulando a igualdade, e Adams o compara a aperfeiçoamentos morais e políticos tais como a eliminação da escravatura. Um sistema de medição superior não dá maior vantagem para ninguém, não mascara "nenhum projeto de avareza ou ambição", não disfarça "nenhuma finalidade privada ou pervertida". Como seria estranho, escreve Adams, se os seres humanos pudessem confeccionar armas idênticas para destruir-se mutuamente, mas serem incapazes de comer e beber com os mesmos pesos e medidas!

Mas Adams também previu a inevitável dificuldade legislativa. Pesos e medidas estão entrelaçados em cada aspecto da vida. Mudá-los viria a "afetar o bem-estar de todo homem, mulher e criança". Adams pensou que os Estados Unidos enfrentariam obstáculos ainda maiores do que a França estava encontrando, mesmo com o país não mais em revolução. No fim do documento, Adams não recomenda mudança nos pesos e medidas existentes nos Estados Unidos, mas recomenda, sim, que o Congresso "se consulte com nações estrangeiras para o estabelecimento futuro e definitivo de uma uniformidade universal e permanente". Se a uniformidade de pesos e medidas pudesse ser implantada, seria "uma bênção de tão transcendente magnitude" que aqueles que a conseguissem "estariam entre os maiores benfeitores da raça humana". Mas ainda não chegamos lá. Quando ela se estender além da França, conclui ele, "deve aguardar o tempo para que o exemplo de seus benefícios, apreciados na prática e por longo tempo, adquira a ascendência sobre as opiniões de outras nações, o que dá movimento aos mecanismos e sentido às rodas do poder".[19]

"Nenhum outro filósofo ou economista político do mundo", escreve o historiador William Appleman Williams, "jamais personalizou e humanizou o problema elementar dos pesos e medidas – ou qualquer outro elemento mundano mas vital de seu sistema – de maneira comparável."[20]

O *Relatório* de Adams é um texto sábio, longo demais porque seu autor não teve tempo de diminuí-lo. Pouca gente o leu do começo ao fim, nem mesmo seu pai. Congressistas, olhando a conclusão, decidiram que estava bem não fazer nada. Naquele ano, 1821, Gallatin – então ministro para a França – mandou de lá um quilograma e um metro de platina. Seis anos depois, agora ministro para Londres, Gallatin trouxe ao voltar, para o então presidente Adams, uma libra imperial, cópia do peso de 1758 que

Passos hesitantes rumo à universalidade

foi certificado pelo Ato de 1824. Foi recebida por Adams numa cerimônia especial em 12 de outubro de 1827. Fechada num invólucro lacrado em Londres, serviu como padrão dos Estados Unidos por quase setenta anos. No ano seguinte, 1828, uma libra *troy* específica de bronze abrigada na Casa da Moeda da Filadélfia foi designada como "libra *troy* padrão" para cunhar moedas.

Em 1832, o Congresso tomou alguma atitude ordenando uma comparação entre os pesos e medidas das alfândegas do país. Hassler, nesse ínterim, foi reabilitado como superintendente do Levantamento Topográfico e encarregado da tarefa. No curso de seu trabalho, produziu o primeiro documento científico oficial do Escritório de Pesos e Medidas dos Estados Unidos, portanto um dos primeiros documentos científicos emitidos pelo governo norte-americano.[21] Em 1836, a Secretaria do Tesouro foi incumbida da tarefa de criar e distribuir um conjunto de pesos e medidas para o governador de cada estado. Foi o mais longe que o Congresso chegou no sentido de fixar padrões de pesos e medidas. Nenhum sistema foi formalmente instituído – nem o imperial nem o métrico – e, salvo para propósitos especiais, tais como alfândegas e moeda, os estados foram liberados para resolver cada um a sua própria questão.

França

Em 9 de novembro de 1799 – uma data famosa conhecia como 18 de Brumário no ano VIII do calendário da Revolução –, um general chamado Napoleão Bonaparte organizou um golpe de Estado e depôs o Diretório. Correram rumores de que o novo sistema métrico, produto do fervor revolucionário, estava morto. Um ano depois, Napoleão começou a diluir o sistema reintroduzindo novas nomenclaturas junto às antigas; a *livre métrique* [libra métrica], por exemplo, seria equivalente ao quilograma. Seis anos depois, Napoleão descartou o calendário revolucionário, embora deixasse o recém-implantado sistema métrico coexistir incomodamente com o sistema antigo. Em 1812, em um novo recuo para o sistema métrico, permitiu o ressurgimento de frações e múltiplos não métricos. O entusiasmo francês pela racionalidade e universalidade de seus pesos e medidas parecia estar declinando. Nas palavras do político francês Benjamin Constant:

> Um código de leis para todos, um sistema de medidas, um conjunto de regulamentos ... é assim que hoje percebemos a perfeição da organização social ... a grande palavra de ordem é uniformidade. É uma pena, de fato, que não seja possível varrer da superfície todas as cidades para podermos construí-las com um padrão único, nem aplainar as montanhas por toda parte criando uma planície preordenada. De fato, estou surpreso com a ausência, até agora, de um ucasse ordenando a todos que vistam roupas idênticas, de modo que a visão do Senhor não encontre falta de ordem e diversidade ofensiva.[22]

Em 1814, o próprio Napoleão foi deposto, e voltaram a correr boatos de que o sistema métrico estava morto. Mas o novo regime confirmou o sistema, embora mais uma vez sem abandonar o antigo, por mais um quarto de século. No relatório de Adams, de 1821, ele nota que os velhos nomes ainda estavam em uso, o que o deixou surpreso. A nomenclatura do sistema métrico, diz ele, é "perfeitamente simples e bela":

> Doze palavras novas, cinco delas denotando as coisas, e sete os números, abrangem todo o sistema de metrologia; dão nomes e significados distintos a todo peso, medida, múltiplo e subdivisão de todo o sistema; descartam a pior de todas as fontes de erro e confusão em pesos e medidas, a aplicação do mesmo nome a coisas diferentes; e mantêm constantemente presente o princípio da aritmética decimal, que combina todos os pesos e medidas, a proporção de cada peso ou medida com seus múltiplos e divisões e a cadeia de uniformidade que une as mais profundas pesquisas científicas com as mais talentosas obras de arte e as ocupações e vontades diárias da vida doméstica em todas as classes e condições da sociedade.[23]

Todavia, o revolucionário sistema francês e sua nomenclatura tiveram dificuldade em pegar, notou Adams. Os franceses

Passos hesitantes rumo à universalidade

recusaram-se a aprender, ou a repetir essas doze palavras. Estavam dispostos a uma mudança total e radical das coisas; mas insistem em chamá-las pelos velhos nomes. Eles aceitam o metro, mas precisam chamar sua terça parte de pé. Aceitam o quilograma, mas em vez de pronunciar seu nome optam por chamar metade dele de libra.

Problemas adicionais surgiram com o sistema métrico. Foram achados erros no trabalho de Méchain e Delambre, bem como nos cálculos do meridiano, significando que o Metro dos Arquivos – o *étalon* – era algumas linhas (cerca de 0,2 milímetro) mais curto do que um décimo-milionésimo do meridiano de Paris. E não só isso, o Quilograma dos Arquivos era um pouco mais leve do que um decímetro cúbico de água – e confeccionar um recipiente com exatamente um decímetro cúbico era muito mais difícil do que o imaginado. Ainda assim os cientistas decidiram usar os padrões para definir as unidades por dois motivos: mudá-las seria terrivelmente inconveniente e não fazia diferença prática alguma.

Durante um encontro científico em Paris, em 1827, alguns cientistas ressaltaram que se um cometa ou asteroide atingisse a Terra e alterasse seu formato e eixo de rotação, isso poderia mudar tanto a medida do meridiano como o pêndulo de segundos. Como então a humanidade definiria o metro? A Terra, evidentemente, poderia não ser uma boa fonte para padrões naturais, como os cientistas do século anterior tinham assumido. Membros habilidosos do grupo começaram a sonhar com padrões funcionais que pudessem ser independentes das dimensões da Terra. O químico britânico sir Humphry Davy (1778-1829) propôs usar a ação capilar, o fenômeno de um líquido subir em espaços fechados devido a forças interatômicas; ele propôs que a medida básica de comprimento pudesse ser o diâmetro de um tubo fino de vidro que sugasse água na mesma quantidade que o diâmetro, o que ele presumia ser um comprimento específico independente da gravidade. Percebendo as dificuldades de pôr a definição de Davy em prática, o físico francês Jacques Babinet (1794-1872), que estava desenvolvendo medidas para o comprimento de onda da luz, sugeriu usar, em vez disso, os comprimentos de onda luminosos como padrão básico de comprimento. "Embora esses dois projetos estejam longe de ser novos e as técnicas para observá-los possam ser postas em prática, ninguém o fez", escreveu Babinet. "E, verdade seja dita, há pouco do que se arrepender em relação a isso, pois é preciso reconhecer que eles não têm nenhuma utilidade real."[24]

Luís Filipe (1773-1850), que se tornou rei da França em 1830, fez com que o sistema métrico fosse revisto em 1837 e restaurado. Por um decreto de 4 de julho de 1837, o sistema métrico deveria entrar em vigor em 1º de janeiro de 1840. Após essa data, qualquer um que fosse descoberto violando a lei pelo uso de unidades não métricas seria multado em dez francos para cada medição não métrica. A adoção generalizada do sistema métrico, portanto, levou quase meio século na sua terra natal.

DE 1790 A 1850, França, Grã-Bretanha e Estados Unidos percorreram caminhos muito diferentes rumo a novos sistemas de pesos e medidas. O francês só estava em vigor havia dez anos, após meio século de embates. No processo, descobriram que a ideia de vincular o metro a uma fração do meridiano terrestre era impraticável. Os britânicos tinham consolidado seus pesos e medidas num sistema imperial, mas haviam descoberto que sua ideia de vincular a jarda ao comprimento do pêndulo de segundos era impraticável. Os Estados Unidos ainda estavam por fixar um padrão de pesos e medidas, ou até mesmo declarar qualquer sistema como legal. O sistema métrico ainda estava por se tornar universal, e o sonho de um padrão natural que o inspirara tinha sido abalado.

6. "Um dos maiores triunfos da civilização moderna"

POR VOLTA DA METADE do século XIX, o Império Britânico parecia, e dava a sensação de ser, impossível de ser detido. Em 1º de maio de 1851, ele festejou a si mesmo. Londres inteira, tinha-se a impressão, saiu para o Hyde Park a fim de celebrar a inauguração da Grande Exposição das Obras de Indústria de Todas as Nações, a primeira desse tipo. A própria rainha Vitória presidiu as cerimônias de abertura, dirigindo-se ao parque juntamente com o príncipe Albert e seus dois filhos mais velhos pouco depois das onze da manhã, ela trajando seda rosa-claro e usando o diamante Koh-i-noor, e seu marido de farda. Quando a comitiva de nove carruagens oficiais deixou o Palácio de Buckingham, ela foi saudada por uma multidão feliz, ovacionando-a até se perder de vista. O reluzente salão de vidro da exposição aos poucos foi surgindo ante seus olhos. Com quase setecentos metros de comprimento, era feito de 100 mil metros quadrados (300 mil painéis) de vidro emoldurado entre milhares de suportes de ferro fundido. A enorme estrutura destinava-se a abrigar 100 mil estandes de exibição de milhares de expositores e sua cúpula central, de 22 metros de altura, era vistosamente decorada com as bandeiras dos 34 países participantes.

Quando a carruagem da rainha Vitória parou defronte ao "Palácio de Cristal", como fora apelidado pela revista *Punch*, a princípio em tom jocoso, a rainha foi escoltada para o interior por Albert e os filhos, passando por faixas e flâmulas coloridas, plantas exóticas colhidas em todas as partes do mundo e olmos totalmente crescidos, até a nave central. Ali, ela tomou seu assento num trono enquanto Albert fazia o discurso oficial de abertura: "A ciência descobre as leis da potência, do movimento e da transformação; a indústria as aplica para a matéria-prima que a Terra nos fornece em abundância, mas que se torna valiosa apenas pelo conhecimento. A arte nos ensina as leis imutáveis da beleza e da simetria e dá às nossas produções formas de acordo com elas."[1]

Após uma prece proferida pelo arcebispo de Canterbury, uma apresentação do coral Aleluia, de Händel, por um coro de seiscentas vozes e salvas de canhão, o casal real percorreu as galerias e a exposição foi aberta ao público.

A Grande Exposição de 1851

A exposição, embora não tivesse sido ideia do príncipe Albert, tornara-se a sua paixão. Maquetes em escala reduzida da criação e da engenharia haviam sido montadas em várias cidades ao longo de aproximadamente uma década. As ambições de Albert eram maiores. Ele queria exibir a maestria da indústria e engenharia britânicas e a prosperidade e o domínio mundial que haviam trazido à nação, mas também a Revolução Industrial por todas as partes do mundo – seu impacto benéfico sobre a civilização, sua elegância e até mesmo sua beleza. A Grande Exposição era o início de uma nova era, às vezes chamada de "segunda" Revolução Industrial, um período de mecanização rapidamente crescente e comércio e colaboração internacionais.

Inadvertidamente, a exposição também serviu de mostruário para outra coisa – que a segunda Revolução Industrial corria perigo de ser limitada por sistemas de medidas coordenados de maneira pobre, mesmo na Inglaterra. A exposição pôs em movimento esforços para reformar esses sistemas de medidas, esforços que culminariam, quase um quarto de século depois, em um tratado de vários países para se criar uma agência internacional a fim de supervisionar os pesos e medidas no mundo.

Na primeira metade do século XIX, o sistema métrico fora estabelecido na França após o que pareceu ser um longo trabalho de parto, e foi aceito por apenas quatro outros países, três dos quais eram vizinhos da

"Um dos maiores triunfos da civilização moderna"

França – a Bélgica, o minúsculo Luxemburgo e a Holanda – e uma colônia francesa – a Argélia. A resistência por parte de outros países provinha de contínuos temores dos excessos da França revolucionária e da carência de descontentamento sério com os sistemas existentes. Quando o sistema métrico tornou-se finalmente obrigatório na França, em 1840, e o ministro do Exterior francês, François Guizot, enviou padrões para diversos países tentando promover o sistema, obteve uma resposta desprovida de entusiasmo.

O ritmo da aceitação internacional estava em vias de se acelerar. A coleção internacional de maquinário da Grande Exposição ressaltou a necessidade de maior precisão de engenharia e cooperação estrangeira em estabelecer unidades e padrões de medidas. Em exibição havia várias máquinas de medição inovadoras, inclusive dispositivos capazes de medir com precisão de um milionésimo de polegada, construídos pelo inventor britânico Joseph Whitworth. Todavia, ao tentar comparar máquinas e instrumentos, os juízes viram-se limitados pelas diferentes medidas utilizadas por expositores de diversos países. Em meio aos expositores, porém, estava o Conservatório Francês de Artes e Ofícios, cuja exposição incluía medidas métricas. O evento atraiu atenção tanto para o problema quanto para uma promissora solução.

As dificuldades dos juízes induziram a Sociedade Britânica para Incentivo de Artes, Comércio e Manufaturas a recomendar um sistema decimal de medidas, "um passo importantíssimo no progresso das Artes, Manufaturas e Comércio do nosso país", e efetivamente para a "adoção de um sistema uniforme por todo o mundo", com o sistema métrico sendo o candidato em evidência.[2]

Um dos primeiros promotores da colaboração internacional, William Farr (1807-83), vinha do campo da medicina. Como estatístico médico britânico, tinha experiência de primeira mão com os perigos de termos não uniformes:

As vantagens de uma nomenclatura estatística uniforme, ainda que imperfeita, são tão óbvias que é surpreendente que nenhuma atenção tenha sido prestada à sua implantação em Listas de Mortalidade. Cada enfermidade, em muitos casos, tem sido designada por três ou quatro termos, e cada termo tem sido aplicado a muitas enfermidades diferentes: nomes vagos, inconvenientes, têm sido empregados, ou têm-se registrado complicações em lugar de doenças primárias. A nomenclatura é de tanta importância neste departamento de inquirição quanto os pesos e medidas em ciências físicas, e deveria ser estabelecida sem demora.[3]

O I Congresso Internacional de Estatística [ISC, na sigla em inglês], que teve lugar em Bruxelas em 1853, aprovou uma resolução declarando que "nas tabelas estatísticas publicadas nos países onde não existe o sistema métrico, deve ser acrescentada uma coluna indicando a conversão métrica de pesos e medidas".[4] No II ISC, em 1855, os participantes formaram uma organização para promover a adoção internacional de um sistema universal de pesos e medidas, a Associação Internacional para Obtenção de um Sistema Decimal Uniforme de Medidas, Pesos e Moedas. O primeiro presidente da organização, o barão Rothschild, famoso rebento da renomada família de banqueiros da França, investiu seu apoio ao sistema métrico. Participantes do IV ISC em Londres, em 1860, convocaram os membros a defender o sistema em seus países de origem. A essa altura, mais quatro países haviam sido acrescentados à lista dos que adotaram o sistema métrico: Colômbia, Mônaco, Cuba e Espanha.

Sucessivas exposições internacionais nas duas décadas seguintes, inclusive as de Paris em 1855 e Londres em 1862, fizeram ainda mais para avançar a causa métrica. Mesmo na Grã-Bretanha, os sinais iniciais pareciam promissores. A Câmara dos Comuns indicou uma comissão para conduzir audiências sobre o assunto, a qual encontrou poucos defensores do sistema imperial e recomendou ao Parlamento que começasse "a introduzir, com cautela, mas firmeza, o sistema métrico no país".[5] Porém atrasos e falta de interesse na Câmara dos Lordes diluíram a proposta, e o Ato de Pesos e Medidas de 1864 permitia unidades métricas em contratos britânicos mas não as legalizava no comércio. Em 1868, outra Comissão Real recomendou uma proposta de lei mais rígida requerendo a adoção do

"Um dos maiores triunfos da civilização moderna"

sistema métrico. Mais uma vez a medida passou na Câmara dos Comuns e morreu na Câmara dos Lordes.

A perda dos padrões imperiais no dramático incêndio do Parlamento, e a inabilidade de recriá-los usando o pêndulo de segundos, fizera estremecer a confiança de muitos eminentes cientistas britânicos nos padrões naturais. "Nossa jarda", disse Herschel, que servira no comitê para a recuperação dos padrões, "é um objeto material puramente individual, multiplicado e perpetuado por cópia cuidadosa; e do qual toda referência a uma origem natural é estudiosamente excluída, tanto quanto se ela tivesse caído das nuvens."[6] A lição parecia ser que padrões estavam destinados a ser arbitrários. O propósito dos padrões de medida de um país é fazer as suas indústrias florescer: nada mais importa. Por esses padrões, a metrologia britânica era insuperável. Herschel escreveu: "Levando então em consideração comércio, população e área de solo, poderia parecer que haveria muito melhores razões para nossos vizinhos continentais se conformarem com a *nossa* unidade linear ... do que a iniciativa partir do nosso lado."[7]

Um ano após a derrota da proposta métrica de 1868 na Grã-Bretanha, a Comissão Britânica de Padrões saiu de sua rota para abafar o entusiasmo pelo sistema métrico, citando a longa e ilustre história dos padrões imperiais na história britânica. O patriotismo em si parecia ser razão suficiente para reter os padrões imperiais.

O pensador social darwinista Herbert Spencer, que cunhou o termo "sobrevivência do mais apto", chegou a invocar questões filosóficas em sua oposição ao sistema métrico. Ele criticou severamente os cientistas por preferirem a elegância de um sistema unificado e considerava a ideia de padrões permanentes uma abominação, até mesmo contra a natureza, que prosperava na diversidade e no conflito mortal. Ao morrer, em 1903, seu testamento continha uma provisão para o caso de que se algum dia uma lei pró-métrica fosse introduzida no Parlamento britânico seus comentários sobre o tema deveriam ser reimpressos e distribuídos aos membros.

Embora a Grã-Bretanha tivesse fracassado em adotar o sistema métrico, o fato de essa grande potência industrial quase tê-lo feito foi notícia mundial e fez crescer a reputação do sistema. Nos Estados Unidos, a Academia Nacional de Ciências assumiu a causa em 1863 e recomendou sua adoção ao Congresso. Em 1866, o Congresso dos Estados Unidos aprovou a seguinte lei, assinada pelo presidente Andrew Johnson:

> UM ATO para autorizar o uso do sistema métrico de pesos e medidas. Seja decretado pelo Senado e pela Câmara dos Deputados dos Estados Unidos da América em Congresso reunido, Que a partir e após a passagem deste Ato será legal por todos os Estados Unidos da América empregar os pesos e medidas do sistema métrico, e nenhum contrato ou acordo, ou alegação em qualquer corte, seja considerado inválido ou passível de objeção em virtude de pesos ou medidas expressos ou mencionados como sendo pesos ou medidas do sistema métrico.[8]

Como o Ato britânico de 1864, a lei de Johnson mal mudou alguma coisa, pelo menos oficialmente. Ela não declarava padrões uniformes, só tornava o sistema métrico legalmente aceitável. No entanto, foi a primeira peça de legislação geral nos Estados Unidos sobre o tema de pesos e medidas e a primeira a declarar um sistema – qualquer sistema – legal por todo o país. Ao fazê-lo, ela dirigiu a atenção para o sistema métrico. As várias décadas seguintes viram uma arrancada de atividade pró-métrica. Vários estados, inclusive Connecticut, Nova Jersey e Massachusetts, estimularam seu ensino nas escolas. O Ato de 1866 também forneceu um arcabouço legal que permitia aos Estados Unidos participar de negociações internacionais envolvendo o tratado métrico, que teve início pouco tempo depois.

Essas negociações foram postas em movimento em 1867 – ano-chave para a causa pró-métrica – na esteira de mais congressos internacionais. No VI ISC (Florença, 1867), os participantes instaram a "adoção universal" do sistema métrico e pediram aos membros que formassem grupos para advogar a causa. Na Exposição Internacional de Paris em 1867, um pavilhão circular especial no centro do jardim central exibia pesos, medidas e moedas das nações participantes, bem como uma extensa vitrine do

"Um dos maiores triunfos da civilização moderna"

orgulho da França, o sistema métrico. Essa conferência foi liderada pelo imperador Luís Napoleão III, sobrinho de Bonaparte e eventual sucessor.

A reunião de 1867 da Associação Geodésica Internacional – que fora a primeira do crescente número de organizações científicas internacionais – teve um impacto de longo alcance sobre o sistema métrico. Geodesia é o estudo da forma exata da Terra, um campo que crescera em importância desde que Newton propusera que o planeta não era uma simples esfera, mas – devido à força centrífuga – ligeiramente achatado nos polos: um "esferoide oblato", ou bola de futebol espremida em cima e embaixo. Seria verdade? No começo do século XVIII, medições com pêndulos de segundos haviam demonstrado claramente que esse era o caso, e a questão veio a ser se existiriam outras variações no formato da Terra. A diversidade de medidas em diferentes países complicava a busca da resposta para essa pergunta. O interesse internacional na geodesia agora conduzia o esforço para universalizar o sistema métrico.

Nos Estados Unidos, ainda em processo de conquistar territórios, a geodesia foi se tornando uma preocupação de crescente importância no Levantamento Topográfico. Em 1843, quando seu primeiro superinten-dente, Ferdinand Hassler, morreu e foi substituído por Alexander Bache, o Levantamento havia estabelecido uma linha base na costa meridional de Long Island e estendera a triangulação para noroeste até Rhode Island e para sudoeste até a baía de Chesapeake, cobrindo cerca de 9 mil milhas quadradas de território. Sob Bache o Levantamento expandiu ainda mais o seu escopo topográfico, à medida que os Estados Unidos conquistavam mais território no Texas e áreas mais para oeste. O Levantamento era agora a agência científica mais proeminente do governo dos Estados Unidos, em-pregando cientistas e conduzindo pesquisas de interesse nacional. Quando Bache morreu, em 1867, foi sucedido pelo matemático de Harvard Benjamin Peirce. Na década de 1860, sob Peirce, o perfil político da agência continuou a ganhar vulto devido ao trabalho relacionado com a aquisição do Alasca, que pertencia à Rússia, em 1867, e com a proposta de aquisição da Groen-lândia e da Islândia, que pertenciam à Dinamarca. Mas o foco principal do Levantamento em breve mudaria da topografia para a geodesia.

Durante meados do século XIX, a prática da geodesia teve duas implicações para a metrologia. Uma foi a necessidade de uma rede internacional de colaboração entre cientistas; a geodesia só fazia sentido como projeto global. A outra foi a crescente necessidade de precisão nas medições de variações gravitacionais, conhecidas como gravimetria.

Os primeiros dois encontros da Associação Geodésica Internacional aconteceram em Berlim, em 1864 e 1867. Os participantes do segundo encontro instaram veementemente a elaboração de padrões métricos com nova precisão. Mas foram ainda mais longe que seus colegas em outras áreas urgindo a construção de um novo metro padrão, para substituir o Metro dos Arquivos. Nos anos transcorridos desde a construção dos padrões do primeiro metro e do primeiro quilograma, o avanço da tecnologia (com ligas mais robustas que a platina) possibilitava construir padrões mais confiáveis. Por fim, os participantes da conferência fizeram uma sugestão de longo alcance: uma comissão internacional de cientistas deveria ser encarregada de supervisionar a construção desse novo padrão e, uma vez construído, de mantê-lo. Isso estava claramente de acordo com o espírito do próprio sistema, mas tiraria o sistema métrico das mãos da França.

A princípio os cientistas franceses recusaram. Mas em 2 de setembro de 1869, o imperador Napoleão nomeou uma Comissão Internacional para o Metro, que deveria se reunir em Paris em agosto de 1870. Vinte e cinco países estrangeiros aceitaram o convite para participar, inclusive os Estados Unidos, a Grã-Bretanha e a Rússia.[9] A essa altura, também, mais oito países haviam adotado o sistema métrico: Brasil, México, Itália, Uruguai, Chile, Equador, Peru e Porto Rico. Ao menos o sistema métrico parecia à beira da aceitação internacional.

"A batalha dos padrões está encerrada", anunciou a *Nature*, a principal revista científica de língua inglesa, em 1870, comentando sobre a iminente reunião em Paris, "e podemos dizer que o metro foi vitorioso." O sistema imperial, embora ainda utilizado, estava fadado à obsolescência. Mas o sistema métrico não prevalecera por estar vinculado a um padrão universal e natural; a *Nature* chegou a fazer troça do ponto de vista de que "uma décima milionésima parte do quadrante da Terra" pudesse ter alguma pretensão de

"Um dos maiores triunfos da civilização moderna" 123

ser medida com precisão. Ao contrário, o metro venceu porque "já é uma unidade cosmopolita, amplamente reconhecida e de uso geral em muitos países; e enquanto outras unidades permanecem abstrações filosóficas, o metro é base de um sistema não só perfeitamente completo, homogêneo e científico, mas simples e prático em todas as suas partes".[10] Em suma, o metro era universal porque era universal. Tudo que faltava para fazer uma limpeza na metrologia britânica, prosseguia a *Nature,* e era o momento propício para efetivá-la. A demora foi mais longa do que essa publicação previu.

A Comissão Métrica Internacional

Os advogados do sistema métrico, já acostumados com atrasos, experimentaram mais um deles. A histórica Comissão Métrica Internacional teve início em 8 de agosto de 1870. Porém, apenas três semanas antes, irrompera a guerra entre a França e a Prússia, e em 4 de agosto os exércitos combinados da Prússia e de diversos estados germânicos cruzaram a fronteira penetrando na Alsácia, derrotando rapidamente o Exército francês e marchando para Paris. A comissão logo adiou o encontro, planejando reunir-se de novo assim que fosse possível.

Durante a guerra, que durou quase um ano, e na qual Paris ficou sitiada por quatro meses, cientistas franceses investigaram materiais para os novos padrões. Decidiram contra a utilização de quaisquer metais existentes, que ou se corroíam ou variavam de densidade. Uma pedra como o quartzo era sólida e não se corroía, mas era frágil. O vidro atraía condensação da água e sofria expansão e contração de tamanho com a temperatura. A platina do padrão anterior era mole e fraca. Os delegados franceses optaram por uma nova liga de 90% de platina e 10% de irídio, tanto para o padrão do metro como para o do quilograma. O novo metro teria uma seção transversal peculiar, em forma aproximada de X, mas com uma barra no meio, ligeiramente abaixo do baricentro. O novo metro também seria "traçado" em vez de "recortado", o que o deixaria um pouco mais longo que um metro com traços definidores a um centímetro de cada extremidade. Seria apoiado em pontos específicos, chamados pontos de Airy, que o dedicado cientista britânico calculara como envolvendo a menor flexão e inclinação do padrão.

Após a guerra, quando a França voltou à estabilidade e seguia em segurança, a Comissão Métrica Internacional foi reprogramada para 1872. Dessa vez, representantes de trinta países compareceram. Julius Hilgard (1825-91) foi o delegado dos Estados Unidos. Nascido na Alemanha, emigrou com a família para os Estados Unidos em 1836, e estudou engenharia na Filadélfia. Entrou para o Levantamento Topográfico em 1844 e permaneceu a seu serviço por quarenta anos. Esperava ser o sucessor de Bache como superintendente após sua morte, em 1867, mas continuou a servir, obedientemente, como assistente e gerente do escritório de pesos e medidas e como representante em encontros internacionais.

Os delegados na convenção de 1872 propuseram estabelecer uma organização de fato internacional (de início chamada simplesmente Instituição Métrica Internacional), o Bureau Internacional de Pesos e Medidas (BIPM). Ela seria financiada em conjunto pelos países participantes. Suas responsabilidades incluiriam fazer e preservar os novos padrões, verificar os de outros países e desenvolver instrumentos. O BIPM deveria ficar sob a direção de um Comitê Internacional de Pesos e Medidas, formado a partir de todos os delegados das nações signatárias, cujos membros se reuniriam numa Conferência Geral de Pesos e Medidas a cada seis anos. Foi redigida a minuta de um tratado delineando essas ideias e os delegados voltaram para casa para obter permissão de assiná-lo numa conferência a ser realizada em 1875. Se a organização proposta tivesse êxito em estabelecer uma "uniformidade real e prática" nos pesos e medidas do mundo, entusiasmava-se a *Nature*, seria "um dos maiores triunfos da civilização moderna".[11]

Em 20 de maio de 1875 – data conhecida como Dia Metrológico Internacional –, dezessete países, inclusive os Estados Unidos, assinaram o tratado que criava a Comissão Métrica Internacional. Foi um marco na história da medição, da cooperação internacional e da globalização. Os termos do tratado abriam mão da ideia de um padrão natural – artefatos

"Um dos maiores triunfos da civilização moderna"

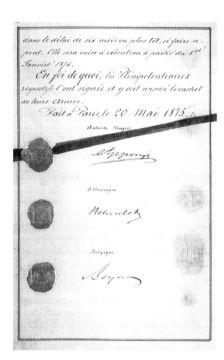

A primeira página (esquerda) e as primeiras assinaturas (direita) do Tratado do Metro (1875), um marco de referência na história da medição, da cooperação internacional e da globalização.

teriam de servir. Esse sonho, sentiam nesse momento os cientistas, era muito menos importante do que uma concordância mundial. O sentimento foi captado pela *Nature*:

> Deve-se também entender que para o presente dia o âmago da questão não está centralizado no fato de o metro ser alguns mícrons (milionésimos de milímetro) mais longo ou mais curto. O grande ponto é que o mundo todo possua o mesmo metro e que as cópias distribuídas sejam todas perfeitamente iguais ao padrão, ou então rigorosamente determinadas em relação ao padrão.[12]

Três países não assinaram: Grã-Bretanha, Holanda e Grécia. Estavam dispostos a apoiar a produção e manutenção de novos padrões métricos, mas todos três estavam reticentes em estabelecer uma organização mais ampla, com metas mais ambiciosas. A Grã-Bretanha, sobretudo, estava incomodada pelo fato de a Conferência Geral estar encarregada de "propagar" o sistema métrico, assim potencialmente interferindo com o sistema imperial.

A França, enquanto isso, deu à nova organização internacional uma pequena fatia de terra no parque Saint-Cloud, nos arredores de Paris. André Le Nôtre, arquiteto dos grandes jardins de Versalhes, tinha projetado o parque, mas os edifícios nele localizados haviam sido terrivelmente danificados durante a Guerra Franco-Prussiana, alguns anos antes. Embora dilapidado, o Pavilhão de Breteuil, que um dia abrigara milhares de servos do rei francês, ficou à disposição do Bureau. O edifício foi entregue em 4 de outubro de 1875 e levou alguns anos para ser reparado antes de os cientistas lá poderem se instalar. Quando o fizeram, em 1878, o BIPM tornou-se o primeiro laboratório internacional do mundo.

Na década de 1870, mais uma dúzia de países adotou o sistema métrico: Áustria, Liechtenstein, Alemanha, Portugal, Noruega, Checoslováquia, Suécia, Suíça, Hungria, Iugoslávia, Ilhas Maurício e Seychelles. A Grã-Bretanha finalmente superou suas objeções e assinou o tratado em 1884. Os editores da *Nature* ficaram emocionados, acreditando que o fato anunciava a iminente adoção do sistema métrico, não só pela Grã-Bretanha, mas pelo

Entrada do Bureau Internacional de Pesos e Medidas, nos arredores de Paris.

"Um dos maiores triunfos da civilização moderna"

mundo inteiro, e reimprimiram um artigo de sua contraparte francesa *La Nature* com o seguinte texto:

> A introdução universal de um sistema uniforme de pesos e medidas, estabelecendo um novo elo entre um povo e outro e promovendo as relações internacionais, indubitavelmente provará ser um fator poderoso nos interesses da civilização ... Mais do que qualquer outra coisa, o interesse dos trabalhos do Bureau é científico. A ciência cada vez mais deixa de se contentar com aproximações; em todos os ramos possíveis ela almeja exatidão rigorosa, busca a precisão.[13]

Nesse meio-tempo, o BIPM estava tendo problemas para manufaturar os novos padrões. A liga fracassara em atender às exigências e continha pequenas quantidades de impurezas. Para constrangimento dos franceses, uma firma de Londres, a Johnson Matthey & Company, foi solicitada a fabricar a liga. A companhia fundiu-a e refundiu-a diversas vezes para remover impurezas, completando o trabalho em 1884. Em 1886-87, uma firma francesa cortou o material em comprimentos correspondentes ao metro padrão e confeccionou cilindros para o quilograma padrão. Os cientistas do BIPM escolheram um padrão de cada – o Protótipo Internacional do Metro e o Protótipo Internacional do Quilograma –, bem como um conjunto de *témoins*, testemunhas, para uso do BIPM. Os signatários do tratado também receberiam um conjunto.

Em setembro de 1889, a Conferência Geral de Pesos e Medidas, a agência supervisora do BIPM, reuniu-se pela primeira vez. Nessa ocasião foram aceitos os padrões como padrões internacionais oficiais e ratificado o que fora estabelecido anos antes – que, curvando-se à realidade, a definição do metro não deveria ser um décimo milionésimo do meridiano terrestre passando por Paris, mas o comprimento desse padrão. Um sorteio determinou a distribuição dos padrões para os países-membros. Os Estados Unidos receberam os números 21 e 17 do metro padrão e 20 e 4 do quilograma padrão.

Benjamin A. Gould, o representante norte-americano no Comitê Internacional que sucedera a Hilgard em 1887, empacotou e lacrou os padrões e os entregou ao embaixador norte-americano em Paris. Este os colocou nas mãos de um representante do Levantamento Topográfico, que os levou a Washington, mantendo-os à vista e registrando meticulosamente sua rota e cada localização. Quando os levava de ônibus ou trem, colocava-os sobre assentos almofadados. Em 15 de novembro de 1889, embarcou no vapor *Germanic*, arranjando-lhes uma cabine especial.

Em 2 de janeiro de 1890 os engradados chegaram à Casa Branca. O presidente Benjamin Harrison rompeu os lacres e abriu os engradados na presença do superintendente do Levantamento Topográfico e Geodésico, Thomas C. Mendenhall, e outros dignitários. Os padrões foram então levados a uma sala a prova de fogo no edifício do Levantamento Topográfico.

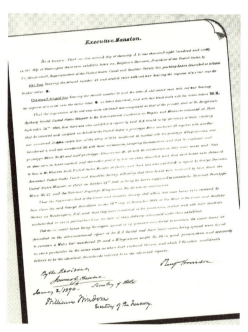

Proclamação em 2 de janeiro de 1890, anunciando o recebimento pelo vigésimo terceiro presidente dos Estados Unidos, Benjamin Harrison, de um conjunto de padrões oficiais do Bureau Internacional de Pesos e Medidas.

"Um dos maiores triunfos da civilização moderna"

O Escritório de Pesos e Medidas havia muito lutava para assegurar que seus padrões e os britânicos fossem separados mas iguais. Mendenhall viu uma oportunidade de isso tornar-se desnecessário, e em 5 de abril de 1893 emitiu uma ordem. A Constituição, ressaltava ele, dava ao Congresso o poder de "fixar padrões de pesos e medidas", mas a instituição jamais exercera de fato esse poder. Na ausência de "padrões materiais normais de pesos e medidas costumeiros", declarava Mendenhall, "o Escritório de Pesos e Medidas, com a aprovação do Secretário do Tesouro, irá no futuro encarar o Metro e o Quilograma Protótipos Internacionais como padrões fundamentais e as unidades costumeiras – a jarda e a libra – serão, a partir daí, calculadas de acordo com o Ato de 28 de julho de 1866". Na prática, era o que ocorria havia anos; Mendenhall simplesmente queria formalizar o fato "para informação de todos os interessados na ciência da metrologia ou em medições de precisão".[14] A jarda norte-americana oficial seria definida em termos do metro, uma jarda igual a $^{3.600}/_{3.937}$ de um metro; a libra oficial norte-americana seria calculada a partir do quilograma, na seguinte razão: 1 libra *avoirdupois* $= \frac{1}{2,2046}$ quilogramas. A ordem de Mendenhall era o reconhecimento de que, por mais que os Estados Unidos mantivessem o uso dos padrões imperiais, os franceses haviam ganhado a batalha.

Muitos cientistas pensaram que a ordem de Mendenhall anunciava a iminente adoção do sistema métrico por parte dos Estados Unidos. Quanto mais cedo, melhor, escreveu a *Nature*:

> Não será mais fácil para centenas de milhões de pessoas daqui a dez anos fazer a mudança do que para setenta milhões de pessoas hoje. É simplesmente questão de saber se esta geração aceitará o incômodo e a inconveniência de mudar, em grande parte em benefício da próxima geração, ou se as pessoas de hoje atenderão egoistamente seu próprio conforto, impondo a seus filhos o duplo fardo de aprender e depois descartar o presente "sistema de lavagem cerebral".[15]

O sistema métrico fizera grande progresso rumo à universalidade durante a segunda metade do século XIX. Em meados daquele século, apenas a Grã-Bretanha e as colônias britânicas usavam o sistema imperial, enquanto a França e um punhado de países sobre os quais ela tinha forte influência usavam o sistema métrico. Na segunda metade do século XIX isso havia mudado, com o sistema métrico tornando-se o sistema de medição preferido. Até mesmo a Grã-Bretanha, em 1897, legalizou o uso do sistema métrico no comércio. Muito antes do estabelecimento do BIPM, as superioridades do sistema métrico sobre o imperial eram claras. Ambos tinham padrões acessíveis e assegurados, mas o caráter sistemático do sistema métrico, com suas unidades integradas e cuidadosamente escalonadas, era muito mais fácil de ser usado, tanto no laboratório como no mercado. O sistema imperial possuía uma lamentável gama de medidas sem múltiplos e divisões simples, no qual as unidades às vezes não estavam sequer correlacionadas entre si por meio de números inteiros:

ALGUMAS UNIDADES DO SISTEMA IMPERIAL

COMPRIMENTO
polegada
mão (4 polegadas)
pé (12 polegadas)
jarda (3 pés)
vara (16,5 pés)
corrente (22 jardas)
furlong (40 varas)
milha (5.280 pés)
légua (3 milhas)

MASSA/PESO
dracma
onça (16 dracmas)
libra (16 onças)
pedra (14 onças)
quarto (2 pedras)
quintal (112 libras)
tonelada (2.240 libras)

VOLUME/CAPACIDADE
onça
gill (5 onças líquidas)
pint (16 onças líquidas)
quarto (2 *pints*)
galão (4 quartos)
peck (2 galões)
bushel (4 *pecks*)

ÁREA
percha (1 vara × 1 vara)
rood (1 *furlong* × 1 vara)
acre (1 *furlong* × 1 corrente)

"Um dos maiores triunfos da civilização moderna"

O sistema métrico, por outro lado, tinha múltiplos e divisões simples, resolvendo o problema da adequação utilizando um sistema comum de decimais e prefixos. Podia-se subir ou descer facilmente pela escala das dimensões, como numa escala de piano:

UNIDADES E PREFIXOS DO SISTEMA MÉTRICO (SÉCULO XIX)

PREFIXOS

mega (M)	1.000.000	10^6
quilo (kg)	1.000	10^3
hecto (h)	100	10^2
deca (da)	10	10^1

UNIDADES
- metro (m, comprimento)
- grama (g, massa/peso)

1

deci (d)	0,1	10^{-1}
centi (c)	0,01	10^{-2}
mili (m)	0,001	10^{-3}
micro (μ)	0,000001	10^{-6}

Nota: Medidas de área eram obtidas elevando ao quadrado, medidas de volume/capacidade elevando ao cubo as medidas de comprimento. Posteriormente, foram acrescentados prefixos adicionais. O quilograma é peculiar pois tem o prefixo sendo também a quantidade definida pelo padrão, nesse sentido, a unidade básica.

Todavia, o hábito e o custo de substituir uma infraestrutura industrial construída com outro sistema mantiveram-se os principais obstáculos para uma maior expansão do sistema métrico. Poder-se-ia encher um livro inteiro de exemplos de sistemas de medidas locais ao redor do mundo e as diferentes maneiras como os países que os usavam foram levados a superar tais obstáculos, substituindo-os pelo sistema métrico. Estranhamente, a pilhagem, violência e exploração que acompanhavam o imperialismo britânico contribuíram muito para a causa métrica no longo prazo. O horroroso tratamento desse país para com as culturas da Ásia, da África e de outros lugares no século XIX contribuiu muito para desestabilizar as culturas nativas, romper hábitos e infraestruturas e eliminar sistemas locais de medidas, abrindo a possibilidade de consolidação internacional em torno do sistema métrico no século XX. Assim, retornamos às histórias dos dois sistemas de medidas muito diferentes que vimos anteriormente, na China e na África ocidental. Um persistiu por séculos devido ao seu isolamento, o outro por causa da acomodação. A sorte de ambos, porém, foi similar; suas experiências com a colonização britânica no século XIX os enfraqueceram a ponto de poderem ser substituídos.

China: as guerras do ópio

No século XIX mercadores britânicos haviam estabelecido rotas para a China, e a Grã-Bretanha estava à procura de um pretexto para derrubar os altamente restritivos regulamentos comerciais que a dinastia Qing impunha a mercadores estrangeiros. Navios britânicos eram permitidos apenas em Cantão – hoje conhecida como Guangzhou –, e os mercadores britânicos eram sujeitos à lei chinesa e não tinham permissão de morar nessa cidade. Entretanto, esses mercadores haviam desenvolvido um próspero comércio de ópio, cultivado na Índia e exportado para a China. Horrorizado com esse comércio, que provocava a dependência de milhões de habitantes do país, o governo chinês procurou restringi-lo. Em 1839, o novo alto-comissário para Cantão, Lin Tse-hsu, tentou impedir totalmente o comércio de ópio, e uma consequente série de incidentes levou à guerra. Num deles, os chineses tomaram e destruíram 20 mil arcas de ópio de propriedade britânica; em outro, a Grã-Bretanha recusou-se a entregar marinheiros que haviam assassinado um chinês. Lin ordenou a expulsão de todos os britânicos de Macau, perto de Hong Kong; embora Macau fosse um porto de comércio português, a China detinha o poder sobre a

"Um dos maiores triunfos da civilização moderna"

região. Em retaliação, a Grã-Bretanha atacou e derrotou facilmente soldados chineses em várias cidades portuárias, inclusive Cantão, e começou a marchar terra adentro rumo a Nanquim antes que os chineses capitulassem. Os termos do cessar-fogo e subsequente tratado permitiam aos britânicos residir e comerciar em cinco portos, sendo Hong Kong cedida ao governo britânico, obrigando o governo chinês a pagar vultosas somas de dinheiro (cerca de meio bilhão de dólares em valores de hoje) como "reparações" pela guerra causada pelo crime de resistir ao imperialismo britânico e forçando o governo Qing a montar alfândegas controladas por governos estrangeiros. Duas outras guerras seguiram-se em rápida sucessão, abrindo mais cidades aos mercadores britânicos e de outros países, inclusive França, Rússia, Alemanha e Estados Unidos, estabelecendo Macau como porto livre, o que correspondia a uma ocupação estrangeira de pontos-chave na China. Suas principais alfândegas e mercados estavam agora em mãos estrangeiras e os tratados forçavam unidades estrangeiras aos comerciantes chineses em suas negociações com outros países, diminuindo a autoridade do imperador sobre os pesos e medidas. Diferentes países estipulavam diferentes proporções de seus sistemas de pesos e medidas com o sistema chinês. Essas proporções, odiadas pelos chineses, eram conhecidas como régua da alfândega e balança da alfândega. Os sistemas de pesos e medidas estrangeiros não chegaram a penetrar no campo, mas agravaram as já desordenadas medidas locais. Seria preciso um erudito chinês com a habilidade e a sensibilidade de Kula para descrever a lógica das variações de unidades rurais de região para região; essa lógica estava agora totalmente destruída como consequência das guerras do ópio. Conforme escreveu Guangming em um livro em coautoria com outros membros de seu grupo:

> O governo Qing não foi nem capaz de resistir ao influxo desses sistemas estrangeiros e suas aplicações na vida diária doméstica nem teve o poder de unificar os sistemas de medição e pesagem na China ... A pior parte foi que os estrangeiros trabalhando nas alfândegas usavam a desculpa de que os sistemas chineses de pesagem e medição eram complexos e caóticos de-

mais e que não havia padrões para observar; portanto, tinham o direito de estabelecer regulamentos próprios, inclusive as taxas de câmbio.[16]

A ocupação estrangeira reduzira o país a uma sociedade semifeudal e fez das diferenças de seus pesos e medidas um gigantesco problema interno para a China, além de todos seus outros infortúnios. Funcionários aduaneiros estrangeiros distribuíam seus próprios padrões de pesos e medidas, forçando os chineses a usá-los.

África ocidental: as guerras ashantis

No século XIX, a Grã-Bretanha também viera a exercer forte influência na região akan da África ocidental, que denominara de Costa do Ouro. Os assentamentos comerciais britânicos estabelecidos na região durante o século XVII eram agora dirigidos pela Companhia Mercantil Africana. No início a principal fonte de riqueza foram os escravos, mas depois que a Grã-Bretanha aboliu o tráfico negreiro em suas colônias, em 1807, a atenção voltou-se para o ouro. A quantidade de "pó precioso" que podia ser obtida pelos "métodos rudes" dos nativos fora quase que totalmente esgotada, diz um artigo escrito no século XIX, mas "é possível que a energia e a capacidade europeia possam torná-la novamente uma verdadeira costa do ouro".[17]

A área de maior potencial para exploração do ouro era controlada por uma federação de tribos akans chamada Ashanti, cuja capital ficava em Kumasi. Por um tempo, a Grã-Bretanha contentou-se em comandar alguns fortes na área ashanti, da mesma forma que fizeram os colegas colonizadores holandeses, ficando afastados dessa área e pagando tributo às tribos pelo uso dos fortes. Em 1821 isso começou a mudar. O governo britânico tomou os assentamentos e fortes da Companhia Mercantil Africana e ocupou mais terras para criar o território colonial da Costa do Ouro Britânica, cuja sede era Cape Coast Castle. Parou de pagar tributos aos ashantis, o que gerou atrito com as tribos. Em 1871, os britânicos adquiriram o porto holandês de Elmina e se recusaram a pagar tributo também

"Um dos maiores triunfos da civilização moderna"

por esse porto. Os ashantis começaram a se organizar contra os britânicos, que enviaram um oficial altamente considerado do Exército, chamado sir Garnet Wolseley, para Cape Coast Castle.

Em outubro de 1873, no começo do que viria a ser conhecida como a Guerra Ashanti de 1873-74, Wolseley derrotou os ashantis perto de Elmina. Em janeiro, partiu para o interior, rumo a Kumasi, tomando-a em 4 de fevereiro de 1874. A expedição foi acompanhada por vários correspondentes de guerra, inclusive um repórter do *Daily Telegraph* chamado Frederick Boyle, que prestou suficiente atenção para notar "balanças e pesos de pó de ouro" em cidades abandonadas pelas quais o exército marchara ao longo do caminho e descreveu como parte de "tesouros de lixo da vida bárbara".[18] Os britânicos tomaram Kumasi em 4 de fevereiro. Imediatamente saquearam a cidade – pegando não apenas ornamentos de ouro e sacos de pó de ouro, mas também os pesos de bronze –, explodiram o palácio real, incendiaram Kumasi até só restarem cinzas e retornaram a Cape Coast Castle com o saque, leiloando-o no fim do mês. Boyle descreveu meticulosamente o leilão, até mesmo os pesos de bronze: "Eram fundidos em toda forma possível, peixes e dragões, e portais, e espadas, e armas, e insetos, e animais. Mas o mais comum era a figura humana, homem ou mulher, em toda atitude possível, em cada operação de vida. Estas traziam de £4,15 a £3,10 a dúzia."[19]

Examinando o que haviam saqueado, os britânicos descobriram que roubar em pesos e medidas, algo encontrado em toda a Europa, também era prática na África. Henry Brackenbury, secretário militar de Wolseley, teve a desfaçatez de censurar o rei de Kumasi, cuja cidade seu exército tinha aniquilado:

> O pó de ouro foi cuidadosamente peneirado pelo nosso avaliador e as impurezas, removidas; pois parece que a adulteração, especialmente no pó de ouro, é práticada em larga medida pelos ashantis. De fato, entre o butim que trouxéramos do palácio havia vários sacos de pó de bronze fino, que havíamos tomado por pó de ouro, mas que posteriormente se revelou o artigo espúrio utilizado pelo rei para ser misturado ao pó de ouro ao fazer pagamentos.[20]

O rei ashanti, humilhado, foi forçado a assinar um "tratado de paz" com a rainha da Inglaterra, no qual concordava em pagar uma enorme quantia de "ouro aprovado" para compensar a Inglaterra pela guerra que os ashantis haviam causado pelo crime de se opor à agressão britânica e de permitir livre comércio entre os britânicos e os mercadores locais. O pó de ouro foi declarado ilegal como moeda. Em seu livro sobre pesos akans, Phillips escreve: "O saque de Kumasi pelas tropas britânicas em 1874 soou como sentença de morte para a produção e uso dos pesos e o começo do fim do pó de ouro como língua franca monetária dos akans."[21] Um século depois do episódio, Phillips ficou emocionado ao descobrir e adquirir um exemplar da cobertura do leilão feita pelo *Daily Telegraph*, mencionando a venda de "exóticos pesos de bronze".

A destruição de Kumasi quebrou a espinha dorsal das tribos ashantis e pouco foi feito para repará-la. Em 1888, um viajante britânico ficou horrorizado ao ver a extensão da devastação provocada pelo exército de seu país para a lendária cidade. Tudo havia sido destruído, "a cidade nada mais era do que uma grande clareira na floresta" e os habitantes haviam perdido todo o desejo de reconstruí-la. Ele descreve:

> Em todas as mãos, em meio à ruína e destruição geral, havia indícios da prosperidade perdida e evidências de uma cultura muito superior a qualquer uma vista nas regiões litorâneas; e ao olhar para a cidade em ruínas, com seus edifícios demolidos e seus cidadãos desmoralizados, não pude deixar de refletir sobre o estranho e lamentável fato de que sua ruína fora executada por uma nação que gastava anualmente milhões em conversão de pagãos e difusão da civilização.[22]

Vinte anos após terem subjugado a capital ashanti pela primeira vez, os britânicos retornaram para conquistá-la novamente. Alegando que os ashantis não tinham pagado as reparações, marcharam para dentro do que restara de Kumasi e exilaram o rei. O uso de pesos de ouro foi então banido, os britânicos impuseram o sistema imperial sobre a região e outro sistema local de medidas, um dos mais curiosos já inventados, foi obrigado a chegar ao fim.

7. Metrofilia e metrofobia

APÓS A COMISSÃO MÉTRICA INTERNACIONAL de 1872, diversos cientistas norte-americanos proeminentes começaram a fazer campanha para que os Estados Unidos se convertessem ao sistema métrico. Frederick Barnard (1809-89), presidente do Columbia College, foi um dos líderes do movimento. Ele organizou um encontro na instituição que dirigia, em 30 de dezembro de 1873, para formar a Sociedade Metrológica Americana, para a qual foi eleito presidente. Barnard também criou uma versão educacional, o Bureau Métrico Americano, em Boston, que imprimia folhetos e cartões-postais para promover o sistema em meio ao público:

O SISTEMA INTEIRO NUMA ÚNICA SENTENÇA

Meça todos os comprimentos em metros, todos os volumes em litros, todos os pesos em gramas, usando frações decimais apenas e dizendo deci para um décimo, centi para um centésimo, mili para um milésimo, deca para dez, hecto para cem, quilo para mil, e miríade para 10 mil.

Outras dicas úteis citadas pelos reformadores métricos: o diâmetro de um níquel* é dois centímetros e seu peso, cinco gramas. Cinco níqueis formam uma fileira igual a um decímetro e duas delas, um decagrama. Medidas de volume podiam ser formadas a partir das medidas de comprimento. "Qualquer pessoa, portanto, que seja afortunada o bastante para ter uma moeda de cinco centavos pode carregar no bolso o sistema métrico inteiro de pesos e medidas."[1]

---

* Moeda norte-americana de cinco centavos. (N.T.)

Durante as várias décadas seguintes, os adeptos norte-americanos do sistema métrico focalizaram não a legislação, mas a educação pública, presumindo que esta seria um pré-requisito necessário para a ação legislativa. Houve um retrocesso. A resistência começou a crescer entre os engenheiros e muitos industriais norte-americanos, que perceberam que, por mais nobres que fossem os sentimentos, uma conversão dos Estados Unidos imporia a eles um pesado fardo financeiro.[2]

Em 1876, a Sociedade de Engenheiros Civis de Boston pediu ao Instituto Franklin da Filadélfia que indicasse um comitê para realizar audiências. A recomendação do comitê foi contra a conversão métrica. A vida prática dividia as coisas em metades, quartos, terços, e assim por diante, e não em decimais, ressaltaram os membros do comitê, enquanto os levantamentos topográficos nos Estados Unidos são em acres, pés e polegadas. Ao longo de décadas, as indústrias norte-americanas haviam desenvolvido e adquirido "uma variedade infinita de ferramentas caras para trabalhar em medidas exatas", o que tornaria o custo da conversão extremamente dispendioso.

> Se novos pesos e medidas devem ser adotados, todas as balanças do país terão de ser regraduadas e reajustadas; os milhares de toneladas de pesos de bronze, de miríades de medidas de galão, quarto e quartilho, e de alqueires, meio alqueire e outros, e cada régua e trena de medir, e cada descrição de medidas país afora, devem ser jogados fora e substituídos por outros, que a mente comum não é capaz de estimar.

Sem dúvida tal mudança parece fácil para os "eruditos de gabinete que usam pesos e medidas apenas nos cálculos", comentou um engenheiro presente à reunião, "mas para os que utilizam na prática pesos e medidas, os produtores e manuseadores da riqueza material do país, o custo necessário para a mudança superaria em muito qualquer possível benefício teórico a ser extraído dela".[3]

Em 1877, o Congresso emitiu uma convocação para comentários a respeito de uma proposta de lei para que os Estados Unidos se convertessem

Metrofilia e metrofobia

ao sistema métrico. As respostas foram muito menos entusiasmadas do que os patrocinadores previram. Vários funcionários do Departamento do Tesouro se opuseram, inclusive Carlile Patterson, que substituíra Benjamin Peirce como superintendente do Levantamento Topográfico. Ainda mais surpreendente foi o fato de o relatório negativo apresentado por Patterson ter sido redigido por ninguém menos que Julius Hilgard, o representante dos Estados Unidos na Comissão Métrica Internacional. Esse relatório foi descrito por uma publicação pró-métrica como "excepcional pela sua clareza, brevidade e eminente bom senso", na medida em que avaliava de forma séria e honesta o impacto da metrificação sobre o Levantamento Topográfico, o Departamento do Tesouro e o público em geral.[4] Em 1880, na primeira reunião anual da Sociedade Americana de Engenheiros Mecânicos, a oposição ao sistema métrico foi o tema proeminente.

Nesse meio-tempo, um movimento extremamente antimétrico nasceu em Ohio, exibindo os sinais clássicos dos movimentos antirreformistas norte-americanos: xenofobia, retórica furiosa, fabricação de "fatos", reinvenção da história, teorias conspiratórias e apelos para a preservação da pureza da natureza e da nação. O "inimigo" eram os "outros": subversivos, socialistas, estrangeiros, ateus e maquinadores. Os mocinhos eram patriotas, capitalistas, cristãos e adeptos de Deus, do país e da natureza. Mesmo naquela época, os antirreformistas norte-americanos tendiam a ser espalhafatosos, gente excêntrica disfarçada de populistas, que atribuíam sua causa a mandamentos divinos e tinham argumentos absolutamente desequilibrados.

Monumento metrológico: a Grande Pirâmide de Gizé

O argumento mais desequilibrado do movimento antimétrico norte-americano nos anos 1880 era a Grande Pirâmide de Gizé, no Egito, exemplo mais bizarro de um objeto seriamente proposto como padrão metrológico. A pirâmide se ergue no meio de um deserto, a poucos quilômetros da cidade de Gizé, localizada junto ao rio Nilo. A mais antiga das sete maravilhas do mundo antigo, e a única ainda intacta, ela tem cativado a imaginação de visitantes há milhares de anos. Conta-se que Alexandre Magno teria ficado sozinho na câmara real após ter conquistado o Egito no século IV a.C. Durante a campanha egípcia de Napoleão, que começou em 1798, ele também visitou a Grande Pirâmide e ordenou a seus soldados que esperassem do lado de fora enquanto ele entrava sozinho na câmara real. Eruditos que o acompanhavam publicaram vários relatos ao retornar, incendiando a imaginação popular para todas as coisas egípcias, especialmente a Grande Pirâmide.

A solidez e a permanência da pirâmide são, na verdade, os tipos de propriedade que se procuram para um padrão. John Herschel, um cientista amador britânico que participava da comissão para reconstruir os padrões imperiais, escreveu: "Das obras humanas, as mais permanentes, sem dúvida, e as mais impressionantes ... são aquelas estruturas monumentais erigidas como se fosse com o propósito de desafiar os poderes da mudança elementar."[5]

Entre os primeiros metrologistas da pirâmide estão incluídos Richard Vyse, membro do Parlamento britânico e oficial do Exército, que estivera no Egito, e seu seguidor John Taylor, sócio de uma editora londrina, que lá não estivera. Ambos estavam convencidos de que havia conhecimento secreto codificado nas dimensões da Grande Pirâmide, inclusive o comprimento de antigas unidades de medida. Em 1859, Taylor publicou um panfleto intitulado *A Grande Pirâmide: por que foi construída? E quem a construiu?*, seguido em 1864 por *A batalha dos padrões: o antigo, de 4 mil anos, contra o moderno, dos últimos cinquenta anos – o menos perfeito dos dois.*[6] Taylor concluiu que a as relações matemáticas da pirâmide eram sofisticadas demais para serem compreendidas pelos antigos egípcios. O exemplo mais óbvio era que a razão entre dois lados da base da pirâmide com sua altura era exatamente π, um número irracional desconhecido durante séculos após a construção da pirâmide. (Historiadores sugeriram que, uma vez que os egípcios podem ter medido longas distâncias horizontais rolando um tambor e contando as voltas, podem ter incorporado uma relação com π na estrutura, mesmo sem o conhecimento matemático específico relativo

Metrofilia e metrofobia

a ele.) Taylor acreditava, erroneamente, que os israelitas haviam fornecido o trabalho escravo para a construção da pirâmide (ela foi construída muito antes de os israelitas terem estado no Egito). Ele afirmava que seu projeto arquitetônico era obra de algum israelita (Noé era o principal candidato) que seguia as instruções do próprio Grande Arquiteto (isto é, Deus). Na verdade, dizia Taylor, a pirâmide fora edificada para fornecer "a medida da Terra" para os humanos. Ademais, a unidade usada para medir as pedras era o "cúbito sagrado" (cerca de 25 polegadas), que fora utilizada pelo povo eleito de Deus em todo o mundo antigo nos seus sagrados projetos de construção: Noé na sua arca, Abraão no tabernáculo e Salomão no templo.[7] Além disso, uma arca na câmara real era claramente uma medida de peso. A Grande Pirâmide, estipulava Taylor, nada mais era do que "o altar do Senhor em meio à terra do Egito", de Isaías 19:19, e fornecia o elo que faltava entre o nosso sistema de medidas e o da Bíblia. A "batalha dos padrões" consistia, portanto, em usar o sistema de medidas antigo, sagrado e natural, ou o moderno, artificial, métrico.

Os panfletos de Taylor, por sua vez, inspiraram todo tipo de piramidologistas, incluindo um punhado de cientistas profissionais. O mais proeminente deles era Charles Piazzi Smyth, o astrônomo real da Escócia. Ele havia participado da medição de um arco meridiano e conduzido observações astronômicas em Tenerife, nas ilhas Canárias. O arco de sua carreira, no entanto, deu uma dramática reviravolta para pior depois de ler *Batalha*, panfleto de Taylor, em 1864, o que o convenceu da "alta probabilidade" de que "a Grande Pirâmide, além de seu uso como tumba, pudesse ter sido originalmente inventada e projetada para ser apropriada para não menos que um monumento metrológico primitivo".[8] Piazzi Smyth lançou então um livro dedicado a Taylor, *Nossa herança na Grande Pirâmide*, que levou as alegações numerológicas à minúcia do detalhe. A unidade fundamental da pirâmide, declarou Piazzi Smyth, não era o cúbito, mas sua 25ª parte – a "polegada da pirâmide" –, que era exatamente $1/500.000.000$ do eixo de rotação da Terra. Essa unidade, e não o metro, era o verdadeiro padrão natural, as medidas da pirâmide eram "verdadeiras relações cósmicas em suas unidades originais" e a pirâmide é "uma Bíblia em pedra, um monumento de ciência e religião para nunca serem divorciadas".[9] Os povos anglo-saxões haviam se aproximado sabiamente dessa medida ao longo dos anos, pois a atual polegada imperial diferia da polegada da pirâmide em apenas uma fração desprezível. Piazzi Smyth desenhava o sistema métrico, seus inventores e defensores. "Simultaneamente com a elevação do sistema métrico em Paris, o que a nação francesa", escreveu ele, "fez para si mesma foi abolir formalmente o cristianismo, queimar a Bíblia, declarar Deus não existente, uma mera invenção de padres, e instituir a adoração da humanidade ou de si mesmos."[10]

O livro de Piazzi Smyth foi um sucesso popular ao ser publicado em 1864, e ele partiu rumo ao Egito para finalmente ver a Grande Pirâmide com os próprios olhos. Ali encontrou ainda mais maravilhas metrológicas codificadas nas dimensões da pirâmide, incluindo o número de dias no ano e o diâmetro e a densidade da Terra. Ao regressar e apresentar suas conclusões para a Royal Society, seus membros não se impressionaram. Apontaram numerosos erros no seu trabalho, inclusive o fato de a famosa razão entre o dobro do lado e a altura não ser igual a π, mas à razão mais mundana de $^{22}/_{7}$. Os egípcios poderiam ter, de fato, pretendido que esta refletisse a razão entre o raio do círculo e a circunferência, mas não significava conhecimento de números irracionais e tampouco orientação divina na arquitetura. Esses e outros erros fizeram a numerologia de Piazzi Smyth desabar como um castelo de cartas, mas ele continuou a se defender. À medida que a controvérsia que se seguiu ganhava intensidade, o mesmo ocorria com a confiança de Piazzi Smyth. Ele começou a fazer comparações absurdas: de si mesmo com Kepler e de seus oponentes com os ignorantes que haviam ridicularizado Kepler. Num acesso de raiva, após uma discussão com ninguém menos que James Clerk Maxwell, Piazzi Smyth renunciou à Royal Society em 1874.

Todavia, alguns anos depois, Piazzi Smyth encontrou seguidores nos Estados Unidos, em meio ao movimento antimétrico do "Instituto Internacional para Preservação e Aperfeiçoamento dos Pesos e Medidas Anglo-Saxões", em Ohio, com quem passou a se corresponder. Finalmente tinha ouvidos solidários. O primeiro foi Charles Latimer (1827-88), enge-

Metrofilia e metrofobia

nheiro-chefe da Ferrovia do Atlântico e do Grande Oeste, cujos interesses tendiam para o oculto. No fim da década de 1870, Latimer descobriu os trabalhos de Piazzi Smyth, cuja visão era de fato bizarra – Deus vira que Sua unidade fundamental fora incorporada por um arquiteto hebreu numa pirâmide egípcia para que o povo inglês pudesse incorporá-la ao sistema imperial. Latimer ficou entusiasmado com esses trabalhos. As alegações numerológicas de Piazzi Smyth acerca da pirâmide já estavam completamente desacreditadas por volta do fim da década de 1870, mas seus livros sobre a pirâmide continuavam a vender bem e inspirar místicos e numerologistas como Latimer. A Grande Pirâmide do Egito tornou-se um emblema norte-americano para a organização de Ohio, cujos membros interpretavam a pirâmide como sendo a mesma aposta no Grande Selo dos Estados Unidos, que aparece no verso de cada nota de um dólar.

Em 1879, Latimer compôs um panfleto chamado *O sistema métrico francês; ou a batalha dos padrões*,[11] cuja capa era ilustrada com o grande selo. A batalha que a *Nature* havia declarado terminada ainda estava longe de acabar; esse era apenas o início, declarava Latimer. Não desistam agora! Uma conspiração mundial de ateístas está contra nós – e o símbolo da nossa resistência é a pirâmide. A pirâmide, escreveu ele, provê a "verdadeira solução das questões que agitam o mundo a respeito de pesos e medidas". Nela descobrimos que a polegada – e o cúbito que contém 25 delas – é natural, comensurada com a Terra e de origem divina. Por outro lado, o sistema métrico é antinatural, incorreto acerca das dimensões da Terra e inventado por ateus. Quanto ao fato de mais e mais países estarem adotando o sistema métrico, Latimer citava uma correspondência: "Se outros países estão ladeira abaixo na estrada da ruína ateísta, felizmente é o espírito dos Pais Peregrinos que mantém, e podemos esperar que sempre mantenha, os Estados Unidos como último em tal corrida negativa e suicida."[12]

Na tarde de 8 de novembro de 1879, na Old South Church, em Boston, Latimer e dois compatriotas lançaram uma organização cujo nome completo era "Instituto Internacional para Preservação e Aperfeiçoamento dos

Pesos e Medidas Anglo-Saxões e para Oposição à Introdução do Sistema Métrico Francês entre os Povos de Língua Inglesa".[13] A escolha de Boston e da igreja foi premeditada com o objetivo de sublinhar seu zelo patriótico e ajudar a assegurar ligações internacionais. Latimer na verdade era de Cleveland, Ohio, sede do maior ramo da organização. A sociedade se reunia a cada duas semanas em Cleveland e organizava uma reunião anual em novembro.

O órgão literário do movimento era o *International Standard*, que publicou seu primeiro número em março de 1883 e era descrito na capa como "uma revista dedicada à preservação & perfeição dos pesos e medidas anglo-saxões e à discussão e disseminação da sabedoria contida na Grande Pirâmide de Jezeh [Gizé], no Egito". Uma conspiração global, declarava Latimer na apresentação do primeiro número, estava tentando forçar o sistema métrico, um mal "nascido da infidelidade e do ateísmo", no mundo anglo-saxão, e todos os patriotas deviam se organizar para revidar. Colaboradores do *Standard* davam grande importância ao fato de os cientistas terem fracassado em tentar basear o metro num padrão natural, ao passo que as unidades da pirâmide eram divinas. Denunciavam também a tirania do governo forçando algo indesejado aos norte-americanos. Números subsequentes continham estudos numerológicos da Grande Pirâmide, discursos contra o sistema métrico, cartas de apoio, refutações – denúncias, na verdade – de oponentes, poemas e até mesmo canções antimétricas.

Charles Totten (1851-1908), tenente de artilharia, era um colaborador frequente que dedicou seu livro *Uma importante questão de metrologia, baseada em descobertas recentes e originais* a membros da raça anglo-saxônica.[14] Nós, anglo-saxões, dizia, podemos traçar nossa ancestralidade aos dois filhos adotados de José, especialmente designados por Deus para ser "um grande povo". Mas para manter nossa grandeza precisamos defender nossa "metrologia anglo-saxônica nativa", que deriva da "metrologia de Israel designada por Deus" encontrada na Grande Pirâmide e que necessita apenas de uma ligeira retificação (isto é, ser corrigida para a polegada da pirâmide) para torná-la "absolutamente perfeita". Totten, também, estava mergulhado de modo profundo na numerologia e, superpondo as proporções da pirâmide sobre uma

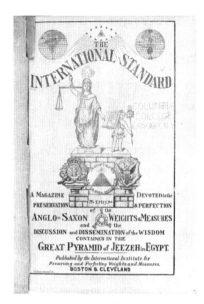

Capa do primeiro número do *International Standard*.

figura do corpo humano, demonstrava que suas câmaras correspondiam às localizações "do útero, do coração e dos pulmões". Tentar mudar o sistema de medidas anglo-saxão, declarava Totten, seria inconstitucional; o artigo I, seção 8, meramente dá ao Congresso o direito de fixar os padrões, não de escolher as unidades, que é "questão do povo".

As contribuições mais inusitadas de Totten para o *International Standard* incluem uma canção, "A Pint's a Pound the World Around (Remove not the ancient landmarks)", que foi publicada com música e tudo, tendo letra de sua autoria:

A pint's a pound the world around,
We Anglo-Saxons claim,
So long it's stood, to make it good
We Anglo-Saxons aim.

The "ancient landmarks" to preserve
We've firmly set our face;

They show the footprint's o'er the earth
Of Khumry's wand'ring race.

(Chorus)

Then swell the chorus heartily,
Let ev'ry Saxon sing,
"A pint's a pound the world around",
Till all the earth shall ring;
"A pint's a pound the world around"
For rich and poor the same:
Just measure and a perfect weight
*Call'd by their ancient name.**

Coros subsequentes celebram as "velhas tradições", denunciam o "esquema métrico" e apelam para "a 'régua' do nosso Pai".[15]

Defensores pró-métricos, porém, não fizeram progresso nos anos 1880 e nenhuma legislação promovendo o sistema métrico foi aprovada. Isso extraiu grande parte da energia do movimento, que passou a se focar mais em piramidologia. A morte de Latimer, em 1888, removeu o pouco de energia que restava, e o *International Standard* cessou de ser publicado. Quando Piazzi Smyth morreu, em 1900, uma pirâmide de pedra e uma cruz marcaram seu túmulo.

A história da metrologia inclui esforços de vincular unidades a artefatos, fenômenos naturais e constantes físicas, mas esta é uma das poucas tentativas de atribuir a metrologia à revelação divina. Estranhamente, a metrologia por revelação pode ser a mais incerta de todas. Conforme advertiu o filósofo americano Charles S. Peirce, referindo-se a tentativas

---

* Libra e pé, no mundo todo iguais/Pra qualquer anglo-saxão,/Sempre foi e assim será/ Bom pra ser um bom padrão./Preservar sempre os "velhos marcos"/É isso que nós pretendemos;/Por toda parte estão os rastros,/Do povo errante do qual nascemos/(coro)/ Que cresça forte a voz do coro,/Que cante todo e qualquer saxão,/"Libra e pé, no mundo todo iguais",/Ressoe na Terra como um trovão;/"Libra e pé no mundo todo iguais"/Para o rico e o pobre também;/Nome antigo para um peso justo/E uma medida para medir bem. (N.T.)

de usar a revelação para adquirir conhecimento: "Nós não sabemos Seus inescrutáveis propósitos, tampouco podemos compreender Seus planos. Não podemos dizer, mas ele pode julgar adequado inspirar Seus servos com erros."[16] O episódio da Grande Pirâmide é fascinante por exibir numa forma extrema as paixões que tendem a se cristalizar em torno da busca da finalidade metrológica.

"Metricidades" e falácias métricas

O primeiro diretor do Bureau Nacional de Padrões (NBS, na sigla em inglês) nos Estados Unidos, Samuel W. Stratton (1861-1931), era um cientista agressivo, perspicaz, que permaneceu no posto por impressionantes 22 anos, de 1901 a 1923. Em 1905, houve uma reunião de funcionários de pesos e medidas estatais que revelou "a maior diversidade" nos pesos e medidas estatais; o NBS resolveu, portanto, buscar "leis e práticas uniformes" relativas a esses assuntos. Isso acabou evoluindo para um encontro anual que continua até hoje, a Conferência Nacional de Pesos e Medidas.

Em 1902, Stratton foi fundamental em conseguir uma lei métrica introduzida no Congresso. A ordem de Mendenhall, a criação do NBS e a nova dominação política norte-americana sobre Cuba, Filipinas e Porto Rico – todos usando o sistema métrico – pareciam tornar mais urgente a conversão métrica. Audiências prosseguiram ao longo de 1902. O próprio lorde Kelvin – realeza da ciência – cruzou o Atlântico para testemunhar em seu apoio, e disse que se os Estados Unidos adotassem o sistema, a Inglaterra seguramente os seguiria.

A atenção pró-métrica provocou um novo retrocesso, dessa vez liderado por dois membros da Sociedade Americana de Engenheiros Mecânicos, Samuel S. Dale e Frederick A. Halsey. Os dois eram comicamente opostos – Dale era volúvel, enquanto o comportamento de Halsey tendia a ser acadêmico – e brigavam a respeito de praticamente tudo, mas sua adesão a essa causa os obrigou a engolir suas animosidades pessoais. Em 1904, publicaram em conjunto um livro que consiste de duas partes, uma de cada autor. Na página título lia-se: "*A falácia métrica*, de Frederick A. Halsey, e *O fracasso métrico na indústria têxtil*, de Samuel S. Dale."[17] Na sua introdução, Halsey contrapõe as nações anglo-saxônicas, que são "as únicas que já lidaram com o tema dos pesos e medidas de forma racional" e elaboraram o "sistema de pesos e medidas mais simples e mais uniforme de qualquer país do mundo", com os franceses, cujo sistema idealista, "em busca do arco-íris", jamais "fez qualquer progresso material na indústria exceto quando apoiado por força policial". Acima de tudo, eles temiam o impacto dos povos de língua inglesa, que "construíram a maior estrutura comercial e industrial que o mundo já conheceu". Halsey continua: "Eles são solicitados a destruir a própria trama e urdidura de seu tecido industrial para que possam auxiliar na tessitura de outro de origem estrangeira, sem nenhum ganho resultante a não ser alheio."[18]

O livro, é claro, financiado pela Sociedade Americana de Engenheiros Mecânicos, foi imensamente popular, "a obra antimétrica mais influente já publicada".[19] Seu sucesso se deveu em parte à obstinação dos autores. Dale, em particular, deu novo significado à expressão "infatigável". Para ele não havia ninguém sem importância ou importante demais que não merecesse ser abordado; enviava cartas a professores e editores de pequenos jornais locais com a mesma presteza que enviava a senadores, secretários de gabinete e presidentes, para protestar contra qualquer percepção de sentimento pró-métrico. Dale escreveu ao presidente Theodore Roosevelt protestando contra o tratamento eventualmente desleixado do padrão nacional da jarda em exibição na Exposição de St. Louis em 1904 (acabou-se descobrindo que era uma cópia), usando a carta como introdução para uma denúncia do que chamou de "conspiração Mendenhall" – chamando-a de ilegal e inconstitucional – e de qualquer tentativa de "metricizar" os Estados Unidos.[20] Dale colecionava obsessivamente livros sobre pesos e medidas, bem como cada rabisco de correspondência; acabou doando essa coleção de 1.800 livros que recuavam até 1520 e contavam com dezenas de milhares de páginas de correspondência para a Universidade Columbia.[21] A formidável oposição para a qual Dale e Halsey contribuíram prevaleceu, os advogados do sistema métrico se renderam e o par seguiu cada um o seu caminho.

A Primeira Guerra Mundial fomentou um espírito de cooperação e solidariedade internacional nas Américas que recebeu o nome de Pan-americanismo. Isso revigorou os defensores do sistema métrico – a essa altura os países da América do Sul eram solidamente métricos –, que propuseram outra lei métrica, o projeto Ashbrook, apresentada ao Congresso em 1916. Nesse mesmo ano, um grupo pró-métrico chamado Associação Métrica Americana foi formado, com Stratton fazendo parte do seu comitê executivo. Dale e Halsey deixaram de lado suas diferenças para reunir-se na fundação de uma organização antimétrica, o Instituto Americano de Pesos e Medidas, mais uma vez com o respaldo da Sociedade Americana de Engenheiros Mecânicos. Eles ainda vociferavam de maneira agressiva e contínua (Dale, com cuidado, preservou suas trocas de farpas, onde se acusavam mutuamente de traição), mas a "causa" os manteve obstinados, trabalhando juntos em sua batalha contra aqueles a quem se referiam de modo depreciativo como "metricidades". Dale e Halsey denunciaram o projeto Ashbrook como inconstitucional – fixar pesos e medidas é da alçada dos estados – e prejudicial à engenharia e aos negócios norte-americanos. Dale escreveu um panfleto chamado *A conspiração Mendenhall para desacreditar os pesos e medidas ingleses*, que acusava o ato do secretário do Tesouro de 1893 de ilegal e inconstitucional; apenas o Congresso tem o direito de fixar padrões. Insultos os energizavam. Quando o presidente da Associação Métrica Americana, George Kunz, escreveu a Dale agradecendo-lhe por ter mandado uma pilha de publicações antimétricas e por revelar como era ser um "imbecil", Dale sempre citava o comentário a outros, dizendo que o insulto demonstrava claramente que Kunz era um "simplório e fanático".[22]

Dessa vez, patriotismo e livros contábeis, e não pirâmides, dominaram a retórica. "Está escrito nas estrelas que [no] futuro este será um mundo anglo-americano", escreveu Halsey a um correspondente. "Façamo-lo anglo-americano em seus pesos e medidas."[23] Cada vez que um projeto de lei era apresentado ao Congresso, o instituto insuflava seus membros contra ele. "Os industriais do país, cujos livros contábeis serão ameaçados, cujos interesses comerciais serão colocados em risco, devem se tornar ativos em sua própria defesa", diz uma carta do instituto convocando seus membros a comparecer em massa às audiências no Congresso.[24]

Dale e Halsey lutavam para manter a religião, outra de suas diferenças, fora das conversas. Nem sempre tinham êxito, sobretudo no que dizia respeito a evolução e criacionismo. Em 1925, Halsey disparou uma réplica a um suave editorial pró-métrico do *New York Times*. A carta foi publicada alguns dias após o término do julgamento Scopes.* Intitulada "Sistema métrico, um fracasso", a carta de Halsey não resistiu a dar um soco nos antievolucionistas, que ele considerava (como as "metricidades") cegos pela sua ideologia, e terminava a carta como se segue:

> O caso do sistema inglês de pesos e medidas é tão meticulosamente estabelecido como o da evolução, mas a parte métrica é tão cega a provas quanto os fundamentalistas. De fato, os advogados métricos são os fundamentalistas da ciência. Obcecados com um passatempo, eles não sabem e não vão aprender.[25]

Dale, que não acreditava na evolução e considerava seus defensores cegos pela ideologia, sentiu-se ultrajado. Escreveu a Halsey, censurando-o por trazer à tona esse perigoso assunto que haviam concordado em manter debaixo da mesa. Disse que se fosse para se referir à controvérsia "fundamentalismo *versus* evolução", a verdade era que a propaganda do sistema métrico era distribuída pelos "assim chamados cientistas, que têm desafiado os mais elementares princípios subjacentes à verdadeira ciência suprimindo e ignorando fatos estabelecidos e insistindo deliberadamente em proposições obviamente errôneas", ao passo que verdadeiros cientistas "podem ser identificados pelo amor à verdade e a presteza para aceitar a verdade, independentemente das consequências, o que são qualificações

---

* Um dos mais famosos julgamentos da história jurídica dos Estados Unidos. John Thomas Scope, professor do ensino médio, foi acusado de transgredir uma lei do Tennessee que proibia o ensino do evolucionismo em escolas públicas daquele estado, pelo fato de que essa matéria ia contra a visão bíblica da criação do homem. (N.T.)

essenciais na determinação da verdade referente à origem das variadas formas de vida neste planeta".[26]

As audiências no Congresso acerca do sistema métrico aconteceram em 1921 e 1926, porém mais uma vez nenhuma atitude foi tomada. Na década de 1930, também, pouca ação legislativa foi tentada. O esporte era um dos poucos assuntos que mantinha o sistema métrico aos olhos do público, com os atletas dos Estados Unidos encontrando-se em competições onde os saltos em distância, saltos em altura, distâncias de corrida e natação eram em unidades métricas, detonando uma controvérsia entre os encarregados de esportes amadores nos Estados Unidos sobre se não deveriam se converter ao sistema métrico antes que todo mundo. Nas Olimpíadas de 1936, em Berlim, seguindo-se à vitória no salto em distância do afro-americano Jesse Owens, um repórter do *New York Times* que gostava de cutucar os antimetricistas esportivos perguntou qual seria o modo mais impressionante de anunciar a quebra do recorde de Owen: 8,06 metros –, ou oito jardas, dois pés, cinco e $21/64$ polegadas?[27]

Medidas vestigiais

Por um quarto de século, Dale e Halsey martelaram repetida e furiosamente duas alegações de que o sistema métrico fracassara e que a confusão métrica vicejava por toda a Europa, seu lar de origem.[28] Eles se baseavam mais no testemunho de correspondentes simpáticos a sua causa que na pesquisa independente. Em 1926, Arthur Kennelly (1861-1939), professor de engenharia elétrica na Universidade Harvard e membro do comitê executivo da Associação Métrica Americana – e um entre as centenas de destinatários das diatribes de Dale –, teve seu ano sabático. Resolveu passá-lo na Europa para ver a situação por si mesmo. No último quarto de século, disse ele, a autoimposição voluntária do sistema métrico em mais trinta países, com uma população total combinada de mais de trezentos milhões de pessoas, nos proporciona a oportunidade de um grande experimento sociológico. "Alguns alegam", escreveu, mencionando Dale e Halsey em nota de pé de página, "que o sistema métrico fracassou na Europa e que as velhas unidades são as geralmente usadas." Ele publicou seus achados em *Vestígios de pesos e medidas pré-métricos persistindo na Europa do sistema métrico, 1926-1927*.[29]

Kennelly de fato encontrou vestígios das unidades de medida tradicionais, embora fossem raros, e seu uso vinha declinando. Achou artefatos arqueológicos, é claro. Velhos edifícios municipais e igrejas, por exemplo, podiam ter padrões de comprimento antigos marcados em suas paredes para uso comunal, ou marcadores de estradas podiam estar assinalados com velhas unidades de distância, "resíduos acidentais de um passado há muito esquecido". No Foro romano, encontrou o Milliarum Aureum, ou "marco de ouro", que o imperador Augusto estabelecera como marco zero de todas as estradas que atravessavam o império.

Também descobriu, em uso, algumas unidades aparentemente tradicionais que eram, na verdade, unidades métricas ou suas subdivisões portando velhos nomes; chamou-as de unidades metrificadas ou submetrificadas. Em muitas terras de língua francesa, por exemplo, as pessoas se referiam à *livre*, significando meio quilograma (embora quatrocentos gramas em Marselha); em terras de língua alemã, o mesmo valia para o *Pfund*. Outros incluíam a *lieue*, ou légua (que agora eram quatro quilômetros); a *toise* (dois metros); a *once*, ou onça, também chamada de *ons* (25 gramas); e o *pied de neige*, ou pé de neve (um terço de metro de neve). Mas a persistência desses nomes tradicionais não significava que as antigas unidades ainda eram de uso corrente, escreveu um dos correspondentes de Kennelly, não mais "que o hotel Powhatan, em Washington, é mantido por índios nativos por causa do seu nome indígena".[30]

Kennely encontrou algumas das velhas unidades coexistindo pacificamente com as novas. Chapéus, camisas e botas podem ser rotulados com dois conjuntos de números, designando seus tamanhos no sistema métrico e no sistema imperial. Ele concluiu que não se tratava realmente de "infrações do sistema métrico" porque muitas vezes nem o comprador nem o vendedor sabiam o significado dos números, encarando-os como numeração comercial e não medidas. Outras unidades não métri-

Metrofilia e metrofobia

cas eram toleradas por serem usadas pelos idosos. Um cientista francês contou a Kennelly sobre uma vez que pegara um forte resfriado em Menton, na França, e foi consultar um médico que por acaso era escocês. O médico escreveu uma receita na medida imperial, que o farmacêutico francês seguiu – de forma acurada, o cientista se assegurou. De volta a Paris, o cientista queixou-se acerca dessa violação da lei francesa, mas foi informado de que essas infrações eram inofensivas e difíceis de coibir.

Kennelly também achou unidades improvisadas usadas em situações em que nenhuma unidade métrica parecia apropriada. Tais unidades incluíam o *soma*, usado na região italiana da Úmbria para designar a quantidade de lenha que uma mula ou burro pode carregar no lombo, e a suíça *Stunden* ou horas usadas em marcadores de estrada – viajantes naquele país montanhoso achavam muito mais sensato marcar as distâncias para caminhantes em horas do que em unidades lineares, dada a diferença de velocidade quando se sobe ou se desce a montanha. Certas cidades alemãs ainda usavam o *Lot*, referindo-se à medida de grãos de café do tamanho aproximado de uma xícara, ao passo que em Bolonha as velhas *libbra* e *oncia* ainda eram às vezes utilizadas pra medir ovos de bicho-da-seda e *castellated* e *carro* para medir uvas e madeira. Em Mallorca, a prata era pesada e vendida pelo tradicional *adarme*. Mas esses usos tradicionais também lhe pareceram inofensivos.

Ele descobriu que muitas unidades tradicionais haviam desaparecido a pouco tempo, mas não por causa do sistema métrico. Na França, a antes popular *lieue*, a légua, que expressava a distância de uma hora de caminhada, desaparecera por causa da popularidade da bicicleta. A *corde*, uma quantidade de lenha, persistia em áreas que dependiam de fornos a lenha, mas desaparecera em regiões com aquecimento central. A metrificação, em suma, beneficiara-se tanto das mudanças no ambiente europeu quanto de atos legais.[31]

No entanto, Kennelly julgou que a causa mais importante do declínio das medidas tradicionais – além das leis obrigando ao uso do sistema métrico – foi a crescente interdependência dessas regiões. "Posso imaginar que na Idade Média essas pequenas aldeias se viam como relativamente remotas", escreveu um de seus correspondentes franceses, "exatamente como nós na nossa época nos vemos como distantes da América. No entanto, a recente viagem de Lindbergh [que cruzara o Atlântico sozinho apenas três meses antes desta carta] nos deveria fazer refletir. Devemos esperar um tempo em que todos os povos adotarão um e o mesmo sistema."[32]

Dale e Halsey estavam errados, concluiu Kennelly. O sistema métrico havia se enraizado firmemente na Europa e estava se tornando cada vez mais forte. Circunstâncias em que ainda apareciam unidades tradicionais eram raras e eram devidas à arqueologia, a sentimentos e à improvisação local.

8. Isso com certeza é uma brincadeira, sr. Duchamp!

> É uma "brincadeira sobre o metro".
>
> M. DUCHAMP

NAS GALERIAS DO QUINTO ANDAR do Museu de Arte Moderna de Nova York (MoMA) podem-se ver algumas das mais famosas obras de arte do fim do século XIX e início do século XX. Em uma sala está *Noite estrelada*, de Vincent van Gogh, em outra *A persistência da memória*, de Salvador Dalí, noutra ainda *A dança*, de Henri Matisse. Passa-se por uma sala cheia de composições de Piet Mondrian, inclusive *Broadway Boogie-Woogie*, e tem-se a impressão de que todas as outras são de Pablo Picasso, inclusive *Les demoiselles d'Avignon*.

À parte, em um canto, subindo uma escada, uma pequena galeria contém obras que foram compostas de forma bem diferente. No centro da sala está *Roda de bicicleta*, que consiste numa roda de bicicleta montada pelo garfo de cabeça para baixo sobre um banquinho de cozinha. Foi criada pelo artista francês Marcel Duchamp (1887-1968), que é mais famoso pelas suas obras controversas como *Fonte* – um mictório de porcelana que Duchamp assinou com um pseudônimo – e *L.H.O.O.Q.*, uma reprodução da Mona Lisa sobre a qual ele desenhou bigode e cavanhaque. *Roda de bicicleta* é o que Duchamp chamava de *readymade*, um objeto comum que ele escolhera, atribuíra um título e declarara ser arte.

Marcel Duchamp.

Ao longo de uma parede, em uma caixa de vidro, está outra obra intrigante de Duchamp, chamada *3 stoppages étalon* (ou, em português, *3 stoppages padrão*). A obra consiste numa velha caixa de madeira, com a tampa aberta, do jogo de *croquet*. Dentro não estão os tacos do jogo, mas algo que parecem ser duas longas e finas "pranchas" de vidro, cada uma com um "modelo" que consiste num longo e sinuoso pedaço de linha montado sobre tela. A caixa também contém dois sarrafos de madeira quebrados. Acima estão pendurados uma terceira prancha com linha e um terceiro sarrafo quebrado. A placa do museu próxima à caixa data a peça como tendo sido construída entre 1913 e 1914, e afirma o seguinte:

> É uma "brincadeira sobre o metro", Duchamp observou, de modo loquaz, acerca da peça, mas sua premissa para ela parece um teorema: "Se uma linha reta horizontal de comprimento de um metro cai de uma altura de um metro sobre um plano horizontal retorcendo-se como bem entender [ela] cria uma nova imagem da unidade de comprimento."

A descrição continua:

> Duchamp deixou cair três pedaços de linha de um metro de comprimento da altura de um metro sobre três telas esticadas. As linhas foram então coladas

às telas para preservar as curvas aleatórias que assumiram ao pousar. As telas foram cortadas ao longo dos perfis das linhas, criando um gabarito de suas curvas – gerando novas unidades de medida que retêm o comprimento do metro mas minam sua base racional.

Os *Stoppages*, apelido da obra, é uma estranha peça e a descrição que a acompanha faz uma alegação alarmante. Será que essa obra de arte realmente sabota a racionalidade do metro – a unidade fundamental do SI que seus criadores, os revolucionários franceses, encaravam como científica e politicamente libertadora? Ou será mais outra *gag* de Duchamp, cuja ironia os curadores deixaram passar, na qual o artista zomba da obsessão com precisão e universalismo que ele foi sensível o bastante para notar na cultura em que cresceu? O visitante casual pode até se perguntar o que está fazendo a ciência na obra do artista? O que sabia Duchamp de ciência, do sistema métrico, de metrologia, e o que o teria motivado a produzir esse objeto? Para uma resposta, temos de retornar aos primeiros anos do século XX, uma época em que o mundo científico era um turbilhão e nele cresceu Duchamp.

Angústia de ciência

No início do século XX, descobertas científicas impressionantes (raios X, radiatividade, o elétron) e poderosas novas tecnologias (eletrificação, telégrafo sem fio) estavam transformando radicalmente a vida humana e a nossa percepção da natureza. Embora fosse pintor de formação – seguiu seus dois irmãos mais velhos, mudando-se para Paris aos 17 anos para tornar-se artista –, Duchamp e outros não cientistas eram capazes de se manter a par do mundo científico graças a muitas popularizações da ciência de alta qualidade naquela época. Cientistas como Marie Curie e Ernest Rutherford escreviam resumos de suas pesquisas em revistas populares, enquanto outros, como Jean Perrin e Henri Poincaré, escreviam bestsellers. A ciência fascinava a cultura popular.

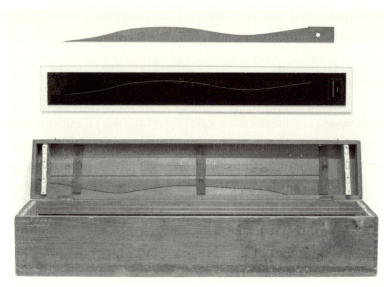

3 stoppages étalon (3 stoppages padrão), de Duchamp.

Os livros de Poincaré incluíam seu *Ciência e hipótese*, que teve vinte edições em 1912. Ele escreveu eloquentemente sobre como os recentes desenvolvimentos estavam abalando as fundações da mecânica newtoniana e gerando dúvidas sobre a própria noção de objetividade científica. Poincaré defendia uma posição filosófica conhecida como "convencionalismo", que concebia a geometria, e na verdade todas as leis científicas, como meras conveniências – projeções ou arcabouços mentais – em vez de descrições efetivas da natureza, uma ideia que viria a influenciar profundamente artistas como Duchamp.

As ideias transmitidas por esses livros provocavam uma ansiedade cultural. De um lado, a ciência parecia prometer estabilidade – um retrato mecânico do mundo ordenado e universal, tecnologias poderosas e confiáveis e crescentes confortos materiais – e reestruturar a sociedade global, graças à expansão de uma rede internacional colaborativa de instituições e tratados. No entanto, à medida que a Europa escorregava lentamente para a Grande Guerra, havia muitos indícios de que essa promessa permaneceria sem ser cumprida; o retrato mecânico não estava livre do caos, as tecnologias não eram tão inocentes e tampouco os confortos tão assegurados quanto pareciam.

O poeta e crítico francês Paul Valéry (1871-1945) expressou essa ambivalência numa linguagem paradoxal. Nossa paixão pela ordem, escreveu ele, estava criando caos, nossas virtudes vinham provocando horrores, nossa racionalidade fomentava irracionalidade. Valéry não especificava um exemplo, mas podia estar muito bem se referindo, por exemplo, ao conceito de "quantum", que surgira do impulso de arrumar precisamente detalhes finos da termodinâmica. O poeta escreveu que "o furor da precisão" estava levando ao oposto, a um estado em que "o universo está se decompondo, perdendo toda a esperança de um desenho único; a um ser ultramicroscópico muito diferente do mundo cotidiano e ao determinismo gerando uma crise na causalidade".

A alegação de Valéry de que "a imprevisibilidade em todo campo é resultado da conquista da totalidade do mundo presente pelo poder científico" era ainda mais arrojada. Aos seus olhos, o impacto da ciência estava sendo sentido em todas as áreas da vida humana, e ele predisse "uma impressionante mudança na nossa própria noção de arte".[1] Muitos artistas da época de fato julgavam indispensável a familiaridade com a ciência: suas provocantes descobertas eram notícias de primeira página e desafiavam profundamente noções arraigadas da realidade.

Um tópico quente era a quarta dimensão, concebida como outra dimensão espacial em vez do tempo (como seria após a confirmação, em 1919, das previsões da relatividade geral). Muitos romancistas, músicos e pintores achavam essa ideia estimulante, até mesmo libertadora. Para alguns, ela sugeria um novo espaço no qual o mundo podia ser visto, para outros, a existência de uma multiplicidade de perspectivas, e para outros, ainda, a existência de ordens de realidade que somente os artistas podiam intuir e revelar. Grande parte da influência da quarta dimensão devia-se à descoberta dos raios X, que tornaram a existência de estruturas invisíveis de realidade fora da nossa visão não mais um tema filosófico metafísico ou fantasia ocultista, mas um fato científico.

Feito a metro

Tendo demonstrado uma aptidão precoce para desenho e matemática, os interesses científicos de Duchamp já eram visíveis em seus primeiros trabalhos. Por exemplo, seu *Nu descendo uma escada nº 2* (1912) representava um corpo em movimento decompondo abstratamente a forma numa sucessão de superfícies planas. Mas Duchamp ficou chocado quando seus irmãos, mais bem relacionados, pediram-lhe que retirasse a obra de uma exposição de arte independente da qual estavam participando juntos. "Como reação contra tal comportamento vindo de artistas que eu acreditava livres", disse ele a um entrevistador, "arranjei um emprego. Fui ser bibliotecário na biblioteca Sainte-Geneviève de Paris."[2]

Enquanto trabalhou na biblioteca, do fim de 1912 até 1915, Duchamp leu extensivamente sobre arte e ciência popular. Também visitou o Museu de Artes e Ofícios, destino popular para os interessados em ciência e tecnologia, que tinha uma magnífica coleção de pesos e medidas. "Eu não tinha intenção de fazer exibições, nem de criar uma *oeuvre*, nem de viver uma vida de pintor",[3] recordou mais tarde. Duchamp ruminava sobre como tornar a arte significativa num ambiente cultural rico em ciência. Suas volumosas anotações, mais tarde publicadas, revelam leituras cuidadosas de literatura científica sobre a quarta dimensão, geometria não euclidiana, eletricidade, transições de fase, termodinâmica, radiatividade, estrutura atômica, biologia e mais.

"Fazer uma pintura *de frequência*", lê-se numa nota, enquanto outra se refere a "pintura de precisão", e outra, ainda, a uma busca de uma "física lúdica". Outra anotação ainda fala sobre o desejo de criar *"uma realidade que fosse possível distendendo ligeiramente* as leis da física e da química".[4] Essas – e outras – notas mostram o fascínio de Duchamp pela prosa clara e concisa da ciência, com o método experimental, com o acaso, com o caráter ambivalente da precisão mencionado por Valéry e com a filosofia convencionalista de Poincaré.

A filosofia convencionalista ajudou Duchamp a se libertar da estética tradicional – ou daquilo a que ele desdenhosamente se referia como "arte retiniana", "gosto" ou "artesanato artístico". Ele encarava seus princípios não como fundamentos, mas como escolhas, e buscou alternativas. Após uma visita ao Salon de la Locomotion Aérienne, no Grand Palais, em 1912, na companhia dos colegas artistas Fernand Léger e Constantin Brancusi, Duchamp comentou: "A pintura está lavada. Quem faria melhor do que aquele propulsor?"[5] Duchamp mudou-se para um apartamento perto da biblioteca, onde fez experiências colocando linhas sobre telas de diversas maneiras "secas", tais como por meios mecânicos e efeitos do acaso.

Essas preocupações culminariam em 1923 naquilo que os historiadores da arte consideram a obra-prima de Duchamp, *A noiva despida por seus celibatários, mesmo (O grande vidro)*. *A noiva despida* consiste em dois enormes painéis de vidro emoldurados (quebrados em um acidente, mas reparados por Duchamp), sobrepostos verticalmente, entre os quais estão ensanduichados vários objetos mecânicos, formas geométricas e pedaços de arame, numa obra brilhante e iconoclasta que muito deve às reflexões de Duchamp sobre ciência. A caminho desse projeto artístico-intelectual ele realizou experimentos e compôs trabalhos que empregavam o acaso, a quarta dimensão e elementos de ciência manejados de forma divertida, que provocativamente buscavam turvar a diferença entre arte e objetos do dia a dia.

Erratum musical (1913) foi uma peça vocal na qual as irmãs de Duchamp cantavam notas sorteadas ao acaso de um chapéu. Os *readymades* de Duchamp (*tout fait*, em francês) eram objetos comuns tirados do seu contexto funcional, aos quais era atribuído um nome, e colocados ao lado de outros objetos para se tornaram eles próprios obras de arte. Outros trabalhos faziam troça de redes e códigos ocultos que estruturam o mundo, tornando-os visíveis em suas obras e revelando-os não como acessórios permanentes, mas apenas como convenções. Por exemplo, *Cheque Tzanck* (1919) é uma composição lúdica usada para pagar seu dentista em Nova York, Daniel Tzanck, um desenho de um cheque de 115 dólares da fictícia "Teeth's Loan & Trust Company". *Bônus Monte Carlo* (1924) é um desenho baseado em um projeto de um tradicional bônus financeiro, que Duchamp copiou e vendeu como parte de um esquema matemático para ganhar nas roletas do cassino de Monte Carlo. Essas duas obras ao mesmo tempo parodiavam e chamavam a atenção para como pedaços de papel, dadas as convenções apropriadas, tornavam-se moeda corrente para serviços.

Os impulsos de Duchamp – a abordagem lúdica à ciência, a postura convencionalista, as paródias sobre a rígida precisão de outros e a irreverência em relação às convenções sociais que estruturam o mundo – interceptam-se nos *Stoppages*.

Ele não foi o primeiro artista ou autor a brincar com os padrões. O escritor Alfred Jarry (1873-1907), progenitor do surrealismo e do dadaísmo, e um gozador como Duchamp, frequentemente referia-se a físicos contemporâneos, inclusive C.V. Boys, William Crookes, lorde Kelvin e James Clerk Maxwell, em suas obras. Em 1893, Jarry cunhou o termo 'patafísica (o apóstrofo no início é intencional) para descrever seu próprio tratamento divertido da ciência, que incluía zombar da preocupação obsessiva com padrões de medidas. Por exemplo, o Doutor Faustroll, protagonista da novela de Jarry *Explorações e opiniões do Dr. Faustroll, 'patafísico* (publicada em 1911), carrega no bolso um centímetro que é "uma cópia autêntica do padrão tradicional de bronze".

Com toda a certeza foi uma época de zombarias criativas. A *Merle Blanc*, uma revista de humor francesa, iludiu o curador do Palácio de Versalhes enviando-lhe um convite para examinar uma rara "medida dupla de decímetro em jacarandá" que fora de propriedade de madame Pompadour (Pompadour morreu trinta anos antes da invenção do sistema métrico, portanto antes da existência de decímetros). A revista passou então a tentar convencer museus franceses a aceitar doações de um automóvel de Napoleão, um bracelete que pertencera à Vênus de Milo e óculos da Vitória de Samotrácia.[6]

A troça que Duchamp fez dos padrões foi mais rica, mais profundamente engajada com a ciência do que estas e centralmente conectada com suas preocupações artísticas. Começou por criar o que viriam a se tornar os *Stoppages* por volta de 1913-14. Em uma de suas anotações, ele escreve que "se um fio de linha reto horizontal de um metro de comprimento cair de uma altura de um metro sobre um plano horizontal distorcendo-se *como bem entender*", ele cria "uma forma nova de medida de comprimento". Outra nota a chamava de "acaso enlatado". Em 1914, ainda de acordo com as notas, Duchamp repetiu esse experimento três vezes, prendendo os fios a pedaços de tela.

Duchamp levou consigo as três telas quando partiu de Paris para Nova York, em 1915. Em 1918, enquanto trabalhava na sua última pintura a óleo, *Tu M'*, mandou cortar gabaritos de madeira no formato das curvas, criando paródias dos "bastões de metro" e objetificando a padronização da medição em forma gráfica. Em 1936, ao rever o que fizera duas décadas antes, prendeu as telas com os fios de linha a três pranchas de vidro e as colocou numa caixa de madeira juntamente com três réguas de madeira. O trabalho foi exibido pela primeira vez no MoMA, numa exposição em 1936-37, e sua fotografia apareceu pela primeira vez em um jornal de arte em 1937.

Um *stoppage* é algo que foi interrompido, levado a parar; *3 stoppages padrão* são três padrões de fio de linha interrompidos. Com os anos, Duchamp contou aos entrevistadores que a obra foi sua primeira utilização do acaso, um passo para se afastar da técnica artística, "esquecer-se da mão". Era um trabalho interessante, conforme ele veio a perceber, "libertando-me do passado". Em resposta ao questionário que Duchamp preencheu quando a obra entrou para a coleção do MoMA, em 1953, ele escreveu: "Uma brincadeira sobre o metro – uma aplicação humorística da geometria pós-euclidiana de Riemann, que era destituída de linhas retas." Historiadores de arte têm estudado o papel que esse trabalho desempenhou em composições posteriores de Duchamp, em particular na sua separação da arte tradicional. O historiador de arte Francis Naumann contribuiu com um estudo pioneiro dos *Stoppages* em *The Mary and William Sisler Collection*, publicado pelo MoMA em 1984, e indicou a influência do filósofo Max Stirner sobre Duchamp. Na década seguinte, a historiadora de arte da Universidade do Texas Linda Henderson explorou a ligação entre os *Stoppages* e os interesses de Duchamp em geometria não euclidiana e metrologia contemporânea. "Ao subverter o metro padrão gerando três novos e inconsistentes padrões de medida", escreveu Henderson em seu livro *Duchamp in Context*, "Duchamp transcendeu a própria definição tradicional de arte."[7]

Cerca de uma década atrás, a história dos *3 stoppages padrão* de Duchamp deu uma guinada bizarra. A artista nova-iorquina Rhonda Shearer e seu falecido marido, Stephen Jay Gould – paleontólogo, biólogo evolucionista e escritor de Harvard –, estavam rastreando as fontes exatas dos *readymades* e outros trabalhos de Duchamp. Tentaram replicar *3 stoppages padrão*, deixando cair fios de linha no chão; descobriram que seus fios se retorciam e reviravam, caindo de qualquer jeito, menos no formato de curvas suaves. Examinando o trabalho no MoMA, notaram que os fios não têm *exatamente* um metro e estão presos por meio de pequenos furos do outro lado da tela, onde continuam por alguns centímetros e são costurados no lugar.

Shearer e Gould concluíram que, graças a seus experimentos, haviam revelado o verdadeiro motivo de Duchamp. Este, alegaram eles, era iludir as pessoas sobre como fabricava a obra, sabendo que a trapaça viria eventualmente a ser exposta por aqueles que usavam o método científico, dando uma aula sobre percepção. Criaram um jornal on-line dedicado a Duchamp (toutfait.com) e fundaram um Laboratório de Pesquisa em Arte Ciência para explorar o uso do "método científico nas humanidades" e promover a ideia de que "métodos, não pessoas, são objetivos".[8]

Os historiadores da arte não se impressionaram. Não acharam surpresa nenhuma que Duchamp, para começar sempre irreverente em relação a padrões, adorasse uma brincadeira – ele falara do seu desejo de "distender" as leis da física – e tivesse usado fios de comprimento irregular. E tampouco ficaram perturbados com o fato de os fios passarem por furos e serem costurados na tela no lado oposto; Duchamp usou método semelhante para fixar fios de linha a telas em outras obras, e pode ter planejado fixar os fios dessa maneira desde o início (com tal propósito, ademais, teria de ter usado fios um pouco mais longos que um metro). Os historiadores de arte achavam a questão filosófica por trás dos *Stoppages* mais relevante para sua compreensão do que o comprimento dos fios.

Quanto à questão de como Duchamp conseguira curvas suaves, Jim McManus, professor emérito de história da arte na California State University, na cidade de Chico, indagou a respeito de linhas e técnicas a um idoso alfaiate alemão que se formara nos métodos europeus tradicionais. O alfaiate mencionou uma prática comum em linha de arremate para casas de botões, que era encerada para adquirir resistência adicional, como base para ternos e vestidos. McManus então adquiriu alguns carretéis de linha e cera, fez experimentos junto com Naumann e descobriu que eram capazes de produzir o tipo de resultados obtidos por Duchamp. Concluíram que era provável que Duchamp tivesse efetivamente criado o trabalho da maneira como dissera.

McManus então concebeu ele próprio uma brincadeira. Criou um "Kit de principiante faça-você-mesmo em casa um *3 stoppages padrão*", que continha linha, cera e algumas instruções. E o lançou sob o pseudônimo "Rrose Sélavy", que Duchamp usava como seu *alter ego* feminino (já em si uma pilhéria, soando como *"Eros, c'est la vie"*). O kit prometia ao comprador a oportunidade de "impressionar seus amigos e espantar historiadores", criando *3 stoppages padrão* "em sua própria casa".

McManus me deu uma vez um kit de principiante, e um dia meu filho e eu o experimentamos. Primeiro tentamos deixar cair um metro de fio de linha sem encerar; o fio veio caindo, se enrolou e retorceu, e quando pousou parecia um pedaço de uma costa litorânea toda recortada. Aí enceramos a linha, um segurando a cera enquanto o outro passava o fio por ela. Sem dúvida, agora ela aterrissou formando uma curva delicada e suave, como uma praia longa.

A história dos *Stoppages* não só nos ensina que a interação entre ciência e arte no início do século XX é mais extensiva do que habitualmente acreditamos, mas também as promessas e os riscos de investigar essa ligação.[9]

Os *Stoppages* parodiam – imitando ludicamente traços característicos fora de contexto – a rede metrológica global. Em vez de uma liga rígida, um fio de linha. Em vez de um invariante, um filamento flutuante. Ao invés de condenar distúrbios e contingências, celebrá-los. Em vez de

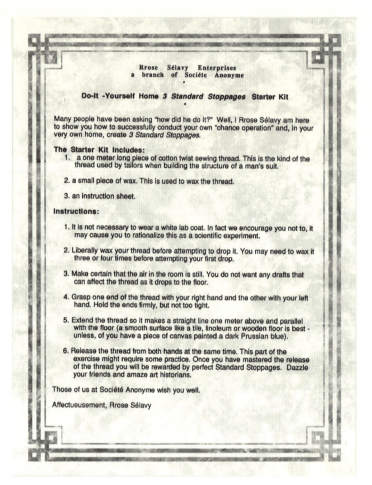

"Kit de principiante faça-você-mesmo em casa um
3 stoppages padrão", do historiador de arte Jim McManus.

uma linha reta curvando-se num espaço não euclidiano, torções de um fio num estúdio de artista. Em vez de um artefato transformando-se em padrão por declaração de uma rede internacional de instituições científicas, uma fibra torna-se um padrão por declaração de um artista e uma rede de instituições artísticas. Em vez de o sistema métrico ser libertador para a humanidade – como viam seus instituidores, os revolucionários franceses –, uma paródia do sistema métrico é que é libertadora para o artista.

O *3 stoppages padrão* de Duchamp faz tudo isso de forma espirituosa, prazerosa e sucinta – no instante em que se tenta ser literal, perde-se "o espírito da coisa" –, gerando um jogo interminável e satisfatório de pensamentos sobre convenções e padrões. O que mais esperar da arte?

"Zombametria"

Fazer pilhéria de unidades e medidas é o tema de uma ciência que poderia ser chamada de "zombametria" [*mocktrology*]. Um dos exemplos mais famosos – raramente esquecido em livros sobre medidas – diz respeito ao smoot. Em 1958, como parte do trote de uma fraternidade, a ponte de Harvard foi medida por um grupo de estudantes que escolheu um de seus membros, Oliver R. Smoot (1,68m) como régua; o resultado foram 364,4 smoots "mais ou menos uma orelha". Essa medida, agora famosa, foi imortalizada por uma placa na ponte e na calculadora Google.

Como os *Stoppages* de Duchamp, não se trata inteiramente de uma brincadeira. O fato ilustra um instrutivo exercício de classe sobre medidas: pode-se usar qualquer coisa para medir, contanto que seja disposto, capaz e conveniente. Frequentemente peço às classes que meçam o volume da sala de aula numa unidade tirada de dentro da própria classe, dando-lhes liberdade de escolher qualquer coisa que queiram. Depois de discutir possibilidades – em geral, as mesas são rejeitadas porque, apesar de sólidas, são pesadas; pedaços de giz são fáceis de manusear, mas requerem muitas repetições – os alunos geralmente decidem usar ou o braço de alguém ou a altura, de modo que a pessoa possa se mover. A primeira vez que fiz isso, os alunos escolheram uma certa Tina, porque sua altura parecia ser metade da altura do teto (ela parecia a única medida da classe que poderia eliminar a necessidade de frações nessa dimensão) e ela estava disposta a deitar-se no chão e mover-se repetidamente. A sala provou ser igual a 104½ Tinas cúbicas.

Um físico austríaco me disse que uma medida importante na região onde cresceu era o *spaetzlehobel*, ou o tamanho dos buracos da peneira através dos quais a massa é forçada para se fazer um *spaetzle*.*

Unidades humorísticas fictícias têm sua própria página na Wikipédia e aumentam em número ano após ano. O exemplo clássico de uma unidade para medir uma propriedade subjetiva é uma helena, segundo a fala no *Doutor Fausto*, de Christopher Marlowe, referindo-se à face de Helena de Troia como tendo "lançado mil navios", deixando implícita a mili-helena como a quantidade necessária para lançar um navio só. Um físico me escreveu contando que suas unidades favoritas eram as "vacas" e os "cachorros" que seu professor de física escrevia como títulos nos eixos dos gráficos quando ele esquecia de colocá-los nos trabalhos de colégio. O *sheppey*, inventado por Douglas Adams e John Lloyd, é a unidade de distância mais próxima na qual um carneiro parece pitoresco, ou cerca de ⅞ de milha;** o warhol é uma medida de fama equivalente a quinze minutos, o que torna o megawarhol igual a quinze milhões de minutos, ou cerca de 28½ anos. O segundo-barba, ou o comprimento que uma "barba padrão cresce em um segundo", é uma medida corporal jocosa inspirada por e criada de forma paralela ao ano-luz, ou a distância que a luz percorre em um ano.[10]

Um grupo de unidades chistosas nomeia a "quantidade mínima". Um engenheiro instrumentista aposentado me escreveu que um *midge* era "a menor quantidade de movimento linear ou rotacional possível de ser adquirido na saída de um dado dispositivo mecânico ou elétrico, dentro das restrições do atrito estático, dos mecanismos de ajuste fornecidos pelo projetista e da destreza do operador". Outros engenheiros escreveram sobre o *gnat's whisker* [antena de pernilongo], uma subdivisão daquela unidade maior, bem conhecida, *"gnat's ass"* [bunda de pernilongo] ou *"cock hair"* [pelo de galo] (em muitos sotaques regionais britânicos pronunciado como *"cock'air"*), como em "Mova a agulha um *cock'air* para a esquerda!". Um físico e engenheiro de software me explicou o termo técnico usado

---

* Massa típica do sul da Alemanha e de Áustria, Suíça e Alsácia. (N.T.)
** *Sheep*, em inglês, é carneiro, ovelha. (N.T.)

Isso com certeza é uma brincadeira, sr. Duchamp!

para captar sinais: um *"tweak"* [puxãozinho] é sintonia fina; um *"twiddle"* [girada], uma manipulação grosseira; um *"frob"* [mexida à toa], uma manipulação inócua.

Até mesmo prefixos de unidade são temas de piada. Os prefixos oficiais do SI crescem aos milhares, como o extremo superior representado por peta, ou 10^{15}; exa, ou 10^{18}; zeta, ou 10^{21}; e iota, ou 10^{24}. Em 2010, um estudante de física da Universidade da Califórnia em Davis criou, via Facebook, uma petição para forçar um novo prefixo, para 10^{27}, a ser chamado *"hella"*, gíria californiana para "um bocado de". Seguiu-se uma enxurrada de outras sugestões, com cartas para a revista internacional de ciências *Physics World* propondo estender as unidades para baixo, até 10^{-27}, com "tini" – pronunciado "tee-nee" –, seguido de "insi" ("eensy") para 10^{-30} e "winsi" ("weensey") para 10^{-33}.* Outro correspondente notou que o prefixo do SI "zepto" para 10^{-21} era claramente um erro de "zeppo", propondo que os prefixos para 10^{-27}, 10^{-30} e 10^{-33} deveriam ser "groucho", "chico" e "harpo", respectivamente.[11]

Um professor de física aposentado me escreveu que seu filho, engenheiro de software, é um fundamentalista do SI que se recusa a observar aniversários normais e mede sua idade em megassegundos – embora o segundo seja um acidente astronômico, ao menos faz parte do SI e é agora definido sem referência ao sistema solar. Ele celebra a passagem do tempo a cada cinquenta megassegundos. Seu pai entrou no espírito da posição do filho, ainda que não ao pé da letra, informando aos alunos que a duração de cada aula é de um microsséculo (52 minutos e 36 segundos).

As unidades servem às necessidades humanas, e as necessidades do dia a dia são diversas e estão em constante mudança. As unidades engraçadas têm uma função própria na medida em que satirizam, fazem troça ou simbolizam quanto o processo de medição pode ser arbitrário. A forma como medimos geralmente é, para nós, ponto pacífico e tende a permanecer como pano de fundo na nossa vida cotidiana; nosso sistema de medidas

---

* Em inglês, *tiny* significa minúsculo e *tinsy-winsy* ou *teensy-weensy* e *eensy-weensy* são gírias, em geral relacionadas à linguagem de bebês e com o sentido de algo muito pequeno.

tende a ser notado (exceto por aqueles encarregados dele) só no caso de um colapso. O episódio mais notório ocorreu em 1999, quando uma nave espacial de 125 milhões de dólares enviada para Marte espatifou-se depois que duas equipes de engenheiros usaram dois sistemas diferentes, imperial e métrico, para programar seus foguetes. Ocasionalmente aviões têm sido forçados a pousar por causa de erros de comunicação, atribuídos a causas similares, referentes à quantidade de combustível colocado no tanque. Parece que as unidades bobas e satíricas têm um indiscutível valor cultural – uma ironia por si só –, pois nos fazem lembrar do caráter convencional das unidades de maneira engraçada em vez de desastrosa.

9. Sonhos de um padrão definitivo

> A mente não científica tem as ideias mais ridículas sobre a precisão do trabalho em laboratório, e ficaria muito surpresa de saber que, excetuando-se medições elétricas, o grosso do trabalho não excede a precisão de um tapeceiro que vem medir a janela para um par de cortinas.
>
> CHARLES S. PEIRCE

CHARLES SANDERS PEIRCE talvez tenha exagerado um pouco. Quando se tratava de assuntos metrológicos, Peirce sabia do que estava falando. Peirce (1839-1914), um dos mais notáveis, excêntricos e não reconhecidos gênios nascidos na América, era lógico, cientista, matemático e o mais original filósofo norte-americano, fundador da escola filosófica conhecida como pragmatismo. E foi também um dos mais importantes metrologistas dos Estados Unidos.[1] Fazia instrumentos de precisão, e aperfeiçoou técnicas para fazê-los. Seu trabalho ajudou a tirar a metrologia norte-americana de sob as sombras britânicas, fazendo-a sustentar-se sobre os próprios pés.

Peirce foi o primeiro a vincular de maneira experimental uma unidade, o metro, a um padrão natural, o comprimento de onda de uma linha espectral. Um padrão natural fora o sonho de muitos cientistas em vários países durante séculos. Os franceses tinham tentado vinculá-lo às dimensões da Terra e os britânicos ao pêndulo de segundos. Suas tentativas fracassaram; Peirce foi o primeiro a finalmente demonstrar que isso podia ser conseguido.

Charles Sanders Peirce.

Surpreendentemente, sua contribuição não recebeu muita atenção, por diversos motivos. Um deles, embora muitos cientistas percebessem a importância de seu feito na época, foi ele nunca o terminar de modo a ficar totalmente satisfeito, deixando relatórios fragmentados em suas 12 mil páginas publicadas e nas 80 mil páginas de cartas e notas manuscritos, sobretudo a respeito de lógica, matemática, ciência e filosofia. E, o mais significativo, a ideia de Peirce – medição de comprimentos de onda – foi quase que imediatamente assumida e aperfeiçoada por Albert A. Michelson, um cientista norte-americano muito mais conhecido, que empregava uma técnica superior. Em 1907, Michelson tornou-se o primeiro norte-americano a ganhar o Prêmio Nobel em Ciências, por um experimento famoso demonstrando a não existência do éter. O crédito para o primeiro experimento relacionando o metro com comprimentos de onda da luz geralmente é atribuído a ele, em vez de a Peirce. Por fim, a caótica vida pessoal e profissional de Peirce dificultou uma avaliação abrangente de suas contribuições.

Do lado profissional, ele foi um prolífico e perpetuamente ilimitado polímata. Mal começava um projeto ambicioso e já se lançava a outros, raramente terminando-os. Do lado pessoal, sofria de diversas doenças, inclusive de uma séria inflamação dos nervos faciais (atualmente denominada neuralgia do trigêmeo) e de extremas alterações de humor que hoje seriam diagnosticadas como transtorno bipolar. Os tratamentos comuns na época eram éter, ópio e cocaína, que compunham os desafios sociais e físicos criados pelas doenças. Seus sintomas e temperamento difícil foram piorando com a idade. Peirce quase conseguiu cátedras em Harvard e na Johns Hopkins, mas era rude e agressivo até mesmo com os que o apoiavam, de modo que acabou destruindo suas excelentes chances. Sua personalidade fragmentada é tão difícil de abranger numa descrição breve que Joseph Brent, autor da única biografia completa de Peirce (1993), ergueu os braços e recorreu a um rol de psicopatologias:

> Em fase maníaca ele exibia ações impulsivas, de tendência paranoide; extrema insônia; grandiosidade maníaca e expansividade visionária; hipersexualidade; extraordinária energia; e negócios financeiros irracionais, inclusive extravagância compulsiva e investimentos desastrosos. Em fase depressiva, exibia estados depressivos ou severamente melancólicos caracterizados por sentimentos suicidas ou estado de indiferença, que eram acompanhados de inércia mental, incapacidade de sentir emoção e um insuportável senso de futilidade.[2]

Algum futuro biógrafo talvez seja capaz de integrar tais condutas com a vida de Peirce, sua extraordinária produtividade em múltiplas tarefas e percepções originais, de modo a produzir um retrato mais abrangente e positivo desse notável gênio norte-americano. Possuía, de fato, uma personalidade original, mas tinha uma mente mais original ainda.

O histórico de Peirce

Peirce teve um começo invejável. Nasceu numa família de elite em Cambridge, Massachusetts. Era bem-apessoado e articulado, colecionando amigos em postos elevados, mas aí passou sua carreira desperdiçando essas vantagens. Foi demitido de todo emprego sério que teve, brigava com seus admiradores e benfeitores, mergulhava em comportamentos que seus pares consideravam escandalosos e terminou na mais abjeta miséria.

O pai de Charles, Benjamin (1809-80), foi professor de matemática e astronomia em Harvard e administrador do Levantamento Topográfico dos Estados Unidos. Criando o filho para a ciência, Benjamim mandou Charles para uma escola particular e a Harvard, onde o rapaz se graduou em 1859 aos dezenove anos. Charles frequentou a Escola Científica Lawrence, o programa de graduação inicial de Harvard para engenharia e ciências, que Benjamin ajudou a fundar, e obteve um diploma de mestrado em química, *summa cum laude*, em 1863. Pouco depois, em Cambridge, conheceu e casou-se com Melusina Fay Peirce, que viria a se tornar uma proeminente autora e ativista feminista norte-americana. "Zina", como era conhecida, também era bastante religiosa, considerando o adultério um crime cuja punição deveria ser prisão perpétua ou pena de morte. Tivesse sido essa a lei no país, ela teria sido uma viúva precoce, porque Charles, para fúria de Zina, e apesar de ser um *workaholic* e a despeito de suas enfermidades e dependências, teve numerosos casos amorosos.

Na juventude, Charles foi fascinado por lógica e via-se como lógico até o fim da vida, almejando trabalhar em tempo integral na área. Mas Benjamin, desejando promover a continuidade na educação do filho, arranjou-lhe uma série de aprendizados científicos. Um deles foi no Levantamento Topográfico. Na década de 1860, ainda era a agência científica proeminente do governo norte-americano; seu trabalho recente na compra do Alasca, que pertencia à Rússia, e as propostas de compra da Groenlândia e da Islândia, que pertenciam à Dinamarca, davam-lhe um elevado perfil político. A primeira posição oficial de Charles no Levantamento veio em 1861, no começo da Guerra Civil, quando seu pai precisou de um novo auxiliar de cálculos após ter perdido o seu para a guerra; conseguiu a nomeação do filho como substituto. Em 1867, Benjamim tornou-se superintendente do Levantamento em lugar do anterior, Alexander Bache, que havia morrido. Benjamim dirigiu a instituição de Cambridge e nomeou seu filho como

Sonhos de um padrão definitivo 175

auxiliar, e então, em 1872, como assistente imediatamente abaixo dele na hierarquia. Zina, entrementes, tentava mobilizar as donas de casa de Massachusetts para uma organização doméstica cooperativa e projetos de compras coletivas no varejo, promovendo a ideia em artigos para a *Atlantic Monthly* e outras revistas e fundando a Associação Cooperativa de Organização Doméstica, em Cambridge (1870). Ainda não era hora para isso: seus esforços fracassaram depois de pressões adversas de maridos irados.

Durante o mesmo período, Benjamin arranjou um segundo aprendizado para seu filho no Observatório de Harvard, cujo diretor, Joseph Winlock, era um amigo próximo. Espectroscopia, o estudo da luz quando dividida em seus comprimentos de onda componentes ou linhas espectrais, estava engatinhando, e o observatório adquiriu seu primeiro espectroscópio em 1867. Charles ajudou Winlock em observações de comprimentos de onda estelares. Como assistente de Winlock, Peirce foi um dos primeiros a observar o espectro do argônio e foi designado para expedições com objetivo de realizar medições de dois eclipses solares. O primeiro foi em Kentucky, em 1869; o segundo na Sicília, em 1870, numa expedição cujas medições tiveram um papel na teoria da coroa solar. Peirce também embarcou numa ambiciosa tentativa de usar o brilho relativo das estrelas para determinar a forma da galáxia e de sua distribuição estelar. Em 1872 escreveu à mãe sobre seus hábitos de trabalho sem limites e falta de sono: "Em noites claras observo com o fotômetro; em noites nubladas escrevo meu livro sobre lógica que o mundo vem esperando por tanto tempo & tão ansiosamente."[3]

O livro de lógica, como muitos dos outros projetos de Peirce, nunca foi completado. Mas suas observações espectroscópicas resultaram em *Pesquisas fotométricas* (1878), o único livro seu a ser publicado em vida. Escreveu a seu pai que esse seria *o* livro sobre o tema. Poderia ter sido, se imediatamente publicado quando sua pesquisa terminou, em 1875. Mas brigas com seus chefes em Harvard e outros compromissos emperraram sua publicação até 1878, reduzindo o impacto do livro.

Também em 1872, Peirce tornou-se membro fundador do Clube Metafísico, um grupo de discussão de proeminentes intelectos da época, cujos membros incluíam o filósofo William James e o jurista Oliver Wendell

Holmes Jr.[4] Nos anos seguintes, esse grupo deu origem aos conceitos básicos do pragmatismo como movimento filosófico, segundo o qual significado e verdade são buscados nas consequências práticas de concepções e crenças. Nas palavras de James: "Verdade é o que funciona."

O ano de 1872 foi excepcional para Peirce. Ele tinha duas posições de elevado perfil, excelentes perspectivas de progresso posterior e amigos influentes. Ainda se considerava um lógico. Mas perspectivas de carreira em lógica eram poucas, e ele via seu trabalho científico como enriquecendo suas ideias sobre lógica. Entre outras coisas, proporcionava-lhe uma compreensão melhor da importância da precisão e as dificuldades em consegui-la.

Dois tipos de pesquisa em precisão, em especial, prepararam Peirce para a medição que vinculou o metro a comprimentos de onda ópticos. Um, a partir do seu trabalho no observatório, foi a fotometria, que envolvia teoria e prática de espectroscópios, grades de difração e medidas de comprimentos de onda. O outro foi a experiência em gravimetria, que estava prestes a adquirir no Levantamento Topográfico: envolvia a teoria e a prática de pêndulos e sua calibração.

Um padrão natural de comprimento

A metrologia, como vimos no capítulo 6, avançou rapidamente na segunda fase da Revolução Industrial e com os acontecimentos inaugurados pelo Tratado do Metro de 1875. O comentário de Peirce, citado no início deste capítulo, era acurado; as medições elétricas estavam na vanguarda. A indústria telegráfica em expansão, particularmente na Grã-Bretanha, impunha a necessidade de padrões e instrumentos elétricos para estabelecê-los e supervisioná-los.[5] Mas isso era só o começo. A crescente aplicação prática da eletricidade, e o processo de eletrificação de regiões inteiras, atraía tanto atenção teórica como prática, levando a numerosas reuniões internacionais nas quais cientistas e engenheiros discutiam unidades e padrões elétricos. Em 1832, na Alemanha, o matemático e cientista Carl Friedrich Gauss

Sonhos de um padrão definitivo

(1777-1855) propôs um sistema engenhoso para consolidar todas as unidades – mesmo as elétricas – em três. Uma unidade de velocidade, por exemplo, pode ser formada por unidades de distância e tempo, digamos, noventa quilômetros por hora. Uma unidade de força exige três unidades: o que faz uma certa massa se mover a uma certa velocidade em certo tempo. Gauss mostrou que magnetismo e eletricidade não exigem suas próprias unidades, mas podem ser medidos usando três unidades mecânicas: a quantidade que pode exercer certa força sobre certa massa a certa distância. Gauss chamou isso de "sistema absoluto", referindo-se a algo final que não requeria uma medida "relativa" em termos de outra fonte magnética ou elétrica. Hoje, nós nos referiríamos a unidades "básicas". Alguns anos depois, trabalhando com o físico Wilhelm Weber (1804-91), Gauss demonstrou que as unidades de comprimento, tempo e massa, em vez de unidades relacionadas com instrumentos magnéticos tradicionais, poderiam ser simplificadas, consolidadas e estendidas a fenômenos elétricos e não mecânicos.

Seguindo essa ideia, na década de 1860, James Clerk Maxwell e William Thomson (lorde Kelvin) desenvolveram o conceito de um conjunto de unidades fundamentais ou "básicas" que podiam ser acopladas com unidades afiliadas ou "derivadas" num sistema eficiente e "coerente" – coerente no sentido usado pelos metrologistas, de que fatores de conversão entre as unidades não são requeridos. Em 1874, levando essa ideia ainda um passo adiante, a Associação Britânica para o Progresso da Ciência propôs um esquema de unidades coerente chamado sistema CGS (centímetro, grama, segundo). Alguns anos depois, a organização introduziu o que provou ser um sistema coerente superior para medir fenômenos eletromagnéticos, incorporando o ohm (resistência), o volt (potencial elétrico) e o ampere (corrente).

Mas a busca de precisão em padrões mecânicos não estava muito atrás, com exposições industriais internacionais fornecendo um forte estímulo para maior cooperação global visando a estabelecer unidades e padrões de medição.[6] A busca de um padrão universal de comprimento foi também renovada.

O cientista francês François Arago expressou o sonho da seguinte maneira: "Uma medida que possa ser reproduzida mesmo depois que terremotos e terríveis cataclismos arrasem nosso planeta e destruam os protótipos padrão preservados nos arquivos."[7] O sucesso da teoria abrangente de Maxwell sobre o eletromagnetismo nos anos 1860 convenceu muitos cientistas de que o metro eventualmente poderia ser vinculado ao comprimento de onda de uma linha do espectro. No princípio da *opus magnum* de Maxwell, *Tratado sobre eletricidade e magnetismo* (1873), ele comenta sobre o fracasso de ambos os sistemas, imperial e métrico, em vincular as unidades de comprimento com unidades naturais. Novas medições, assinala ele, mostraram que o metro não era, na verdade, a décima milionésima parte do arco de meridiano, e para todos os propósitos práticos é o padrão preservado em Paris. "O *mètre* não foi alterado para corresponder às novas e mais precisas medições da Terra, mas o arco de meridiano é estimado em termos do *mètre* original." Maxwell continua: "No presente estado da ciência o padrão mais universal de comprimento que poderíamos assumir seria o comprimento de onda de um tipo particular de luz no vácuo, emitido por alguma substância amplamente difundida como o sódio, que tem linhas bem-definidas em seu espectro."

Em sua maneira caracteristicamente oblíqua, Maxwell expressou o desejo de um padrão universal de tempo: Ele "seria independente de quaisquer mudanças nas dimensões da Terra e deveria ser adotado por aqueles que esperam que seus escritos sejam mais permanentes que seu corpo".[8]

O caminho de Peirce na busca de um padrão natural começou em 1872, quando Hilgard, chefe do escritório do Levantamento Topográfico em Washington, viajou a Paris para representar os Estados Unidos na Comissão Métrica Internacional. Na ausência de Hilgard, o superintendente Peirce indicou seu filho Charles como chefe em exercício. Um dos seus deveres era dirigir o Escritório de Pesos e Medidas, que então fazia parte do escritório do Levantamento em Washington. Isso fez Peirce travar contato com a crescente comunidade metrológica internacional.

Benjamin, enquanto isso, continuava a elevar o perfil do Levantamento Topográfico. Em 1871, persuadiu o Congresso a ordenar um levantamento geodésico transcontinental ao longo do paralelo 39, interligando outros já feitos em ambas as costas. A geodesia vinha substituindo a to-

Sonhos de um padrão definitivo   179

pografia como principal trabalho do Levantamento, e em 1878 a agência seria rebatizada de Levantamento Topográfico e Geodésico. Os pêndulos eram o principal instrumento gravimétrico da geodesia, e, após o regresso de Hilgard, Benjamin encarregou Charles da pesquisa pendular do Levantamento. Esse trabalho envolvia o uso de padrões de comprimento de precisão para calibrar os pêndulos.

A Associação Geodésica Internacional (IGA, na sigla em inglês) organizara uma rede de levantamentos gravimétricos, e em 1872 escolhera como seu instrumento um pêndulo reversível, formado de uma haste sólida que oscilava primeiro com uma extremidade para cima e depois com a outra. Se um pêndulo reversível oscila com períodos iguais, a distância entre as duas bordas da lâmina é igual ao comprimento de um pêndulo simples ou ideal de mesmo período. Esse fato permitia aos usuários do pêndulo ignorar a maioria dos fatores perturbadores, transformando-o, assim, em um instrumento científico altamente sensível e valioso, capaz de mensurar qualquer fator que perturbasse seu movimento simples. O pêndulo reversível da IGA fora projetado pelo astrônomo alemão Friedrich Bessel e fabricado por A. & G. Repsold e Filhos, um fabricante de instrumentos de Hamburgo. Peirce encomendou um pêndulo Repsold para uso próprio, mas a entrega foi adiada enquanto a companhia – que, embora bastante especializada, era também muito requisitada e extremamente ocupada – atendia a pedidos para instrumentos solicitados por astrônomos para medir o trânsito de Vênus de 1874 pelo disco do Sol conforme visto da Terra. Tais trânsitos ocorrem somente uma ou duas vezes por século, e os astrônomos e fabricantes de instrumentos deixam outros negócios de lado a fim de se preparar para esse fenômeno. Quando o pedido de Peirce foi finalmente executado, em 1875, ele viajou à Europa para ir buscá-lo. Durante a viagem, Peirce conheceu diversos cientistas e acadêmicos proeminentes: impressionou alguns deles com sua proficiência matemática e lógica e afastou outros com seu comportamento esquisito, cada vez mais antissocial. Conheceu Maxwell, com quem discutiu a teoria do pêndulo no recém-inaugurado Laboratório Cavendish. Conheceu também o romancista Henry James, que escreveu ao irmão William que Peirce tinha "muito pouca arte de se fazer agradável".[9]

Os pêndulos pareciam envolver pouca teoria nova. Ainda assim, Peirce encontrou uma maneira de ser original, aplicando seu conhecimento lógico e matemático para analisar erros sistemáticos devidos ao quadro de montagem do pêndulo. Desenvolveu uma teoria de tais efeitos, mostrando que eles explicavam várias discrepâncias de medição, e projetou um instrumento aperfeiçoado.[10] Quatro instrumentos idênticos, de acordo com o projeto de Peirce, foram fabricados pelo Levantamento, um dos quais está, hoje, abrigado na Smithsonian Institution.

Peirce foi solicitado a relatar suas descobertas ao Comitê Especial sobre o Pêndulo, da IGA, que se reuniu em Paris enquanto ele estava na Europa. Isso fez dele o primeiro cientista norte-americano convidado a participar da reunião de elaboração de políticas de uma associação científica internacional.[11] Retornou aos Estados Unidos em agosto de 1876, trazendo com ele um padrão de metro de bronze para calibrar os padrões norte-americanos. Eles eram numerados, e ele trouxe o de "nº 49".

Após seu regresso, Peirce sofre um enorme colapso nervoso – o primeiro de mais de meia dúzia. A dor de sua neuralgia facial era intensa, sua desordem bipolar piorara e seu comportamento e humores eram cada vez mais erráticos. Ainda assim, mudou-se para Nova York para trabalhar simultaneamente em gravimetria e espectroscopia no Instituto Stevens de Tecnologia, em Hoboken, Nova Jersey. Zina permaneceu em Cambridge, pondo de fato um fim no relacionamento, ainda que não no casamento; ela não tolerara bem seus casos amorosos e comportamentos obsessivos. Os dois não tiveram filhos. Peirce se envolveu com Juliette Pourtalai, uma mulher exótica e misteriosa de quem pouco se sabe (embora implausível, ela costumava alegar ser princesa). Peirce conduziu o caso "muito menos discretamente do que os tempos exigiam", aparecendo com ela em importantes eventos públicos.[12]

Não obstante, Peirce continuava prolífico. Seu trabalho em gravimetria resultou num longo artigo intitulado "Mensurações da gravidade em estações iniciais na América e na Europa", que é "um dos clássicos da geodesia e a primeira contribuição norte-americana notável para a pesquisa da gravidade".[13] Essa contribuição deu a Peirce um forte senso de

Sonhos de um padrão definitivo

importância da natureza internacional da ciência. Conforme escreveu, "o valor das determinações da gravidade depende de serem interligadas, cada uma com todas as outras feitas em qualquer outro ponto da Terra ... A geodesia é a ciência cujo sucesso de realização depende absolutamente da solidariedade internacional".[14]

O trabalho de Peirce em espectroscopia no Stevens deu início à primeira medição para vincular o metro – ou qualquer unidade – a um comprimento de onda. A ideia fora mencionada antes – por Babinet, em 1827, e por Maxwell e outros cientistas britânicos, no começo da década de 1870. Mas executá-la, na prática, era outra coisa. Peirce foi o primeiro a fazê-lo.

O princípio era simples, envolvendo duas medições. Uma para determinar o ângulo de desvio de um raio de luz passando através de uma grade de difração; a outra para estabelecer o espaçamento das linhas da grade. A relação, bem conhecida dos físicos, entre o espaçamento das linhas, o comprimento de onda da luz e seu desvio angular estabeleceria a ligação entre o comprimento de onda e o metro.

Peirce foi motivado pela conhecida vulnerabilidade e incerteza dos artefatos padrão, cujas dimensões sabidamente mudavam com o correr dos anos. Propôs que "o comprimento padrão possa ser comparado com aquele de uma onda de luz identificada por uma linha no espectro solar".[15] A proposta não era desprovida de problemas. Envolvia "a premissa de que os comprimentos de onda da luz têm valor constante", escreveu Peirce em 1879. Ele e todos os outros cientistas da época presumiam que, da mesma forma que o som viaja no ar e ondas de água viajam na água, a luz deve ter um meio chamado éter. Da mesma maneira que a velocidade e o comprimento de onda do som e das ondas de água são afetados, respectivamente, pelo movimento do ar e da água que eles atravessam, a velocidade e o comprimento de onda da luz devem ser afetados pelo movimento da Terra no éter. Em 1881, e novamente em 1887, Albert Michelson e Edward Morley tentariam detectar evidências desse movimento usando um dispositivo chamado interferômetro, que divide um feixe de luz, faz refletir ambos os feixes resultantes sobre espelhos em duas direções diferentes e os recombina, de modo que o instrumento possa detectar diferenças mínimas de velocidade ou comprimento de onda. Quando fracassaram em detectar tal diferença, o inesperado resultado viria a chocar o mundo científico. Mas o comentário de Peirce foi anterior a esse resultado, e ele estava justificadamente apreensivo com possíveis efeitos do éter: "Pode haver uma variação no comprimento de onda se o éter do espaço, através do qual o sistema solar está viajando, tiver diferentes graus de densidade. Mas até agora não temos informações sobre essa variação."[16] No entanto, a ideia de Pierce não era vã: se houvesse tal variação devida ao movimento da luz no éter, a ligação entre um padrão de comprimento e comprimentos de onda da luz teria de incluir um fator de correção envolvendo a direção e a velocidade do "vento" de éter.

Peirce trabalhou nesse projeto durante vários anos depois da sua chegada ao Stevens, embora seu trabalho fosse entremeado, como sempre, de atrasos devidos à enfermidade e interrupções devidas a excesso de compromissos. A ideia baseava-se na relação:

$$n\lambda = d \operatorname{sen} \theta$$

entre o comprimento de onda λ de uma linha, o espaçamento linear d da grade de difração, o desvio angular θ e a ordem n do padrão de difração.

Grades de difração são ferramentas ópticas que consistem em um conjunto de linhas paralelas finamente cortadas num vidro ou metal. A luz incidente sobre tais grades divide-se e difrata-se, com diferentes feixes viajando em diferentes direções. Uma das primeiras versões fora produzida por um amigo de Thomas Jefferson, David Rittenhouse, que em 1785 fabricou um instrumento de fios de cabelo finos, paralelos, 106 em uma polegada, mas que não reconheceu o potencial de longo alcance do dispositivo. Quatro décadas depois, Frauenhofer começou a explorar esse potencial com grades feitas de arame e de finas linhas riscadas no vidro. Seguindo o desenvolvimento da espectroscopia, que possibilitou o exame das características da luz estelar, as grades de difração tornaram-se instrumentos indispensáveis, substituindo os prismas como instrumentos de precisão em espectroscopia e óptica. "Nenhuma ferramenta sozinha", escreve o decano de ciências do MIT e pioneiro da grade de difração

Sonhos de um padrão definitivo

George R. Harrison, "contribuiu mais para o progresso da física moderna do que a grade de difração."[17]

Peirce, como outros, percebeu que se as linhas pudessem ser traçadas com espessura suficientemente reduzida, poder-se-ia fazer uma ligação entre o comprimento de onda de uma linha espectral sendo difratada e o espaçamento da grade que provocava a difração, permitindo que o comprimento de onda se tornasse um padrão de comprimento. Astrônomos britânicos já falavam dessa perspectiva no início dos anos 1870.[18] O sucesso dependeria apenas da qualidade da grade.

Durante aquela década, Lewis M. Rutherfurd (1816-92), outro cientista trabalhando parcialmente no Stevens, fez as melhores grades. Astrônomo amador, rico e independente, além de fabricante de instrumentos, Rutherfurd construíra um observatório no jardim de sua casa, na esquina da 11th Street com a Second Avenue em Nova York.[19] Ele construiu um micrômetro para medir suas fotografias solares; Peirce usou esse micrômetro a fim de calibrar escalas centimétricas para seus pêndulos. Rutherfurd interessou-se por espectroscopia quando Robert Bunsen e Gustav Kirchoff fizeram sua surpreendente declaração, em 1859, de que espectros eram as impressões digitais dos elementos químicos. Antes de se voltar para grades de difração, Rutherfurd usou prismas. Em 1867, confrontado com a tarefa de graduar grades antes da existência dos motores elétricos, construiu uma engenhosa máquina de graduação feita de vidro, ou espéculo, uma liga de cobre-zinco. A máquina era acionada por uma turbina alimentada por água dos encanamentos públicos. Usava um estilete de diamante e um parafuso micrométrico para avançar de um espaço a outro.

Rutherfurd tratava suas grades com grande cuidado, como um artista trataria a própria pintura. Várias foram preservadas na Smithsonian. Com cerca de quatro centímetros de largura, elas geralmente eram assinadas, datadas e inscritas com informações sobre o número de linhas por polegada e conservadas em caixas de laca especialmente entalhadas, como as que são feitas para daguerreótipos. Como Rutherfurd fornecia as grades a preço de custo, tornou-se muito popular entre os espectroscopistas.

Máquina construída por Lewis M. Rutherfurd na década de 1860 para graduar com linhas as grades de difração. Acionada por uma turbina de água que corria do sistema de água da Cidade de Nova York, as rodas e engrenagens do motor moviam continuamente a plataforma da grade (E) sob o estilete com ponta de diamante (M) que traçava as linhas. Depois de completada a linha, o parafuso micrométrico (D) avançava lateralmente o substrato, percorrendo precisamente o espaçamento linear desejado.

Peirce utilizara o micrômetro para calibrar escalas centimétricas para seus pêndulos e apreciava demais a qualidade do trabalho de Rutherfurd. Quando Peirce veio solicitar uma grade, a máquina de Rutherfurd tinha uma roda com 360 dentes em sua circunferência, capaz de graduar 6.808 linhas por centímetro, e Rutherfurd lhe deu uma grade. Aplicando seu habitual cuidado, Peirce notou imperfeições na grade de Rutherfurd: o estilete deixava uma pequena mancha de um dos lados de cada linha, que ele achou um jeito de remover, melhorando, assim, a precisão que podia se obter com a grade. O trabalho de Rutherfurd, escreveu Peirce, ao menos tornava prático pensar em medir "um comprimento de onda de um milionésimo de seu próprio comprimento". Peirce considerou a contribuição de Rutherfurd tão essencial que um manuscrito não publicado o relaciona como coautor.

Em 1877, porém, Rutherfurd estava enfermo e precisou reduzir sua carga de trabalho. Peirce, nesse meio-tempo, brigou com colegas do Stevens e com

Sonhos de um padrão definitivo

seus chefes no Levantamento, ameaçando ir embora, mas foi persuadido a ficar por Carlile Patterson, que substituíra o pai de Charles como superintendente três anos antes. Então, em setembro de 1877, Peirce partiu para a Europa por dois meses para participar de sessões da quinta conferência da IGA. Sua palestra ali foi a primeira apresentação acadêmica de um cientista representante dos Estados Unidos numa reunião formal de uma associação científica internacional.

No caminho, a bordo de um navio, isolado dos problemas, Peirce escreveu um ensaio sobre o método científico, "Como tornar suas ideias claras", e traduziu "A fixação da crença", que escrevera originalmente em francês. Esses ensaios, e mais outro escrito tempos depois e publicado como "Ilustrações da lógica da ciência", são ensaios seminais sobre o pensamento de Peirce. Ele articula os princípios básicos da primeira fase de sua filosofia pragmática, na qual ela era uma lógica da ciência. Esses ensaios revelam a influência de seu trabalho científico e de suas experiências metrológicas em particular, que lhe permitiram apreciar características da ciência que escapavam – e ainda escapam – àqueles que possuem uma concepção mais formalista. Na verdade, um leitor familiarizado com o trabalho científico de Peirce poderia ficar tentado a chamar esses ensaios de reflexões sobre metrologia.

Exatamente como um sistema de medição, que cria uma plataforma para execução de atividades tanto científicas como corriqueiras, é algo que consideramos tacitamente garantido e que apenas chama a nossa atenção quando sofre uma pane ou deixa de atender às nossas necessidades; assim Peirce diz que na vida comum temos hábitos que nos dão conforto e segurança e nos fornecem uma plataforma para agir, contanto que não precisemos pensar neles. Mas do mesmo modo como um sistema de medição nunca é perfeito e não antecipa tudo que os seres humanos poderão exigir dele, assim nossas crenças nunca se encaixam com o mundo de forma absolutamente perfeita. Isso dá origem a ansiedade e insatisfação, ou ao que Peirce chama de "irritação da dúvida". Ele descreve então quatro maneiras de superar essa irritação: tenacidade (rejeitar teimosamente a realidade daquilo que está causando irritação), autoridade (usar uma instituição, tal como o Estado, para impor uma solução), o método apriorístico (buscar algum ponto de partida puramente racional – o que acaba se revelando uma forma de tenacidade) e o método científico (afastar-se de si mesmo para colaborar com o mundo, inquirindo sobre a natureza para chegar a uma solução).

Ao conduzir a inquirição, continua Peirce, os cientistas herdam hipóteses, experiências de predecessores e ferramentas, geralmente defeituosas. Todavia, não importa que sejam imperfeitas, porque a ciência é um processo falível no qual a comunidade de inquiridores corrige erros numa constante revisão. O conhecimento aumenta, não num ritmo de *staccato*, em que uma representação substitui outra, mas num processo em contínua expansão, no qual o significado de um conceito não é uma abstração ou imagem, mas a totalidade de seus efeitos sobre o mundo.

Nesses ensaios, o pragmatismo de Peirce é diferente daquele de seu amigo William James. Peirce aborda a ciência como questão não de estudiosos solitários enfrentando charadas em particular, como pensava James, mas de redes de pessoas competentes trabalhando em redes de laboratórios num empreendimento inerentemente público. Ele também valorizava o que chamava de "economia de pesquisa"; que uma parte importante da ciência está maximizando recursos – "dinheiro, tempo, pensamento e energia" – ao decidir em que trabalhar. Entendia que jamais poderia haver precisão absoluta. "Lidando, como eles fazem, com questões de medição, [os físicos] dificilmente concebem chegar à verdade absoluta, e, portanto, em vez de perguntar se uma proposição é verdadeira ou falsa, perguntam qual é o tamanho do erro."[20]

Em seu retorno ao Stevens, em fins de 1877, Peirce continuou seu trabalho de vincular o metro à luz. Mediu o deslocamento angular da imagem de uma ranhura por uma grade. Então, usando um dispositivo chamado "comparador", que ele próprio construíra, comparou o espaçamento linear da grade com as unidades de um decímetro de vidro que ele calibrara utilizando seu metro padrão nº 49. Ele estava, com efeito, calibrando o espaçamento da grade em unidades de comprimento de onda.

Peirce então descobriu que o aparecimento de "fantasmas", leves linhas que surgem de cada lado das linhas espectrais principais, retardavam

Sonhos de um padrão definitivo

uma maior resolução. Essas linhas eram claramente irreais, um efeito criado pelo instrumento e não um fenômeno da natureza, pois apenas apareciam em espectros criados por grades, nunca por prismas. Os fantasmas eram criados por minúsculas imperfeições nos parafusos do micrômetro que graduara a grade. Mas, assim como fizera com os pêndulos, Peirce tratou as imperfeições como oportunidades: ele os mediu, desenvolveu uma teoria e a aplicou para corrigir as medições.

Com esses ajustes, Peirce tentou medir uma linha espectral produzida pelo sódio. Escolheu essa linha porque era fácil de produzir e relativamente nítida. Sua ideia acabaria envolvendo a realimentação de um padrão: se o comprimento de onda de uma linha espectral podia ser medido em metros com precisão suficiente, isso abria a porta para redefinir o metro em termos de comprimento de onda.

Mas ele deparou novamente com diversas fontes de erro, entre elas o coeficiente de dilatação térmica do vidro da grade e a qualidade do termômetro usado para medir a temperatura. Peirce publicou um breve relato de seus progressos: "Nota sobre o progresso de experimentos para comparar um comprimento de onda com o metro", no número de julho de 1879 do *American Journal of Science*. "Tão logo isso seja feito", redução de erros e várias calibrações, *o metro* terá sido comparado com um comprimento de onda." Essa breve e despretensiosa "nota" é a fonte-chave publicada do trabalho revolucionário de Peirce.

Entrementes, foi proposta a Peirce uma cadeira em física na Universidade Johns Hopkins. Ele fizera inimigos pessoais suficientes para não conseguir a posição, mas foi convidado a dar aulas de lógica. Mesmo seus melhores alunos – entre eles John Dewey, que em breve seria um colega filósofo do pragmatismo – acharam que ele era difícil de compreender. Mas descobriram que ele era incrivelmente hábil: por exemplo, podia escrever ao mesmo tempo um problema no quadro-negro com a mão direita e a solução com a esquerda. Todavia Peirce continuava a enfurecer os outros, iniciando uma briga bastante feia com um professor de matemática visitante sobre a prioridade de uma descoberta matemática.

Peirce seguia aperfeiçoando sua medição de comprimento de onda, escreveu um breve relato na *Nature* (1881) intitulado "Largura das graduações do sr. Rutherfurd", fez um relatório para o superintendente de Pesos e Medidas dos Estados Unidos sobre o trabalho e começou um resumo, "Comparação do metro com um comprimento de onda da luz". Mas esse resumo, como grande parte do trabalho de Peirce, não foi publicado.

Sua vida pessoal, sempre tumultuada, estava começando a se desemaranhar. Até então, seu pai, Benjamin, ou algum outro simpatizante, geralmente o resgatava quando se metia em dificuldades pessoais ou financeiras. Mas seus dois protetores mais importantes morreram: seu pai, em 1880, e o superintendente Patterson, no ano seguinte. Durante anos Benjamin tentara criar Charles para torná-lo superintendente do Levantamento Topográfico, mas o comportamento errático do filho e sua personalidade briguenta destroçaram esse plano. Assim Hilgard, que era incompetente, desinteressado de pesquisa, impaciente com pessoas ocupadas demais como Peirce, e ele próprio com saúde frágil, sucedeu a Patterson.

Peirce finalmente divorciou-se de Zina em 1883 e casou-se com Juliette alguns dias depois. Embora ele e Zina já estivessem separados por sete anos, os colegas consideraram escandalosa essa pressa dos dois. Peirce brigou com sua cozinheira, que o processou por agressão com um tijolo. "Ultimamente venho ofendendo as pessoas em toda parte", escreveu ele a Gilman, Presidente da Hopkins, em 1883.[21] Infelizmente, as partes ofendidas incluíam os administradores da Hopkins, que o demitiram em 1884.

Durante alguns anos, Peirce trabalhou com estudantes da Hopkins fora da sala de aula e manteve seu cargo de assistente no Levantamento. De outubro de 1884 a fevereiro de 1885 dirigiu o Escritório de Pesos e Medidas do Levantamento. Mas a saúde e a conduta de Hilgard pioraram, e ele sofreu acusações de bebedeiras e outras formas de comportamento impróprio. Peirce foi enredado no escândalo que se seguiu – pela primeira vez sem ser culpado – e sujeito a investigação do Congresso com o restante da agência. E foi forçado a renunciar junto com Hilgard. De repente, ele não tinha um posto regular com o qual contar.

Michelson e Morley

A tentativa de Peirce de usar um comprimento de onda da luz como padrão natural de comprimento serviu de inspiração a outros. Um deles estava na Hopkins, onde Henry Rowland (1848-1901) – ex-rival de Peirce como candidato para chefiar o Departamento de Física – começou a fabricar grades superiores às de Rutherfurd. O trabalho de Rowland ajudou a tornar a universidade um centro de pesquisa óptica de 1880 até a Segunda Guerra Mundial.[22] Seu aluno Louis Bell conseguiu uma precisão de um para 200 mil com as grades de Rowland.[23]

Outra tentativa foi feita na Escola Case de Ciência Aplicada, em Cleveland, Ohio, onde Albert Michelson havia lido as publicações de Peirce. Michelson percebeu que o interferômetro que ele e Edward Morley haviam desenvolvido, e que estavam nesse momento usando em sua tentativa de detectar o arrasto do éter, podia ser usado também para fazer medições precisas de comprimentos de onda do tipo que Peirce vinha tentando.

Em junho de 1887, depois de obter resultados iniciais em seu experimento com a velocidade da luz, Michelson e Morley conduziram medições preliminares. Seu artigo "Sobre um método de tornar o comprimento de onda da luz de sódio o efetivo e prático padrão de comprimento" começa: "A primeira tentativa real de tornar o comprimento de onda da luz de sódio um padrão de comprimento foi feita por Peirce."[24] Porém, ressalvavam eles, as medições de Peirce, "que até agora não foram publicadas" (e jamais seriam), apresentavam muitos erros sistemáticos.

O interferômetro de Michelson-Morley, que dividia um feixe, enviava suas duas partes por trajetórias diferentes, no fim das quais refletiam-se num espelho e as recombinava para criar um padrão de interferência, sobrepujava tais erros. Quando os feixes se recombinam, formam um padrão de interferência, uma série de franjas, padrões claros e escuros, cada um com um comprimento de onda. Alterando ligeiramente a posição dos espelhos – o comprimento da reflexão – pode-se conseguir que as franjas – os comprimentos de onda – modifiquem sua localização. Estabelecia-se, portanto, uma conexão direta entre comprimentos de onda, as franjas, e a distância, o ligeiro movimento do espelho. Em um dos espelhos Michelson e Morley instalaram um micrômetro para movimentá-lo de uma distância precisa durante a contagem das franjas de interferência – alternâncias de luz e escuro, cada uma num comprimento de onda. Usando o micrômetro e as franjas onde Peirce simplesmente usara uma régua, reduziram bastante os erros de medição. Na verdade, usaram como régua os comprimentos de onda, as alternâncias de luz e escuro. Seu trabalho ilustrou drasticamente as limitações fundamentais da abordagem de Peirce, mas também seu revolucionário potencial.

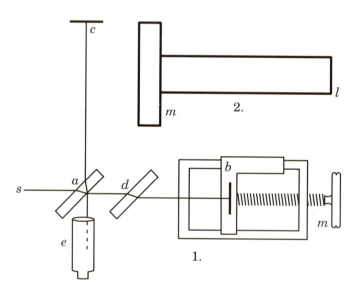

Interferômetro usado por Albert Michelson e Edward Morley para medir o comprimento de onda da luz. Um feixe de luz de uma lâmpada de sódio (*s*) incide sobre um plano de vidro (*a*) que divide o feixe, enviando uma parte para um espelho em *c* e outra parte para um espelho em *b*. Ambos os feixes são refletidos de volta para *a*, onde são recombinados e refletidos para dentro de uma luneta em *e*. Se as distâncias *ac* e *ab* forem exatamente iguais, um observador em *e* vê tudo preto devido à interferência entre os dois feixes. Movendo o espelho (*b*) com um parafuso micrométrico (*m*) provoca-se uma série de alternâncias de luz e escuro, cujo número é exatamente o dobro do número de comprimentos de onda na distância que o espelho se moveu. "Assim", Michelson e Morley concluem, "a determinação consiste absolutamente da medição de um comprimento e da contagem de um número" (*American Journal of Science* 34, 1887, p.428).

Sonhos de um padrão definitivo

Em 1887, Peirce – agora com quase cinquenta anos – e Juliette mudaram-se para Milford, Pensilvânia, onde adquiriram uma propriedade que ele batizou de Arisbe, em homenagem a uma antiga cidade grega. Não se tratava de uma aposentadoria; era outro dos caprichosos esquemas de Peirce. A essa altura ele estava pobre e endividado. Mudou-se para aquela área porque era rica e lar de muita gente importante. Peirce imaginou que podia se tornar uma espécie de guru para os vizinhos e imaginou Arisbe tornando-se uma "espécie de estância para gente da moda com tendências 'culturais' para passar o verão, ter bons momentos de diversão e ainda uma leve dose de filosofia".[25] Esse projeto, típico da sua parte, não funcionou conforme o planejado.

A essa altura, Peirce tinha deixado atrás a maior parte do seu trabalho científico, embora cutucasse de vez em quando a metrologia e tivesse considerado brevemente voltar a medir comprimentos de onda. Não participou de nenhuma das conferências metrológicas que se tornaram regulares no BIPM, nos arredores de Paris.[26] Havia se transformado de lógico e filósofo da ciência com mente laboratorial em pensador original que incorporava percepções sobre a ciência numa teoria abrangente da inquirição; essa teoria incluía a apreciação dos papéis do caos e do acaso, com os quais tinha familiaridade por meio da metrologia e da termodinâmica. A natureza é estocástica o tempo todo. Até mesmo na inquirição mais avançada, em algum nível os cientistas estão, em última análise, na posição do tapeceiro confeccionando cortinas para as janelas.

Embora Peirce tenha amadurecido como um filósofo original, jamais dominou a arte de se fazer simpático. Sempre prolífico, cada vez mais excêntrico, foi se afastando mais e mais de amigos e de oportunidades de ganhar a vida. Em 1897, escreveu a James que "um mundo novo do qual eu nada sabia, e do qual ninguém que já tenha escrito algo sabe muita coisa, tem sido revelado a mim, o mundo da miséria".[27] Em 1891, ele fora forçado a renunciar ao Levantamento Topográfico e Geodésico. Estava tão desamparado que William James apelou a amigos em seu nome. Em 1897 James escreveu a James Cattell, editor da revista *Science*: "Grato por receber $10 para Peirce, que tem poucos amigos."[28]

Em 1899, Peirce tentou sem sucesso tornar-se inspetor de padrões para o Escritório de Pesos e Medidas do Levantamento. Teve de observar a distância quando o Bureau Nacional de Padrões, pelo qual tinha batalhado, foi criado em 1901. O fundo estabelecido por James sustentou Peirce pelo resto da vida. Ele morreu em Arisbe em 1914.

Entre a Grande Exposição de 1851 e o Tratado do Metro em 1875, geodesia, engenharia e preocupações industriais haviam sido os principais impulsos para a consolidação e o aperfeiçoamento em sistemas de pesos e medidas. Agora vinha emergindo uma nova pressão, científica. "Quase todas as grandes descobertas da ciência", escreveu o engenheiro elétrico e industrial Werner von Siemens em 1876, "não têm sido nada mais que recompensas por medições acuradas e trabalho paciente e contínuo no minucioso crivo dos resultados numéricos."[29] Mais e mais, o futuro da ciência e da indústria dependem de medidas de alta precisão.

Nações que antes haviam rejeitado o sistema métrico começaram a reconsiderar. A Grã-Bretanha, que assinou o tratado em 1884, considerou um projeto de lei requerendo adotar o sistema métrico em 1896. Parecia uma hora propícia: o país agora comercializava com muitos que usavam o sistema métrico – todos os países europeus eram então métricos, exceto a Grã-Bretanha e a Rússia – e enfrentava dura concorrência da Alemanha. Mais uma vez a tentativa não teve êxito, embora o sistema métrico tenha se tornado legal, mas não obrigatório, em 1897.

Ter um robusto sistema de pesos e medidas se tornara tão essencial para o comércio nacional e internacional que vários países estabeleceram laboratórios com esse único propósito. O primeiro foi o Instituto Imperial Técnico de Física, em Berlim, Alemanha, cuja força motriz era a Siemens e cujo primeiro chefe foi Hermann Helmholtz. Este foi seguido pelo Laboratório Nacional de Física (NPL, na sigla em inglês), na Grã-Bretanha, nos arredores de Londres, em 1900, e o Bureau Nacional de Padrões (NBS), em Washington, em 1901.

Em 1883, num discurso no Instituto de Engenheiros Civis, lorde Kelvin observou:

Sonhos de um padrão definitivo

Em ciência física o primeiro passo essencial na direção de aprender qualquer assunto é encontrar princípios de avaliação numérica e métodos praticáveis de medir alguma propriedade referente a ele. Com frequência eu digo que quando se pode medir aquilo de que se está falando, e expressá-lo em números, sabe-se alguma coisa sobre o assunto; mas quando não se pode medir, quando não se pode expressar em números, o conhecimento é de um tipo escasso e insatisfatório; pode ser o começo de um conhecimento, mas em pensamento mal se começou a avançar para o estado de ciência, qualquer que seja o assunto.[30]

O comentário posterior de Albert Michelson de que "nossas futuras descobertas devem ser buscadas na sexta casa decimal" é apenas o mais citado feito por cientistas no fim do século XIX.[31] Esses comentários são muitas vezes interpretados como lamentos ingênuos: a era dos grandes avanços científicos acabou, nosso quadro da natureza está quase completo e o trabalho científico que resta é apenas uma caçada numérica. Mas a situação era bem mais complexa. Não só cresciam as exigências práticas de precisão, mas muitos pesquisadores achavam estimulante a busca da precisão – chegando a ser, na cultura vitoriana, um bem ético –, acreditando que ela poderia conduzir a verdades antes inacessíveis.[32]

Esse sentimento meramente expressava o ponto alto das implicações do mundo que Newton descobrira trezentos anos antes. O mundo é aberto, infinito em muitas direções. O espaço, por exemplo, é ao mesmo tempo infinitamente grande e infinitamente pequeno. As medições nunca são definitivas, são sempre uma tarefa sem fim para os cientistas; qualquer medição pode sempre ser melhorada e podem ocorrer descobertas tanto nas escalas menores como nas maiores. Da mesma forma, os padrões não são estáticos, não são definições, mas representações de algo infinito, esboços meramente provisórios a serem corrigidos, substitutos temporários para melhores que estão por vir. Antes, a motivação para melhorar a precisão de pesos e medidas era impulsionada pelo comércio e pela indústria; agora, ela é autoperpetuadora. Na segunda metade do século XIX a busca da precisão continha urgência prática, interesse nacional, aplicação militar, significação teórica e valor moral.

O trabalho científico de Peirce e o aperfeiçoamento de Michelson reacenderam sonhos de um padrão natural. Em 1887, depois que Michelson e Morley publicaram seus resultados, William Harkness, presidente da Sociedade Filosófica de Washington, exprimiu o sonho da seguinte maneira: imagine no futuro distante um viajante interestelar chegando a um planeta longínquo, muito além do alcance dos nossos telescópios, em que é solicitado a reproduzir os padrões terrestres de comprimento, massa e tempo depois que nosso Sol se incendiou e queimou a Terra até virar cinzas. Na ciência dos séculos XVII e XVIII, recuperar os padrões terrestres seria impossível, pois tudo em que os tínhamos baseado havia desaparecido. "A rotação da Terra que mede nossos dias e noites", disse Harkness, "teria sumido irremediavelmente; nossas jardas, nossos metros, nossas libras, nossos quilogramas teriam sucumbido junto com a Terra, transformando-se em ruínas do Sol, teriam se tornado parte dos escombros do sistema solar. Poderiam ser recuperados do passado morto e viver novamente?" Para toda a ciência até poucos anos, a resposta seria não. Progressos recentes reviveram o sonho. Como os átomos são idênticos em todo lugar, o mesmo acontece com a luz que emitem, disse Harkness, que pode ser analisada pelo nosso viajante interestelar com um espectroscópio:

> Por meio de uma grade de difração e de um goniômetro preciso [um instrumento para medir ângulos] ele poderia recuperar a jarda do comprimento de onda da luz do sódio com um erro não superior a um ou dois milésimos de polegada. A água está em toda parte, e com a sua recém-recuperada jarda ele poderia medir um pé cúbico de água, e assim recuperar o padrão de massa que chamamos de libra. A recuperação do nosso padrão de tempo seria mais difícil; mas mesmo isso poderia ser conseguido com um erro não superior a meio minuto em um dia ... assim, todas as unidades agora usadas em transações nos negócios terrestres poderiam ser levadas a reaparecer ... do outro lado de um abismo de tempo e espaço ante o qual a mente humana se encolhe de desalento. A ciência do século XVIII buscou se tornar imortal baseando seus padrões de unidades na Terra sólida; mas a ciência do século

XIX plana muito além do sistema solar e relaciona suas unidades com os átomos, que constituem o próprio Universo.[33]

Peirce fora pioneiro num caminho rumo a um padrão natural de comprimento; e quanto a um padrão natural de peso? Aqui, também, Maxwell teve uma ideia. As moléculas, disse ele num ensaio, eram todas iguais. Ele tinha fundamentos teológicos para fazer isso: Deus havia fabricado todas elas semelhantes, querendo dizer que podiam ser usadas como padrão se alguém conseguisse medi-las com precisão suficiente.[34] De fato, conforme explicou numa carta posterior,

> se conseguirmos algum dia medir o peso de uma molécula de hidrogênio, teremos então um padrão mais permanente do que qualquer planeta ou corpo celeste, mas só então, isto é, não até que aquilo que agora é uma estimativa meramente conjectural seja convertido numa bem-estabelecida constante física. Esse padrão molecular poderá ser possivelmente empregado por aqueles que esperam que a autoridade de suas afirmações numéricas sobreviva ao planeta no qual eles vivem.[35]

Se fosse possível juntar átomos suficientes, também se teria ali um padrão. Os átomos podem fornecer dois padrões: a massa de um átomo específico poderia ser potencialmente usada como massa padrão e os comprimentos de onda da luz emitida por elétrons saltando entre dois níveis diferentes de energia num átomo específico poderiam prover um padrão de comprimento.

Em 1900, este último padrão natural, graças a Peirce e Michelson, estava a caminho. O primeiro ainda estava muito distante.

10. Sistema universal: o SI

A LUZ, PORTANTO – não o meridiano terrestre nem o pêndulo de segundos –, forneceria o primeiro padrão natural. Platão comparou a luz e seus raios ao Bem, pois ela nutria e alimentava tudo que existia. Os sábios medievais a viam como uma emanação divina ou epifania, a autoiluminação do Ser. Foi a primeira coisa que existiu no Universo, segundo a Bíblia ("Faça-se a luz!"), e será a última, segundo os cientistas que dizem que ela será o que vai restar depois que toda matéria e antimatéria terem se aniquilado mutuamente.

Durante a revolução científica, a luz veio a ser encarada como um fenômeno exatamente igual aos outros, ubíquo e imutável, obedecendo a princípios mecânicos. Isso inspirou Babinet e outros cientistas, no início do século XIX, a propor que a luz poderia fornecer um padrão natural. Em meados do século, James Clerk Maxwell decifrou as leis matemáticas que governam o comportamento da luz. No fim do século, o trabalho de Peirce mostrou como era possível vincular de modo experimental a luz com uma unidade de medida. O resultado, oito décadas depois, em 1960, seria uma nova definição de metro.

Os acontecimentos tiveram início pelos aperfeiçoamentos de Michelson e Morley, cujas notícias chegaram ao BIPM logo após a primeira reunião formal, em 1889, do seu corpo diretor, a Conferência Geral de Pesos e Medidas (CGPM). Benjamin Gould, então o membro norte-americano do BIPM, visitou o laboratório de Michelson na Universidade Clark e conversou com ele sobre a possibilidade de uma visita sua ao BIPM para continuar seu trabalho. Gould então entrou em contato com o diretor da instituição, René Benoît, que formalizou um convite oficial a Michelson, que chegou em 1892.

Sistema universal: o SI

A linha espectral e o bastão do metro

Um dos atos da CGPM em sua primeira reunião foi aceitar formalmente os novos padrões de artefatos – o Protótipo Internacional do Metro e o Protótipo Internacional do Quilograma – que haviam sido fabricados alguns anos antes. Eles substituíram o Metro e o Quilograma dos Arquivos, que vinham sendo os padrões formais desde 1799. Outro dos atos da CGPM foi distribuir padrões protótipos a todos os países que haviam assinado o Tratado do Metro. A I CGPM também deu início à pesquisa por padrões ainda melhores.

O líder desses esforços foi o cientista suíço Charles Édouard Guillaume, que, em 1883, veio ao BIPM como assistente para trabalhar em calibrações de termômetros. Em 1891, ele começou a atacar o problema de desenvolver melhores ligas para padrões. Em 1896, a observação fortuita do coeficiente de dilatação especial de uma inusitada barra de aço enviada ao laboratório o inspirou a iniciar uma investigação sistemática de ligas para possível uso em padrões. O resultado foi sua invenção de uma liga de níquel-ferro à qual deu o nome de Invar; seu baixo coeficiente de dilatação a tornava um excelente material rígido para a construção de padrões e equipamentos de engenharia pesada.

Guillaume fez diversas demonstrações das propriedades do Invar, inclusive uma, em 1912, que revelou os minúsculos movimentos verticais na torre Eiffel devidos à dilatação térmica. Ele prendeu uma extremidade de um arame de Invar a um suporte no chão e outra à alavanca na segunda plataforma da torre, que era preso a um instrumento de registro. O sensível equipamento detectou o efeito não só de pequenas rajadas de vento, mas também da ligeira dilatação e contração da torre devida a mudanças de temperatura de apenas poucos graus. "Logo, a torre Eiffel parece um gigantesco termômetro de alta sensibilidade, a despeito da sua enorme massa", Guillaume comentou posteriormente.[1] De 1915 a 1936 Guillaume foi diretor do BIPM e em 1920 ganhou o Prêmio Nobel "em reconhecimento ao serviço prestado para medições de precisão de anomalias nas ligas de níquel/aço".

Enquanto isso, Michelson chegou a Sèvres no verão de 1892. Seu interferômetro sofreu danos no transporte, e sua primeira tarefa foi confeccionar outro. Ao reiniciar suas medições, descobriu que a linha espectral do sódio era composta de duas linhas diferentes, que, em seu interferômetro sensível, criava bordas imprecisas, tornando-a inadequada para medições com o grau de precisão que ele buscava. Michelson procurou então um espectro que pudesse ser mais nítido. Tentou a linha verde do mercúrio, mas também esta produzia bordas imprecisas. Finalmente, decidiu-se pela linha vermelha do cádmio – que é uma linha espectral muito mais nitidamente definida do que a linha amarela do sódio com a qual Peirce trabalhara – e a mediu durante o ano seguinte com precisão de uma parte por um milhão, descobrindo que havia 1.553.164 de linhas vermelhas de cádmio em um metro.

Essas medições causaram forte impressão sobre os cientistas do Bureau. Os participantes da II CGPM, que se reuniu em 1895, ficaram encantados com o trabalho de Michelson e as possibilidades que ele apresentava. Concordaram que o Bureau deveria considerar comprimentos de onda da luz como "representações naturais" do protótipo do metro. Participantes de reuniões subsequentes da CGPM mencionaram ser desejável vincular o metro a um padrão natural. Enquanto grande parte do trabalho do BIPM nas primeiras décadas do século XX consistiu em executar calibragens de padrões nacionais, uma quantidade cada vez maior de pesquisa era dedicada ao desenvolvimento dos instrumentos necessários para a *mise en pratique* – a "colocação em prática", ou seja, a aquisição de tecnologia suficientemente confiável – que seria exigida para uma definição do metro em termos de luz. Os cientistas franceses Charles Fabry e Alfred Pérot introduziram diversos aperfeiçoamentos no interferômetro de Michelson, e em 1906 voltaram a medir a linha de cádmio com uma precisão próxima à disponível com o artefato padrão existente.

A linha de cádmio era tão nitidamente definida e produzida de forma confiável que durante vários anos os cientistas no BIPM e em outros lugares focalizaram nela sua atenção como a candidata mais provável a um eventual padrão natural de comprimento: ela tornou-se a linha espectral

Sistema universal: o SI

de preferência como padrão de comprimento, embora o padrão oficial continuasse sendo o metro no cofre. Mas haveria outros elementos capazes de produzir linhas superiores?

Em 1921, aperfeiçoamentos adicionais no interferômetro de Fabry-Pérot permitiram que o cientista do BIPM Albert Pérard desse início a uma comparação e avaliação sistemática de linhas espectrais potenciais, incluindo cádmio, mercúrio, hélio, neônio, criptônio, zinco e tálio. Os resultados foram uma surpresa. Inicialmente os cientistas assumiram que – com exceção da linha duplicada do sódio – a maioria das linhas espectrais era igualmente definida. Elas são formadas pela luz emitida quando elétrons de um elemento saltam de um nível de energia específico para outro no interior de um elemento; o comprimento de onda da luz emitida deve-se inteiramente à diferença entre os níveis de energia. ("Eu não sou um cara gozado", corre uma velha brincadeira entre os espectrometristas, "só conheço umas poucas linhas boas.")* Sendo assim, a única razão para preferir uma linha espectral em lugar de outra seria a facilidade com que podia ser produzida e detectada.

Pérard e outros descobriram que não era o caso. Elementos que ocorrem naturalmente consistem numa gama de isótopos, que possuem o mesmo número de prótons mas diferentes números de nêutrons, e a diferença entre as estruturas nucleares de isótopos de um mesmo elemento significa que as linhas espectrais ficam borradas, com energias ligeiramente diferentes. Outras características magnéticas do núcleo – chamadas estruturas hiperfinas – também afetam os níveis de energia dos estados e borram as linhas espectrais, embora se esperasse que as estruturas hiperfinas fossem mínimas em núcleos com números atômicos pares. Os cientistas descobriram que uma fonte adicional responsável pela perda de nitidez nas bordas das linhas era o efeito Doppler: os átomos estão sempre em movimento, sempre vibrando – e quando os átomos que produzem

---

* Trocadilho intraduzível: *I'm not a funny guy, I only know a few good lines. Lines*, que significa "linhas" neste contexto, quer dizer também "falas", no sentido teatral. Daí a brincadeira: "Não sou um cara gozado, só conheço umas poucas 'falas' boas." (N.T.)

a luz se aproximam e se afastam dos instrumentos receptores de luz, seu comprimento de onda parece encurtar ou alongar. Quanto mais leve o elemento, mais ele se move e maior o efeito Doppler, e o resultante aumento de extensão de suas linhas espectrais. A luz estava se revelando mais complicada do que o esperado.

Essas descobertas puseram os metrologistas à caça de elementos pesados com poucos e raros isótopos e números atômicos pares. Ao longo das décadas de 1920 e 1930, metrologistas em três países examinaram várias linhas espectrais diferentes para uma possível redefinição do metro: nos Estados Unidos, pesquisadores no NBS examinavam o mercúrio 198; na Alemanha, examinavam criptônio 84 e 86; e no BIPM o cádmio 114. Metrologistas esperavam que a discussão desses candidatos, e até uma possível decisão, tivesse lugar na IX CGPM, que deveria ter ocorrido em 1939, mas foi cancelada com a eclosão da Segunda Guerra Mundial. Quando o evento finalmente aconteceu, em 1948, seus participantes tinham muita coisa a contar uns aos outros, inclusive a inesperada notícia de que uma recente medição do Quilograma dos Arquivos revelara que ele perdera peso, evidentemente devido à fuga das bolhas presas na platina. A conferência, cujo trabalho fora perturbado pelas devastações da Segunda Guerra Mundial, não estava pronta para fixar um padrão de comprimento definitivo; seus cientistas não estavam convencidos de que a precisão disponível – cerca de uma parte em um milhão – fosse consistente e confiável o bastante na tecnologia distribuída pelo mundo para criar um rival do artefato-protótipo. A IX CGPM, portanto, recomendou trabalho adicional nessa tecnologia, e solicitou que laboratórios metrológicos nacionais continuassem a estudar a instrumentação para produzir e medir linhas espectrais, bem como as linhas espectrais em si.

Em 1952, fora completado trabalho adicional suficiente para que os cientistas do BIPM criassem um painel consultivo para planejar uma eventual redefinição do metro. O painel recebeu o nome de "Comitê Consultivo", um dos vários estabelecidos pelo BIPM: para eletricidade em 1927, fotometria em 1933 e termometria em 1937. Os participantes da X CGPM, a seguinte, que teve lugar em 1954, chegaram ao consenso de que seria

Sistema universal: o SI

possível redefinir formalmente o metro em termos de um padrão natural na XI CGPM, programada para 1960.

Em seu livro *Investigações filosóficas* o filósofo austríaco Ludwig Wittgenstein escreveu que "existe uma coisa da qual não se pode dizer nem que tem um metro de comprimento nem que não tem um metro de comprimento, e essa coisa é o metro em Paris" (seção 50).[2] Ele não estava se referindo ao bastão do metro em si – que de alguma maneira possui a extraordinária propriedade de não ter comprimento –, mas sobre a prática da medição: enquanto estamos no processo de utilizar um padrão para medir o comprimento de algo, não faz sentido atribuir um comprimento àquilo que é utilizado como o padrão. O lançamento do livro, em 1953, dois anos após a morte de Wittgenstein, ocorreu sinistramente na mesma época em que os planos para aposentar definitivamente o bastão do metro estavam sendo formulados. O ponto filosófico seria agora transferido ao comprimento de onda da luz. Após a redefinição, planejada para 1960, o comprimento de onda da linha espectral escolhida não mais seria mensurável; seria a régua em si, e não o comprimento medido por ela.

Impedimento ao imperativo

A década de 1950 foi também uma época na qual muitos países pelo mundo todo estavam se convertendo, ou em preparação para se converter, ao sistema métrico. A princípio, a "marcha de conquista" do sistema métrico, escreveu Kula, foi imposta à força; "ele marchou na esteira das baionetas francesas".[3] Outras nações acabaram por adotá-lo com base em motivos mais positivos, como fomentar uma unidade nacional, repudiar o colonialismo, possibilitar competitividade internacional e como precondição necessária para entrar na comunidade mundial. Em meados do século XX, o sistema métrico conforme visualizado pelos revolucionários franceses estava de fato se tornando universal, a caminho de ser adotado por nações em todo o globo. Nossos dois exemplos contrastantes – África ocidental e

China – continuam a servir como sinédoque para a conversão de dezenas de outras nações ao sistema métrico.

A maior parte da África acabaria se convertendo ao sistema métrico no começo dos anos 1960. Os emergentes países africanos independentes o viam simplesmente como precondição para expulsar o colonialismo e penetrar na comunidade internacional. Muitas terras da África ocidental se converteram na época de sua independência, nos anos 1960; Gana foi um dos poucos redutos de exceção e não se converteu totalmente até 1975.

O trajeto da China para o sistema métrico foi bem mais complicado. As Guerras do Ópio deixaram o país fraco e debilitado, e a dinastia Qing, cuja legitimidade já estava estremecida, sofreu outro golpe quando perdeu a primeira guerra sino-japonesa, em 1894-95. Em 1898, um movimento de reforma liderado por um jovem imperador chamado Guangxu foi esmagado por adversários conservadores liderados pela imperatriz Cixi. Lutando para manter inteira a dinastia Qing, ela introduziu uma série de reformas que incluíam as metrológicas. Ordenou ao embaixador da China em Paris que visitasse o BIPM para pedir conselho a respeito da conversão ao sistema métrico e solicitou dois pares de réguas e pesos para a dinastia. Nesse meio-tempo, em 1908, a dinastia Qing reformulou suas leis de maneira a reorganizar o sistema de pesos e medidas do país. A dinastia manteve os pesos e medidas tradicionais chineses, mas os definiu em termos do sistema métrico, estipulando os fatores de conversão entre as unidades metrológicas tradicionais chinesas e as do sistema métrico.

Em 1909, os novos padrões chegaram à China, bem a tempo de assistir ao fim da dinastia Qing. Pois em 1911 o levante Wuchang, provocado em grande parte pela ira popular diante da incapacidade da dinastia de estabelecer limites para a intromissão das potências estrangeiras em questões de política interna como pesos e medidas, levou à Revolução Xinhai, que, por sua vez, provocou a queda da dinastia Qing e a criação da República da China em 1912, cujo primeiro presidente provisório foi Sun Yat-sen. O novo governo também estava preocupado com a falta de unidade nos pesos e medidas chineses, e continuou os contatos da sua predecessora com o BIPM, enviando seus próprios representantes em 1912. O governo

Sistema universal: o SI

criou uma nova agência, o Bureau de Medição, para melhorar o sistema de pesos e medidas do país.

Fazer o sistema métrico penetrar nos corações e mentes do povo chinês revelou-se imensamente mais difícil do que os republicanos esperavam. "O problema não foi resistência por parte do povo chinês", disse-me Zengjian Guan, professor do Departamento de História e Filosofia da Ciência na Universidade Jiao Tong, em Xangai. "O principal motivo de ter levado tanto tempo para realizar a transição para o sistema métrico foi a convulsão social da China na época, as contínuas guerras e revoluções que o país estava vivendo."[4] Ademais, a China, e também outras nações, tinham ocasionalmente seus próprios equivalentes a piramidologistas, que alegavam que os cientistas da Ásia antiga haviam descoberto os fundamentos da ciência bem antes do contato com o Ocidente; alguns chegavam a declarar que esses princípios, descobertos primeiro na Ásia, haviam sido comunicados aos bárbaros do Ocidente num passado distante.

Em 1925, Sun Yat-sen morreu e Chiang Kai-shek tomou seu lugar. Este começou a governar a China com punho de ferro, e em 1927 estabeleceu uma nova sede de governo em Nanquim. O governo de Chiang, além disso, deu prioridade à unificação de pesos e medidas e, em 1929, emitiu uma lei que mantinha as medidas tradicionais chinesas em vigor para uso interno, mas punha em jogo o sistema métrico para transações oficiais. A segunda guerra sino-japonesa, iniciada em 1937 e que deslocou a família de Guangming, bem como milhares de outras famílias, pôs um freio em tentativas adicionais de conversão.

Depois da Segunda Guerra Mundial, o Exército Popular de Libertação comandado por Mao Tsé-Tung combateu o governo de Chiang, e no final de 1949 teve êxito em expulsá-lo inteiramente da China continental. A República Popular da China que se seguiu também estava interessada em unificar o sistema de pesos e medidas do país e em convertê-lo totalmente ao sistema métrico, embarcando nessa tentativa cuja fase inicial foi completada em 1959. "É verdade que aqueles foram anos de antipatia pelas coisas ocidentais", disse-me Zengjian, mas isso envolvia principalmente questões de política e estilo de vida. A RPC estava muito interessada em desenvolver ciência e tecnologia, e não se importava se vinha do Ocidente ou de qualquer outro lugar. A essa altura o sistema métrico era central na ciência e tecnologia mundiais, então sua origem não apresentava problema para introdução na China.

Ainda assim, o turbilhão político que se estendeu ao longo da Revolução Cultural dos anos 1970 impediu a conversão plena, que teve de esperar a implantação do Ato da Medição, em 1985.

Perguntei a Guangming, que passou por essas tentativas, se a transição foi fácil. "Não", disse ela.

Porém, mais uma vez, os chineses foram espertos. Os líderes disseram ao povo que as novas medidas métricas eram exatamente iguais às velhas medidas chinesas segundo o sistema 1, 2, 3: 1 *sheng* de volume era um litro, 2 *jins* eram um quilo e 3 *chis* eram um metro. Quando eu era criança, lembro-me de pensar: "Como nós chineses somos inteligentes, de ter medidas tão precisas já nos tempos antigos – nós éramos muito mais inteligentes que os norte-americanos!" É claro que não era verdade; os líderes camuflaram o velho sistema. Mas ficou fácil converter![5]

Surpreendentemente, os Estados Unidos – líder mundial em ciência e tecnologia – foram um dos poucos redutos de exceção. A razão era conhecida: o fato de ser líder significava que os políticos encaravam a conversão com pouca urgência. Parecia não haver nada quebrado; o que havia para consertar? Todos os cientistas norte-americanos usavam o sistema métrico, e no comércio habitual era fácil o bastante fazer a conversão nos poucos casos em que fosse necessário. Ademais, os políticos norte-americanos tendem a detestar reformas que custem dinheiro. Não obstante, na década de 1950 mais uma vez parecia que era o momento certo. Durante a Guerra Fria, políticos encaravam a manutenção da superioridade tecnológica como essencial para a defesa militar – e os cientistas consideravam o uso do sistema métrico um elemento indispensável para uma abordagem moderna da tecnologia.

Sistema universal: o SI

O lançamento da nave espacial soviética *Sputnik*, em 4 de outubro de 1957, gerou temores de desníveis entre as tecnologias norte-americana e soviética. O senador John F. Kennedy apelou (de maneira indevida, como acabou se mostrando) para temores de um "desnível de mísseis" em sua campanha para o Senado, em 1958, e na campanha presidencial de 1960. Julgava-se que os soviéticos possuíssem mais mísseis balísticos intercontinentais, com ogivas mais pesadas, do que na realidade tinham; eles foram também os primeiros a lançar foguetes que chegaram à Lua e tiraram fotografias de seu lado escuro.

Além disso, os soviéticos eram considerados uma ameaça ao mundo livre devido a um "desnível de mensuração", que possivelmente era mais perigoso do que o desnível de mísseis. Os mísseis, afinal de contas, dependem de mensurações precisas. Durante as décadas anteriores, a exigência de precisão subira vertiginosamente. No fim da Primeira Guerra Mundial, era raro que um equipamento exigisse tolerâncias muito além de um em 10 mil. Por volta da década de 1950, equipamentos de alta tecnologia começavam a exigir tolerâncias de uma parte em 100 mil ou mesmo 1 milhão (um milionésimo de centímetro é o que você obteria se pegasse um fio de cabelo humano e dividisse sua largura em cerca de 1.200 faixas iguais). As exigências da Era Espacial aumentaram essa precisão ainda um pouco mais, para uma parte em 10 milhões ou mesmo uma em 100 milhões. Cientistas, educadores e empresários norte-americanos estavam preocupados, julgando que a falha dos Estados Unidos em adotar o sistema métrico atrapalharia sua capacidade para inovação tecnológica, educação científica e competitividade industrial. Em 1959, o secretário de Comércio dos Estados Unidos, Lewis Strauss, anunciou seu apoio à conversão do país ao sistema métrico, e foi apresentada no Congresso uma legislação para um programa de pesquisa para essa conversão. Nesse meio-tempo, Estados Unidos, Grã-Bretanha e vários outros países que ainda usavam o sistema imperial concordaram com os padrões revistos para o sistema imperial que os definissem em termos métricos, com uma polegada igual a 2,54 centímetros e uma libra igual a 0,45359237 quilograma.

Em 1960, quando Beverly Smith, editor do *Saturday Evening Post*, perguntou a um engenheiro por que os soviéticos estavam vencendo a corrida dos mísseis, a resposta que recebeu foi que "não sabemos medir suficientemente bem" e que "os russos podem estar à nossa frente" em termos de medições. Enquanto os soviéticos tinham uma vasta rede de diversos laboratórios de mensurações, o Bureau Nacional de Padrões era subfinanciado, defrontando-se com cortes adicionais. Smith advertiu, de modo sombrio, que era possível que "a direção futura da civilização pudesse ser definida em milionésimos de polegada ou bilionésimos de segundo".[6]

Edward Teller (1908-2003) foi um profeta igualmente lúgubre. Era um físico nascido na Hungria que se mudara para os Estados Unidos em 1935 e trabalhou no Projeto Manhattan, cuja atuação patriótica para com seu país de adoção se manifestava em advertir os Estados Unidos de que, se não embarcassem em certas ações drásticas que ele defendia, acabariam por abandonar a liderança mundial nas mãos da União Soviética. Essas ações incluíam o desenvolvimento da bomba de hidrogênio, testes extensivos de armas nucleares e promoção da fracassada Iniciativa de Defesa Estratégica para proteger o país do espaço. E incluíam também a conversão para o sistema métrico.

"Este é um assunto no qual sou radical", declarou Teller. A União Soviética abandonara suas "verstas e outras medidas absurdas" trocando-as pelo sistema métrico em 1927, com implicações sombrias para o mundo livre. Seu uso do sistema métrico, numa época em que estamos aleijados pela nossa dependência em relação ao sistema imperial, é uma "arma vermelha" que contribui para os esforços soviéticos de seguir adiante dos Estados Unidos em tecnologia, educação e comércio. A conversão dos Estados Unidos é "urgente" e pode significar a diferença na "luta pelos nossos ideais". Está em jogo nada menos do que "a maior disputa na história do mundo – a disputa pela liderança do próprio mundo".[7]

A defesa do sistema métrico por parte de Teller foi um exemplo raro, para o qual não conseguiu forçar nem aglutinar apoio significativo entre seus aliados políticos usuais. A resistência norte-americana ao sistema métrico derrotou até mesmo Teller. Embora fossem apresentadas periodicamente ao Congresso propostas de conversão ao sistema métrico, ano após ano se passavam sem que fosse tomada uma atitude.

O SI

Os temores de que um "desnível de mensuração" deflagrasse um conflito global entre os Estados Unidos e a União Soviética não poderiam estar em contraste mais agudo com a atmosfera internacional de cooperação que tinha lugar no BIPM naqueles anos. A organização fora estabelecida para tirar da mensuração as rivalidades nacionais, o que foi realizado de forma brilhante. O grupo tendia a agir lenta e cautelosamente, e somente quando se chegasse a um consenso. Desde o começo, em 1875, seus delegados colaboraram pacificamente mesmo quando os respectivos governos eram beligerantes, ou estivessem mesmo oficialmente em guerra. Durante a Primeira Guerra Mundial, quando a Alemanha e a França combatiam, uma das três chaves do cofre contendo os padrões internacionais estava nas mãos de um representante alemão. Quando Paris ficou sob fogo da artilharia alemã e os funcionários do Bureau consideraram, mas rejeitaram, mudar os padrões e as cópias para locais mais seguros, mandaram fazer um jogo extra de chaves para o caso de essa mudança se tornar subitamente necessária em tempo de guerra.

No começo, as atribuições do Bureau eram essencialmente cuidar dos protótipos do metro e do quilograma, comparar esses padrões com os dos Estados-membros e desenvolver medidas de volume, densidade e temperatura. Mas como agência internacional, neutra, tornou-se a organização à qual outros países recorriam para quaisquer dúvidas sobre outros assuntos referentes a medições. No início do século XX, o BIPM recebia pedidos para ampliar seu escopo de modo a abranger outros tipos de unidades com implicações internacionais.

Na década de 1920, por exemplo, a eletrificação e as exigências a respeito da crescente indústria elétrica criaram a necessidade de uma padronização das unidades elétricas. Vários sistemas diferentes de medidas elétricas estavam em uso, e o BIPM era a instituição lógica a atuar como árbitro. Em 1921, os participantes da VI CGPM fizeram uma emenda no Tratado do Metro para dar ao Bureau autoridade de estabelecer e conservar protótipos de padrões de unidades elétricas e suas cópias, e realizar comparações destes com padrões nacionais. Isso ampliou de forma considerável a missão do Bureau. A CGPM também expandiu o sistema métrico de modo a incorporar o segundo e o ampere no arcabouço geral chamado sistema MKSA – metro, quilograma, segundo, ampere.

Como ciência e tecnologia evoluíram ainda mais, o Bureau recebeu pedidos para padronizar outros tipos de medição, inclusive tempo, intensidade luminosa, temperatura e radiação de ionização. Amiúde seu trabalho consistia em ratificar acordos que haviam sido feitos por dois laboratórios metrológicos nacionais. Na IX CGPM, em 1948, era claramente desejável integrar todas essas medições em um sistema de unidades abrangente, que por sua vez pudesse servir de base para novas unidades derivadas para propósitos ainda desconhecidos. A X CGPM, em 1954, deu importantes passos rumo a essa finalidade adotando três unidades básicas em adição ao metro, para comprimento, e ao quilograma, para peso: o ampere, o grau Kelvin e a candela. O ampere foi definido, formalmente, como "a corrente constante que, se mantida em dois condutores retos paralelos de comprimento infinito, de seção circular desprezível, e colocados à distância de um metro um do outro no vácuo, produziria entre esses condutores uma força igual a 2×10^{-7} [newton] por metro de comprimento". O grau Kelvin (que logo seria simplesmente *kelvin*), uma unidade de temperatura termodinâmica, foi definido como "a fração $\frac{1}{273,16}$ da temperatura termodinâmica do ponto triplo da água". A candela foi assim definida: "o brilho de um radiador integral à temperatura de solidificação da platina é de sessenta candelas por centímetro quadrado".

Em 14 de outubro de 1960, os 32 delegados da XI Conferência Geral, decidindo que o metro atual não estava definido "com suficiente precisão para as necessidades da metrologia de hoje", e que era "desejável adotar

Sistema universal: o SI

um padrão que seja natural e indestrutível", ratificaram a seguinte resolução: "O metro é o comprimento igual a 1.650.763,73 comprimentos de onda no vácuo da radiação correspondente à transição entre os níveis $2p_{10}$ e $5d_5$ do átomo de criptônio-86." Finalmente, o metro era vinculado a um padrão natural. (O metro foi redefinido mais uma vez em 1983, como "o comprimento do trajeto percorrido pela luz no vácuo durante um intervalo de tempo de $\frac{1}{299.792.458}$ de um segundo".) A barra de platina-irídio, o metro protótipo internacional, que havia reinado sobre a rede internacional de medidas de comprimento desde 1889, tornou-se um objeto histórico; o novo padrão era universal, estava em toda parte, não localizado. O que era localizada era a tecnologia necessária para produzi-lo; a premissa era de que essa tecnologia rapidamente se tornaria acessível no mundo inteiro.

Essa foi uma decisão-chave na história da metrologia. Foi o ponto culminante de séculos de pensamento e desenvolvimento tecnológico: desde as primeiras ideias expressas sobre o desejo de vincular unidades de medidas a padrões naturais, no século XVII, até as tentativas feitas no século XVIII, e a percepção da impossibilidade desse sonho em virtude da tecnologia do século XIX, para chegar ao seu renascimento e realização final no século XX.

A cobertura pela imprensa da decisão da CGPM foi ampla. Muitas reportagens citavam um comentário de um delegado norte-americano que tentou comunicar a importância da mudança dizendo que a menor medição que podia ser feita com a barra padrão de platina-irídio era um milionésimo de polegada, e "um erro de um milionésimo de polegada no poço de um giroscópio de orientação pode fazer com que um disparo rumo à Lua erre a meta por milhares de milhas".[8] O *Chicago Daily Tribune* queixou-se: "Temos a sensação de que assuntos importantes estão sendo tirados das mãos, e mesmo da compreensão, do cidadão médio." Ai da costureira daltônica, prosseguia o artigo, que pode usar uma fita de metro mas não pode distinguir um comprimento de onda laranja-vermelho.[9] A meia piada ocultava a preocupação com questões de medição, que deveria ser simples de entender para a pessoa média –

este fora, afinal de contas, um dos principais motivos para a construção do sistema métrico – e que estava prestes a se tornar complexa demais para qualquer um exceto cientistas.

Enquanto a adoção do primeiro padrão natural atraía ampla comoção, parecendo ser o grande passo para a metrologia da época, o segundo passo da CGPM foi, de certa forma, muito mais radical e significativo – a reorganização das unidades. Em essência, a CGPM substituiu o sistema métrico por um novo, correlato, sistema de unidades que juntas proporcionavam o arcabouço para todo o campo da metrologia, mecânica e eletromagnética. O sistema consistia em seis unidades básicas – o metro, o quilograma, o segundo, o ampere, o grau Kelvin e a candela (uma sétima, o mol, foi acrescentada em 1972).[10] Incluía também um conjunto de unidades derivadas constituídas a partir dessas seis, com seus nomes especiais.

Antes de 1960, o segundo havia sido definido, em termos astronômicos, como a parte 1/86.400 do dia; agora era 31.556.925.974 a parte do ano solar de 1900. Mas a tecnologia para medir o tempo estava avançando rapidamente, com o primeiro relógio atômico construído no NPL, o laboratório metrológico nacional da Grã-Bretanha, em 1955. A XIII CGPM, em 1967, viria redefinir o segundo mais uma vez: "O segundo é a duração de 9.192.631.770 períodos da radiação correspondente à transição entre os dois níveis hiperfinos no estado de mínima energia do átomo de césio-133." O tempo, portanto, tornou-se a medida seguinte a ficar vinculada diretamente a um padrão natural.

A XI CGPM enfrentou a questão de como chamar essa nova reorganização e extensão de medidas. O nome "sistema métrico" se referira a unidades de comprimento e massa. O que a CGPM criara era algo muito mais abrangente, e após alguma discussão esse novo sistema foi chamado "Sistema Internacional de Unidades", ou SI. Pela primeira vez o mundo não tinha meramente unidades universais, mas um sistema universal de unidades.

Sistema universal: o SI

UNIDADES BÁSICAS E PREFIXOS DO SI

UNIDADES   PREFIXOS

yotta (Y) 1.000.000.000.000.000.000.000.000	(adicionado em 1991)	10^{24}
zetta (Z) 1.000.000.000.000.000.000.000	(adicionado em 1991)	10^{21}
exa (E) 1.000.000.000.000.000.000	(adicionado em 1975)	10^{18}
peta (P) 1.000.000.000.000.000	(adicionado em 1975)	10^{15}
tera (T) 1.000.000.000.000		10^{12}
giga (G) 1.000.000.000		10^{9}
mega (M) 1.000.000		10^{6}
quilo (kg) 1.000		10^{3}
hecto (h) 100		10^{2}
deca (da) 10		10^{1}

metro (m, comprimento)
quilograma (kg, massa)
segundo (s, tempo)
ampere (A, corrente elétrica)   1
kelvin (K, temperatura termodinâmica)
candela (cd, intensidade luminosa)
mol (mol, quantidade de substância)

deci (d)	0,1	10^{-1}
centi (c)	0,01	10^{-2}
mili (m)	0,001	10^{-3}
micro (μ)	0,0001	10^{-6}
nano (n)	0,000.000.001	10^{-9}
pico (p)	0,000.000.000.001	10^{-12}
femto (f) (adicionado em 1964)	0,000.000.000.000.001	10^{-15}
atto (a) (adicionado em 1964)	0,000.000.000.000.000.001	10^{-18}
zepto (z) (adicionado em 1991)	0,000.000.000.000.000.000.001	10^{-21}
yocto (y) (adicionado em 1991)	0,000.000.000.000.000.000.000.001	10^{-24}

As sete unidades básicas atuais do SI e seus prefixos. O quilograma, mais uma vez, é idiossincrático, pois é unidade básica que tem prefixo. O SI também inclui unidades derivadas das unidades básicas mediante multiplicação e divisão. Entre estas estão as unidades de área (metro quadrado ou m²), volume (metro cúbico ou m³), velocidade (metro por segundo ou m/s), aceleração (metro por segundo ao quadrado ou m/s²), e assim por diante. A lista completa pode ser encontrada no site do BIPM: http://www.bipm.org/en/si.

11. A paisagem métrica moderna

A HISTÓRIA DA MENSURAÇÃO abrange mais do que o relato de como a atual rede de padrões, instrumentos e instituições veio a existir. Inclui também as mudanças que têm lugar no *significado* da mensuração. Cada época tem uma metrosofia, uma compreensão cultural compartilhada de por que medimos e o que obtemos a partir das medições, e essa compreensão evolui com o correr do tempo.

Mas é mais difícil falar a respeito dessas compreensões culturais compartilhadas, sobretudo porque cada época está convencida de que não as possui – de que evoluiu para além da metrosofia. "A maneira como *nós* medimos é a maneira correta, e nos liga com a realidade", é o que dizemos a nós mesmos. Até Witold Kula, o eminente e sensato decifrador da lógica social das medidas medievais europeias e de quão intimamente estão entrelaçadas com a vida humana, partilhava esse ponto de vista. Na verdade, em *Measures and men* ele com frequência solta comentários afirmando que no fundo o sistema métrico é "pura convenção", não tem "significado social prático", carece de ligação com "valores sociais", resulta em "desumanização" e não possui "qualquer significação social inerente". No entanto, admite de má vontade ser "admirador" do sistema métrico, que trouxe um "nível mais elevado de compreensão entre as pessoas" e "nos conduziu por um trecho bastante longo na estrada da compreensão e cooperação internacional frutífera".[1] A sentença final do livro – "E, no final, chegará um tempo em que todos nós compreenderemos uns aos outros tão bem, tão perfeitamente, que nada mais teremos a nos dizer mutuamente"[2] –, por mais irônica que seja, deixa claro que Kula culpa o mundo moderno, não o sistema moderno de medidas que se adapta tão perfeitamente a suas realidades.

Mas o grande erudito assentiu. O moderno sistema de mensuração não é destituído de significado social, de metrosofia. O consciencioso projeto de despir a marca de regiões, produtos e épocas de suas medidas, de abstrair medidas de todo e cada contexto local para tornar o mundo mensurável, calculável e universal para os seres humanos e colocá-lo à nossa disposição, possui de fato um profundo significado social.

O novo Homem Vitruviano

Os "modelos" de Henry Dreyfuss (1904-72) ajudam a trazer à luz esse significado social oculto. Dreyfuss era um desenhista industrial da metade do século XX que detestava absurdos e afetações, e cujos produtos práticos bem aceitos incluem o aspirador de pó Hoover, o trator John Deere e o telefone Princess. Sua abordagem característica era investigar as medidas humanas e usá-las para orientar o desenho de utensílios e equipamentos. Seus livros, que incluem *Designing for People* e *The Measure of Man*, fornecem desenhos a traço de um par de seres humanos arquetípicos, batizados de "Joe" e "Josephine", acompanhados de medidas (fruto de décadas de pesquisa e coleta de dados), cuja intenção era permitir a engenheiros incorporar desde o início forma e comportamentos humanos em seus produtos e maquinários. "A aparência deles não é muito romântica, fitando friamente o mundo, com números e medidas zumbindo à sua volta feito moscas", escreve Dreyfuss, "mas são muito caros para nós." Caros, na verdade, para engenheiros que precisam descobrir o desenho ideal para telefones e ferros de passar, tratores e aviões. "A máquina mais eficiente", continua Dreyfuss, "é aquela que é construída em torno da pessoa." Edições de *The Measure of Man*, publicadas após a morte do desenhista e rebatizadas como *The Measure of Man and Woman*, incluem dados de medições para humanos jovens e idosos, deficientes e debilitados, e para a "pessoa do percentil", cujas dimensões estão nos percentis extremos (1 a 99). Um CD incluído no livro contém amostras de figuras CAD prontas para serem recortadas, coladas e adaptadas. Ainda mais eficazes são escaneamentos tridimensionais de Joe e Josephine, uma tecnologia criada depois da morte de Dreyfuss, que já progrediu drasticamente. As dimensões de Joe e Josephine estão agora disponíveis online e são continuamente adaptadas.

Joe e Josephine são o novo Homem Vitruviano, diferenciado na forma de casal e medido ao longo de todo seu período de vida. A metrosofia de seu mundo é muito diferente da dos gregos antigos. Joe e Josephine são completamente destituídos da ousadia, nobreza e beleza do Homem Vitruviano de Da Vinci. Sua razão de ser – o motivo pelo qual foram criados e o que nos mostram do mundo – não é beleza nem simetria, e sim eficiência. Eles não ajudam a nós, seres humanos, a nos conectarmos com algo que está além do mundo, mas ajudam engenheiros e os seres humanos individuais para quem os engenheiros projetam a ter uma compreensão melhor desse mundo aqui.

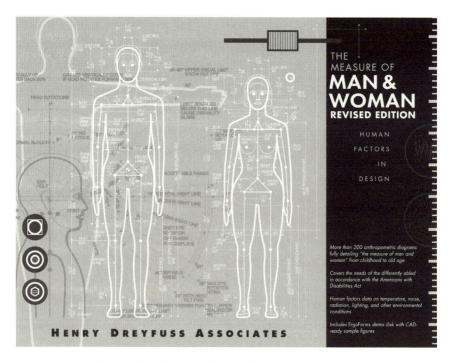

"Joe" e "Josephine", cujas medidas são usadas para projetar melhores interfaces homem-máquina.

A paisagem métrica moderna

A carreira de Dreyfuss desenrolou-se ao longo de várias décadas de grande entusiasmo pela utilização das medidas humanas para aumentar a eficiência. Frank Gilbreth (1868-1924) foi outro pioneiro. Psicólogo industrial e defensor da eficiência, Gilbreth criou uma unidade especial chamada Therblig, referindo-se a movimentos padronizados do corpo humano e nomeada com referência a ele mesmo (é mais ou menos seu sobrenome escrito ao contrário). Eis um trecho da novela *Cheaper by the Dozen*, baseada na vida de Gilbreth:

> Suponhamos que um homem entre no banheiro para se barbear. Vamos presumir que sua face esteja toda ensaboada e ele está pronto para pegar o barbeador. Ele sabe onde o barbeador está, mas primeiro precisa localizá-lo com o olho. Isto é "buscar", o primeiro Therblig. Seus olhos o localizam e entram em repouso – isto é "encontrar", o segundo Therblig. Em terceiro vem "escolher", o processo de definir o barbeador anterior ao quarto Therblig, "pegar". Quinto é "transportar a carga", trazer o barbeador até a face, e sexto é "posicionar", ajeitar o barbeador junto ao rosto. Há outros onze Therbligs – sendo o último "pensar"! Quando Papai fez um estudo do movimento, ele decompôs cada operação em Therbligs, e aí tentou reduzir o tempo exigido para executar cada Therblig. Talvez algumas partes a serem montadas pudessem ser pintadas de vermelho e outras de verde, de modo a reduzir o tempo exigido para "buscar" e "encontrar". Talvez as partes pudessem ser aproximadas do objeto a ser montado, de maneira a reduzir o tempo exigido para "transportar a carga". Cada Therblig tinha seu próprio símbolo, e uma vez que estavam pintados na parede Papai nos fazia aplicá-los às tarefas domésticas – fazer a cama, lavar os pratos, varrer, tirar o pó.[3]

O novo casal vitruviano não vive num mundo onde a mensuração simplesmente descreve as lindas relações entre seus corpos. A mensuração cria o mundo em que vivem, seus dispositivos e seu ambiente, como atuam nele e a forma como o entendem. A mensuração, portanto, estrutura suas respostas para as três famosas perguntas-chave que, segundo nos diz o filósofo Immanuel Kant, ocupam toda a razão humana: "O que posso saber?", "O que devo fazer?" e "O que posso esperar?". A mensuração não é meramente uma ferramenta entre outras, pertencente a elementos separados tais como réguas, balanças e outros instrumentos; a mensuração é uma rede fluida e correlacionada integrada de forma íntima e natural com o mundo e seu formato.

O mundo moderno, em suma, tem uma *paisagem métrica*. O termo "paisagem" refere-se comumente a um tipo de espaço (paisagem visual, paisagem marinha, paisagem urbana) que ao ser estendido, interagindo com a civilização – a interação humana com a natureza –, possui um caráter específico, moldando como os seres humanos se relacionam com a natureza e entre si. Em expressões como *paisagem sonora* e *paisagem étnica*, o termo também tem sido aplicado para tipos de espaço mais virtuais, como impacto similar sobre a vida humana. Uma "paisagem" não é simplesmente material nem mental, mas ambos ao mesmo tempo; ela habita o mundo e suas características, ao mesmo tempo em que ocupa a forma como percebemos e nos relacionamos com esse mundo. A paisagem métrica moderna não é a criação do SI, que é uma consequência, e não uma causa dessa paisagem.

No capítulo 4, mencionei que a disponibilidade de medidas padronizadas e uma rede de instituições para governá-las era essencial para a divisão do trabalho no novo ambiente econômico e político da Europa nos séculos XVIII e XIX. O que era verdade para a famosa fábrica de alfinetes de Adam Smith era verdade para uma miríade de outros locais de trabalho. O sistema de medidas modelava produtos, operários, mercados e negócios, e ao mesmo tempo reforçava e refletia forças sociais, políticas e econômicas do capitalismo. A paisagem métrica, em suma, foi a chave para a emergência do capitalismo. Ela é vital, também, na agricultura contemporânea. Lawrence Busch, professor de sociologia na Michigan State University e diretor do Centro de Estudos de Padrões e Sociedade, e Keiko Tanaka descreveram o papel das medições e padrões na agricultura da canola, uma semente usada para produzir óleo.

> O grau de qualidade dos grãos liga agricultores e operadores de silos. Testes de qualidade das sementes ligam produtores de sementes a agricultores.

A paisagem métrica aparece também na confecção de roupas. Para dar

Medidas de conteúdo e composição do óleo ligam grandes vendedores a compradores de canola. Medidas de vida útil [*shelf life*] ligam processadores a atacadistas ... Testes são medidas da natureza ao mesmo tempo que são medidas da cultura.[4]

O tipo de papel que as medidas desempenham na detecção ao longo do processo de produção e consumo da canola é encontrado em praticamente qualquer outro produto agrícola.

Roupas

A paisagem métrica aparece também na confecção de roupas. Para dar apenas um exemplo, o uso de digitalizadores 3-D profetizado pelas primeiras edições de *The Measure of Man and Woman* tornou-se mais prático e comercializável, no começo do século XXI, e começou a modificar a forma como roupas são feitas e produzidas. A tecnologia é resultado em parte de um programa básico de pesquisa patrocinado pelo governo para apoiar indústrias nacionais em dificuldades. Em 1979, um estudo da indústria têxtil patrocinado pela Fundação Nacional de Ciência descobriu que ela mal fazia pesquisa e desenvolvimento, levantando preocupações quanto à competitividade global. Dois anos depois, uma organização de pesquisa e desenvolvimento sem fins lucrativos foi criada para auxiliar: a Tailored Clothing Technology Corporation, ou [TC]², fundada em conjunto pelo governo e a indústria. Seu primeiro grande objetivo foi desviar o fluxo de empregos de confecção de roupas para países de baixo custo de mão de obra desenvolvendo equipamento para confecção robotizada de ternos masculinos. Essa tentativa acabou fracassando (como ocorreu com uma semelhante no Japão) em produzir ternos automatizados ou desviar o fluxo de empregos, embora a [TC]² tenha conseguido automatizar a produção de roupas como calças de agasalhos e mangas de camisetas.

Mas a [TC]² manteve seu programa de pesquisa, e no fim dos anos 1990 sua tecnologia de corpo em 3-D podia ser usada em lojas de varejo.

A primeira máquina foi instalada numa loja da Levi Strauss em San Francisco em 1999. Comprar jeans tornou-se *hi-tech*.

Dois anos depois, a Brooks Brothers da Madison Avenue instalou o primeiro digitalizador 3-D em Nova York. A empresa, de orientação tradicional, lutava para modernizar-se e cortar despesas sem comprometer a qualidade. No começo o pessoal mais antigo sentiu-se desconfortável com a tecnologia, segundo Joe Dixon, vice-presidente sênior de Produção e Confecção, que no início operou pessoalmente o dispositivo. Parte de sua relutância provinha do medo de que o digitalizador minasse a postura da empresa: um firme meio-termo entre o vestuário industrializado personalizado e roupas sob medida, descrito, de maneira célebre, pelo estilista Craig Robinson como entre "tradição e personalidade *versus* conformidade e convenção".[5]

Dixon descobriu que a nova tecnologia de medição em 3-D pouco tinha a ver com essa distinção, que sempre constituía um espectro em vez de uma oposição; o impacto do escâner era meramente reduzir o demorado processo de ajustes para os ocupados profissionais nova-iorquinos. As mulheres também vinham conhecer, ainda que a máquina não fosse destinada a elas. "Eu recebia propostas", Dixon me contou. "Várias mulheres disseram algo do tipo: 'Se você conseguir me fazer uma calça que me sirva perfeitamente, serei sua para sempre!' Isso me deixou impressionado em relação a quanto as pessoas podem ser determinadas no que diz respeito a como suas roupas devem servir."[6]

Instituições sem compromisso político ou emocional com a distinção entre o personalizado e o sob medida abraçaram a máquina. O centro de apresentação da Guarda Costeira em Cape May, Nova Jersey, adquiriu duas – uma para homens, outra para mulheres –, de modo que os recrutas, vestindo suas roupas íntimas, pudessem entrar em fila para uma digitalização mais rápida. Mais de quarenta universidades possuem atualmente digitalizadores, a maioria nos departamentos de moda ou vestuário.

Os digitalizadores são caros; a primeira máquina da Brooks Brothers custou 75 mil dólares e ocupava mais de doze metros quadrados. Isso dificultou seu uso em lojas mais populares, e durante oito anos a Brooks

A paisagem métrica moderna

Brothers teve apenas uma máquina em Nova York. Ainda assim, concretizaram negócios o suficiente para que a empresa fizesse o *upgrade* para um modelo mais novo, que custa 30 mil dólares e ocupa menos de dois metros quadrados, equipando dez de suas lojas com digitalizadores corporais. A redução no custo e no precioso espaço de instalação aumentou a demanda. Os digitalizadores construídos pela [TC]^2, líder do mercado norte-americano (a líder mundial é uma empresa alemã chamada Human Solutions), encontram-se em mais de cem locais em todo o mundo.

Depois da Brooks Brothers, os dois digitalizadores seguintes a aparecer em Manhattan foram os da Alton Lane e da Victoria's Secret. A Alton Lane é uma pequena companhia de roupas masculinas que usa agressivamente o digitalizador para promover sua abordagem personalizada, tentando alcançar alto volume no mercado fazendo com ternos personalizados o que a Netflix fez com filmes e a Blue Nile (um varejista online de joias caras) fez com diamantes. Ela explora a experiência tecnológica tipo "Transporte-me, Scotty"* como atração, criando contas na internet para seus clientes. Estes podem encomendar um terno tradicional personalizado ou criar o próprio terno em casa, usando sua imagem 3-D para "provar" diferentes tipos de lapela, corte da calça, punhos e assim por diante, com a imagem atualizando-se ao vivo, manipulando-a para ver o caimento do terno de todos os ângulos. A Alton Lane organiza eventos onde os convidados são digitalizados individualmente como atividade de aquecimento, acompanhados de queijo e vinho. A Victoria's Secret no SoHo instalou um digitalizador mais ou menos na mesma época que a Alton Lane, com a intenção de ajudar as mulheres a encontrar um sutiã que ficasse perfeito no corpo.

Minha esposa e eu resolvemos nos deixar digitalizar e comparar as anotações. Muitas vezes experimentamos de forma diferente a mesma coisa, mas poucas foram tão surpreendentes quanto o que nos aconteceu nas nossas experiências de escaneamento corporal.

---

* Frase tirada do seriado *Jornada nas estrelas*, usada nos momentos em que o Capitão Kirk pede ao seu engenheiro, Scotty, que o teletransporte. (N.T.)

A minha ocorreu na máquina carro-chefe da Brooks Brothers na Madison Avenue. Tirei a roupa num provador, recebi uma roupa de baixo de cores especiais chamada *scanwear*, entrei numa cabine escura e segurei duas alças para fixar minha posição. Quando apertei um botão, focos de luz de dezesseis sensores diferentes se movimentaram ao redor do meu corpo por quase um minuto, produzindo entre 600 mil e 700 mil pontos de dados com precisão de dois décimos de milímetro. Quando me vesti e saí, um computador já havia processado, filtrado e comprimido os dados numa imagem corporal em 3-D; recebi uma cópia impressa, junto com listas de medidas. Eram apenas números, mas eram os meus números; eu podia usá-los para provar virtualmente e encomendar ternos e outros trajes feitos a partir do zero para adequar-se à minha forma específica. Foi como uma experiência na Disney: confortável, tranquila, impressionante, fazendo-me sentir atendido e até mesmo especial.

No SoHo, minha esposa saiu de um provador rosa com paredes de pelúcia para entrar numa cabine escura, e enquanto as luzes piscavam uma voz gravada lhe assegurava que as medidas do digitalizador resultariam no mais perfeito sutiã que ela já tivera – *"Body Match"* é o nome que a empresa dá para o processo de digitalização. Deram-lhe então um cartão listando seis itens das prateleiras, que foram então trazidos pela vendedora. Dois serviram, um deles fabulosamente.

Mesma tecnologia, experiências diferentes. Minha esposa e eu terminamos nas extremidades opostas do espectro que vai do personalizado ao sob medida, e em termos da apreciação do cliente. A experiência dela careceu do apelo luxuoso de um salão de lingerie parisiense, ou das mãos sensíveis de uma profissional de provas experiente – foi menos Disney do que um aeroporto ou um consultório médico. Às vezes, a experiência do cliente precisa ser integrada à tecnologia para que esta dê certo. Senão os números simplesmente não batem.

Não muito depois, presenciei uma exibição dos dois digitalizadores 3-D mais recentes da [TC]² e da Human Solutions. Ela ocorreu na cidade industrial de Haverhill, Massachusetts, sede da Southwick, a central de produção da Brooks Brothers. Joseph Antista, diretor de treinamento da

A paisagem métrica moderna 221

Southwick, pedira às duas empresas que montassem seus últimos modelos no escritório principal.

Quando passei pela porta do escritório, o modelo da [TC]² estava à esquerda, uma cabine preta, parecendo um armário, de cerca de 2,20 metros de altura e área de 1,20 metro por 1,50 metro. À direita estava o desafiante, atrás de uma cortina verde-oliva que envolvia três torres de 2,70 metros posicionadas num triângulo de pouco mais de dois metros de lado. Cada modelo fora projetado por uma equipe que incluía um físico, programadores de computador e vários engenheiros. Cada um exigia cerca de uma hora para ser montado, mas podia ser ligado numa tomada elétrica comum. Cada um não necessita mais do que alguns segundos para digitalizar um cliente.

O ajuste de roupas é uma arte em declínio, disse-me Antista, e tirar medidas do corpo exige tempo e é caro, parte do processo de confecção personalizada que parece dócil para a tecnologização. Ele estava, portanto, testando os dois equipamentos (a Cyberware, um concorrente distante com sede em Hollywood, fornece a um nicho mais *hi-tech*) para possível uso nas cento e tantas lojas e numerosas pontas de estoque da Brooks Brothers.

Enquanto ele estudava os dados, realizei meu próprio teste independente.

Primeiro experimentei a [TC]², cuja tecnologia é "Captação Estruturada 3-D Estéreo Assistida por Luz". Tirei a roupa, vesti o *scanwear* e entrei na cabine. Pude discernir dezesseis sensores embutidos nas paredes na frente e atrás de mim. Cada sensor tinha duas câmeras que me olhavam de um ângulo diferente.

Uma agradável gravação de voz feminina me recebeu e me instruiu a ficar parado no lugar, segurar as alças e apertar um botão. Luzes piscaram, projetando-se no meu corpo enquanto os parâmetros da câmera eram otimizados para a cor da minha pele. Então teve início o processo de aquisição da imagem, com padrões de listras usados para "estruturar" a formação da imagem de modo a facilitar a triangulação. Como a captação estéreo com luz branca é uma técnica conhecida de determinação de campo – foi usada, por exemplo, na Mars Rover, a sonda em Marte –, ela é computacionalmente intensiva, e apenas há pouco tempo ficou rápida o suficiente para ser usada em digitalização corporal.

A experiência, que levou cerca de um minuto ao todo, foi "rápida, fácil, segura, privativa", conforme o vice-presidente de desenvolvimento tecnológico da [TC]², David Bruner, garantiu-me que seria.[7] O equipamento não tem partes móveis. Para usar luz branca, explicou Bruner, a tecnologia era altamente otimizada para digitalizar seres humanos em posição de pé ou sentada; não funcionaria bem, digamos, com animais.

Então experimentei o equipamento da Human Solutions, que utiliza lasers em vez de luz branca. Roy Wang, representante da empresa, pós-graduado em física na Universidade de Toronto, explicou que a triangulação é mais fácil com lasers – embora alguns mercados, como o dos Estados Unidos, sem motivo, receiem os lasers por alegadas (embora infundadas) razões de segurança. Cada uma das três torres do equipamento tem um laser e uma câmera montados sobre um trenó móvel. Enquanto eu era digitalizado, os trenós foram descendo lentamente, projetando uma linha vermelha horizontal com as câmeras usadas para captar a seção transversal do meu corpo.

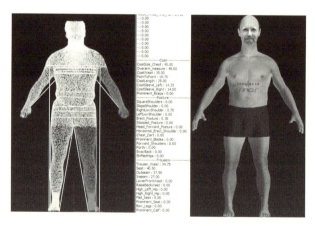

O conjunto de dados do autor e avatar registrados, com impiedosa precisão, por um digitalizador corporal 3-D da [TC]².

A paisagem métrica moderna

Ambas as tecnologias produziram uma nuvem de dados de centenas de milhares de pontos, com precisão de um décimo de pixel, inserindo-os num modelo em 3-D, extraindo as medidas básicas e produzindo um "avatar" – uma visualização estética, coberta de pele, capaz de simular como as roupas ficariam vestidas nele. Ambas as máquinas têm precisão de medição comparável. A máquina [TC]² é um pouquinho mais barata e otimizada para vestuário. O modelo da Human Solutions é otimizado para propósitos de pesquisa e tem encontrado aplicações em estudos ergonômicos, tais como nas instalações da Nasa, em Houston.

A Human Solutions desenvolveu simulações envolvendo avatares móveis. "As mulheres, tendo mais curvas que os homens, podem querer ver como cintos e apliques ficam em diferentes posições quando em movimento", disse Wang. "Não é algo trivial!" Para ilustrar, ele pôs um cinto e um aplique em um avatar feminino simulado, variando as propriedades de suas roupas, tais como a elasticidade do tecido, a compressão e a rigidez das dobras. A aparência mudou drasticamente. "Agora veja isto!" Ele mexeu nos botões do controle de modo a simular as roupas da mulher esticadas num galho de árvore, para testar a reação do tecido.

O único momento negativo da minha experiência foi ver um modelo 3-D impiedosamente preciso do meu corpo quase nu. Minha reação não foi atípica, diz Antista. "A tecnologia é boa *demais*", disse ele enquanto me levava para conhecer as instalações da fábrica. "Ela mostra você tal como você é. Qualquer que seja o digitalizador que a gente resolva usar, vamos vestir o avatar do cliente com sua roupa escolhida desde o começo."

Perguntei-lhe se as medições eram de alguma maneira inferiores às dos encarregados de fazer os ajustes. "A habilidade deles não estava em medir", replicou. "Estava em saber o que aconteceria se você pusesse as roupas numa pessoa com determinada postura e personalidade. A medição ajuda o encarregado de ajustes a tomar uma decisão: 'O que vou vestir nela?' A pessoa não é um pedaço de pau. A pessoa é um ser vivo."

Antista parou junto a uma costureira e pegou parte de um terno que ela estava preparando. "Está vendo o tecido? Ele também é vivo. Tem sete camadas de tramas diferentes que reagem de forma distinta quando ele se mexe, e muda quando é limpo. Um terno também não é um pedaço de pau."

A digitalização corporal, mais um exemplo de uma área em que a disponibilidade de um poder de computação e mensuração maciço e barato tem feito com que, de agora em diante, as aplicações de alta tecnologia da física se tornem mais rotineiras, está ultrapassando rapidamente a confecção de roupas personalizadas para entrar na comercialização. Sua utilização anda de mãos dadas com a redução de espaço do varejo e a ligação cada vez maior das lojas com ofertas online. A tecnologia 3-D, por sua vez, está fazendo nascer uma adoção transindustrial da digitalização corporal, ligando instituições de saúde, de condicionamento físico, médicas, de jogos e entretenimento com vestuário, numa nova área da paisagem métrica.

Padrões vivos

Como minha esposa descobriu, a medição pode ser particularmente traiçoeira quando se trata de sutiãs. Na indústria de vestuário – um vasto complexo industrial e econômico –, mais recursos são dedicados a testar e avaliar sutiãs do que qualquer outro produto. A razão é que a escolha de um sutiã envolve uma gama de aspectos que incluem moda, conforto, autoestima e autoimagem, diferentemente de qualquer outro artigo do setor, tornando sua medição mais difícil de padronizar (um problema completamente ausente em, digamos, orquidômetros, dispositivos usados para medir o volume dos testículos). Em décadas passadas, engenheiros aplicaram ao sutiã a tecnologia 3-D usada para planejar voos espaciais tripulados, construindo digitalizadores capazes de monitorar localizações de quarenta dados distintos num busto em movimento, com sensores para detectar pressão e deformação cutâneas ao usar sutiã. Essa é a última em uma tentativa (até agora fútil) de automatizar desenho e ajuste de sutiãs. "Tecnicamente bem-sucedida mas impraticavelmente dispendiosa", disse-me Bruner. "Ainda vamos precisar de modelos-vivos durante anos."

Rita Mazzella é a decana dos modelos de ajustes de sutiãs. Confecções de lingerie usam seus seios – tamanho 34C – para elaborar novas linhas de sutiãs, depois reduzindo a numeração para A, B e subindo para D.* "Você provavelmente pensa numa modelo como uma garota linda e jovem numa passarela", ela me disse durante o almoço. "Eu, não. Eu sou modelo de confecção. As modelistas me vestem com protótipos; e eu digo quando eles vestem bem."

Mazzella, na casa dos setenta anos, interrompeu sua agenda superlotada para encontrar-se comigo num café da Madison Avenue entre duas sessões de modelagem. Contou-me que nasceu em Ponza, uma pequena ilha na costa italiana. Quando tinha dezesseis anos, seu pai, que era dono de um negócio de importações e exportações, mudou-se com a família para Nova York, onde ela terminou o ensino médio e cursou o Fashion Institute of Technology, determinada a tornar-se modelo. Uma agência a contratou e mandou-a para o seu primeiro trabalho de modelagem de casacos na Seventh Avenue. "Eu odiei", disse ela, contando que tinha de se esquivar de araras cheias de roupas e vigaristas de todos os tipos dentro das lojas. "Era uma selva."

Em seguida a agência a mandou para modelagem de lingerie na Madison Avenue. Naqueles tempos, na indústria de moda, era um lado muito melhor que o das araras. "Para uma modelo, o ramo de roupas íntimas é fabuloso. É limpo, as pessoas são respeitosas, ninguém toca em você e não lhe pedem que exponha o corpo." Ela achou o trabalho interessante. "Roupas não precisam ter nenhuma outra função exceto vestir bem. Um sutiã é complicado – uma peça de engenharia! –, e todas suas partes precisam funcionar juntas." A True Balance, a firma hoje extinta para a qual foi mandada, gostou do retorno que ela dava às modelistas e a contratou em tempo integral. Ela trabalhou três anos, saiu para se casar e teve um filho. As modelistas da True Balance imploraram para que voltasse, e ela trabalhou como *freelancer* para essa empresa e outras agências, conquistando rapidamente a reputação de modelo dos sonhos de toda modelista de sutiãs.

---

* Em tese, o 34C corresponderia, no Brasil, ao 42D. (N.T.)

A interação de preferência, desempenho e vestir bem torna o sutiã quase impossível de padronizar. "Trabalhei certa vez numa linha de jeans personalizados com quatro estilos de preferência do cliente", contou-me um especialista da indústria.

> Os estilos iam do relaxado – tipo calças caindo que os adolescentes usam – ao ultrajusto, com dois níveis intermediários. Se a mesma pessoa vestisse um relaxado e um ultrajusto, sabe qual era a diferença? *Quase oito centímetros!* Estilo e preferência também fazem diferença no sutiã, embora não de forma tão dramática.

Mazzella deve sua carreira ao fato de que os dois números que caracterizam a numeração dos sutiãs – largura das costas e tamanho do bojo – são totalmente inadequados para definir uma forma dinâmica e complexa. Isso faz da elaboração do sutiã uma obra de engenharia que requer um padrão, mas também torna difícil o processo de escolha do sutiã para as consumidoras. Sites na internet que explicam como definir o seu número – que chegam a perguntar coisas como quantos dedos você consegue enfiar entre seus seios ou quantos lápis o seu peito consegue segurar embaixo sem deixar cair – fornecem resultados ridiculamente diferentes. Postura e formato dos ombros afetam o estilo e o tamanho do sutiã. E também o propósito: é para conforto, correr, ressaltar, diminuir ou um vestido sem alças?

Mazzella ajuda as modelistas a desenhar seus protótipos para esses diferentes propósitos. "Eu sei como dar o retorno", ela disse.

> Modelos de confecção provam de trinta a quarenta sutiãs por dia, todo dia, semana após semana. Depois de um tempo, o seu corpo fica muito sensível, muito sintonizado. Você aprende o que está errado quando ele não veste bem e o que dizer à modelista. Isso não é uma coisa que um digitalizador possa dizer. Um digitalizador não lhe diz que mudanças fazer! Um busto se move, está vivo!

A *paisagem métrica moderna*

Rita Mazzella recebendo o Prêmio "Femmy" de 2002
do Underfashion Club pelo conjunto da obra.

Sessões de provas para ajustes podem levar apenas alguns minutos, mas Mazzella volta todo dia até ficar satisfeita. Para a maioria das linhas o processo – ajustar e reajustar – leva alguns dias, mas pode durar até três meses. Uma das coisas que geralmente estão erradas é o extravasar. Extravaso? Mazzella pega seu copo e o inclina até o chá gelado quase derramar pela borda. "Este copo está extravasando. Um sutiã pode fazer a mesma coisa; ele está fora de equilíbrio. O que faz com que isso aconteça? É nessas horas que uma modelo de confecção ajuda."

Mazzella inclinou-se sobre a mesa.

Às vezes digo a uma modelista: "Está justo demais aqui" ou "Agora está fora de equilíbrio". E ela diz: "Rita, você é impressionante! Eu acabei de puxar três milímetros para dentro!" É isso que é valioso para as companhias. Elas poderiam pegar alguém na rua com medidas perfeitas, mas a pessoa não seria capaz de lhes dizer isso.

Em 2002, o Clube da Moda Íntima, um grupo de apoio sem fins lucrativos para o vestuário íntimo, deu a Mazzella um prêmio pelo conjunto da obra, o primeiro a ser dado a uma modelo, "em reconhecimento não só pela sua longa carreira na indústria de roupas íntimas, mas por elevar o 'perfil' da modelo de provas por meio do seu profissionalismo, graça e humor".

Todavia, disse Mazzella, uma boa parte da modelagem é atualmente feita na China ou em manequins. "Quando comecei meu caderno de clientes tinha *esta* grossura"– ela disse, mostrando o polegar e o indicador com um vão de cinco centímetros. "Dúzias de companhias faziam sutiãs. Elas desapareceram. Muitas das que continuam não usam modelos-vivos. Apenas umas poucas – Bali, Wacoal, Maidenform, Warners –, trabalhei para todas elas."

Mazzella precisava ir embora. "A Maidenform em Nova Jersey está com uma emergência. Querem uma decisão sobre uma linha nova até o fim do dia, e leva uma hora para chegar lá. Precisam que eu verifique antes de começarem a produzir." Ela riu ao se levantar para sair. "Às vezes me sinto uma médica!"

Lados sombrios da paisagem métrica

Será a moderna paisagem métrica uma utopia? Será que ela representa o ápice de como a mensuração pode ser aplicada de maneira ideal, de modo a nos dar um domínio do mundo? Ou será que representa o oposto: será que a mensuração tem domínio sobre nós e obscurece nosso domínio sobre o mundo? A resposta, alarmante, pode ser "sim" para ambas as coisas. E aí, então, será que existem *outras* formas de entender a nós mesmos e o mundo além da mensuração e coleta de dados?

Uma diferença-chave entre a paisagem métrica moderna e as paisagens métricas anteriores é que a vida comum depende cada vez mais da mensuração, mesmo que o gerenciamento e a inteligibilidade da rede estejam cada vez mais removidos da vida cotidiana. Se por um lado as

A paisagem métrica moderna

questões metrológicas de fato nunca estiveram nas mãos do cidadão médio, a compreensão geralmente estava. Agora, ao passo que o uso do SI em contextos diários possa ser fácil, a compreensão de seus fundamentos não é, tornando-se complexa demais para o entendimento de todos exceto cientistas.

Pesar e medir sempre dependeu de círculos de confiança e perícia, mas esses círculos foram se tornando cada vez maiores e mais complexos. O Bureau aborda o assunto da confiança por "rastreabilidade", ou publicação aberta das calibragens e comparações que tem feito dos vários padrões, e por "acordos de reconhecimento mútuo", o que equivale a certificações de confiança por parte de uma instituição metrológica nacional do desempenho de outra. Mas esses são reforços de confiança dentro da comunidade metrológica e suas instituições. Círculos adicionais de confiança precisam interligar essas instituições às comunidades que empregam os pesos e medidas.

Certa vez vi um painel de discussão no Philoctetes Center, em Nova York, intitulado "Impostores, falsificação, fraude & ilusão", cujos debatedores incluíam um escritor, um perito em conservação de arte, um mágico de renome mundial e um colecionador de mágicas e investigador criminal. A certa altura, o investigador criminal exemplificou o problema de confiar em sistemas de medidas relatando um experimento que fizera e no qual dera a um grupo de pessoas uma série de objetos inusitados da Ásia – um cachimbo de ópio, uma estatueta de bronze e um conjunto de espadas de *harakiri* – fazendo-lhes perguntas sobre as características desses objetos, tais como idade, origem, peso e tamanho. Para descrever o tamanho, permitiu-lhes usar uma régua que ele convenientemente apresentou. Depois pediu aos participantes que avaliassem seu nível de confiança – de um a cem – nas respostas. Para idade e origem as respostas caíram na faixa de 50 a 60% do nível de confiança, mas quando os participantes relataram o tamanho dos objetos, para o qual tinham tido a assistência da régua, avaliaram sua confiança na casa dos 90%. No entanto, o investigador lhes dera uma régua que não tinha trinta centímetros, mas era um pouco menor. Ela fora feita por advogados inescrupulosos – deliberadamente planejada para tapear e parecer ter trinta centímetros. Ao ser colocada junto a um objeto (um ferimento, uma armadilha ou uma cena de acidente de automóvel) e fotografada, o observador via-se inclinado a acreditar que o objeto era maior do que na realidade, porque o observador, ou observadora, se baseava num padrão que conhece e no qual confia. O ponto que ele queria mostrar era que temos a tendência de confiar fortemente na rede de mensuração: "Por que alguém haveria de questionar que isso não é uma régua?", ele perguntou ao revelar o engodo para a audiência. Na nova paisagem métrica, com o gerenciamento e inteligibilidade do sistema ainda mais distantes da compreensão do homem médio, a confiança na rede torna-se de suma importância.

Outros perigos estão à espreita na paisagem métrica moderna. Desde o começo, ela parecia ter um lado sombrio associado ao potencial de desumanização, e até mesmo pecado. Kula menciona várias peças de sabedoria popular europeia relativas aos perigos das medições: uma memorável é a peça do folclore checo na qual crianças com menos de seis anos não deviam ser medidas para confecção de roupas, sob o risco de virarem pés de couve ou serem "amediçoados" – "*measurlings*", em inglês, considerada a brilhante tradução do termo checo original. Kula também cita as palavras de seu compatriota polonês, o poeta Adam Mickiewicz: "A bússola, a balança, o bastão de medida aplicam-se apenas a corpos sem vida."[8] Algo em relação à vida humana, insinua Mickiewicz, escapa da mensuração, e ao passo que o ato de medir às vezes nos conta algo sobre nós mesmos e nos faz melhorar, outras vezes isso não ocorre e o ato de medir nos dispersa. Leitores do romance *Tempos difíceis*, de Charles Dickens, lembrar-se-ão de Thomas Gradgrind, o personagem seco e racional que está "pronto para pesar e medir qualquer parcela da natureza humana e dizer o que resulta" e no entanto perde o rumo da própria vida.[9]

Durante a revolução científica, um cientista após outro – Galileu, Harvey, Kepler – fizeram avanços fundamentais simplesmente medindo o que encontraram. Área após área da experiência humana desvendaram seus segredos àqueles que encontraram um meio de medi-la. Esses estarrecedores sucessos sugerem que o próprio real é mensurável. Nós medimos

A paisagem métrica moderna

porque presumimos que a medição pode nos dar um melhor domínio sobre o mundo. Essa premissa está profundamente enraizada no pensamento ocidental. Na *República*, Platão escreve que a melhor parte da alma humana é aquela que "deposita sua confiança na mensuração e no cálculo".[10] Todavia, como advertiu o filósofo alemão Martin Heidegger, o próprio sucesso da mensuração pode nos dar a impressão de que ela é o *único* meio de obter um melhor domínio sobre o mundo.

A principal característica da Era Moderna, que Heidegger chamou de *Gestell* ou "enquadramento", é que o mundo nos permite medi-lo e nos encoraja a pensar que não existe outro meio de encontrar significado nele.[11] Nós paramos de usar a medição como instrumento para compreender o mundo, e começamos a vê-la como instrumento para compreender a nós mesmos. Um acadêmico que conheço traduz informalmente a palavra de Heidegger como "armação";* hoje o mundo está armado de maneira que medi-lo é o caminho para o conhecimento e a compreensão.[12] Precisamos ser bons em testes e avaliações de medidas para navegar no mundo com sucesso. A armação não é algo subjetivo, nas nossas cabeças; está aí fora, no mundo, é algo que encontramos. Mas tampouco é algo objetivo, parte natural do mundo, pois surgiu a partir da interação dos seres humanos com a natureza, é algo que construímos no mundo, está envolta em nossas atitudes e na maneira como pensamos e interagimos. Logo, não é algo de que possamos escapar. Geralmente considerada ponto pacífico, a armação é perceptível sempre que temos a sensação de que nossos sistemas de medição estão nos controlando, e que a razão de fazermos as coisas é porque alguém, em algum lugar, nos disse que a maneira era essa.[13]

A literatura e a arte dramática modernas estão cheias de referências aos lados desumanizadores da mensuração. Numa cena assustadora em *Tudo que tenho levo comigo*, da novelista alemã de origem romena Herta Müller, baseada numa história real, o protagonista, Oskar Pastior, é encarcerado num campo de trabalhos forçados no *gulag* soviético, um ambiente

---

* Em inglês o termo é *setup*, que, da mesma forma que em português, tem o duplo sentido de "montagem" e também de "armadilha, cilada". (N.T.)

brutal no qual medidas implacáveis – oitocentos gramas de pão por dia, com cada pá cheia de carvão consumindo um grama – governam a vida e a morte. Levado ao delírio pela fome, ele mantém conversas alucinatórias com o que chama de anjo da fome, que pesa cada detento com sua balança macabra:

> O anjo da fome olha para sua balança e diz: Você ainda não está leve o bastante para mim – por que você não se abandona? Eu digo: Você volta a minha própria carne contra mim. Eu a perdi para você. Mas eu não sou minha carne. Eu sou algo mais, e não vou me abandonar. *Quem* eu sou não sei mais dizer, e tampouco sei dizer *o que* eu sou. *O que* eu sou é traído pela sua balança ...
>
> Quem está faminto não tem permissão de falar sobre fome. Fome não é como a estrutura de uma cama, ou teria uma medida. Fome não é um objeto.[14]

Em algumas regiões da paisagem métrica moderna, exigimos precisão exata, ao passo que em outras nos contentamos com medidas relaxadas, e até as preferimos. Considere as modalidades esportivas em que as decisões são relegadas ao árbitro, não à tecnologia. Medir o primeiro *down* num jogo de futebol americano poderia ser feito facilmente, com muito mais precisão, com o auxílio de um chip instalado na bola e monitorado por um GPS. Mas alteraria a costumeira vibração e o espírito do jogo.

Outra região peculiar da paisagem métrica são as ciências sociais. Segundo a lei de Goodhart, sempre que uma medida é selecionada como alvo para uma política específica, ela logo perde o valor como medida. Então, se o Conselho de Educação determina resultados mais elevados para os exames avaliatórios de desempenho escolar como meio de melhorar as escolas, ou se um país designa um PIB mais alto como medida de bem-estar social, encontram-se modos de impulsionar essa medida que não afetam o objetivo a ser alcançado, e assim a medida cessa de ser uma medida. Outra região ainda é o nível atômico, onde, no famoso problema das medições quânticas, a forma como armamos o equipa-

A paisagem métrica moderna

mento de medição afeta o resultado; a medição altera o que é medido de maneiras misteriosas.

No passado, o contexto social do ato de medir era bastante visível para os que usavam o sistema: os medidores de ouro akans estavam bem cônscios das nuances de sua atividade, os membros da corte chinesa estavam sintonizados com a política da precisão e os camponeses da Europa pré-moderna estavam todos dolorosamente cientes do potencial de exploração na sua forma de medir. Na paisagem métrica moderna, isso é menos óbvio. O impacto de usar medidas para estabelecer a inteligência, digamos, ou o impacto de instituições educacionais, está mais disfarçado e envolve rebaixar a importância de qualquer coisa que não envolva mensuração e aumentar a importância de qualquer coisa que a envolva.

A paisagem métrica moderna, ilustrada pelo contraste entre o Homem Vitruviano e Joe e Josephine, envolve uma nova relação entre a mensuração e como nos relacionamos com o mundo e entre nós. Essa paisagem métrica – que tende a se ocultar, mas pode ser trazida à luz – molda o que fazemos, o que adquirimos, como classificamos as coisas e o que consideramos real. Está longe de ser uma utopia, mas compreendendo-a podemos nos preparar para os perigos que ela esconde.

12. *Au revoir,* quilograma

O EVENTO NA ROYAL SOCIETY em Londres, em 24 de janeiro de 2011, começou pontualmente. Depois que os últimos delegados ocuparam seus assentos, Stephen Cox, diretor-executivo da instituição, comentou timidamente que o relógio de parede estava andando "um pouco devagar" e prometeu acertá-lo. Cox sabia que a audiência se preocupava com precisão e que apreciaria sua vigilância. Os principais metrologistas do mundo haviam se reunido para discutir uma extensa reforma da base científica do Sistema Internacional de Unidades – o SI – na mais abrangente revisão já feita na estrutura internacional de mensuração que sustenta a ciência, tecnologia e comércio globais.

Se aprovadas, essas mudanças envolveriam redefinir as sete unidades básicas do SI em termos de constantes físicas fundamentais ou propriedades atômicas. A mais significativa dessas mudanças ocorreria com o quilograma, uma unidade que continua a ser definida pela massa de um cilindro de platina-irídio na sede do BIPM, nos arredores de Paris, e a única unidade do SI ainda definida por um artefato. Os metrologistas querem fazer essas mudanças por diversos motivos, inclusive preocupações quanto à estabilidade do artefato-quilograma, a necessidade de maior precisão para o padrão de massa, a disponibilidade de novas tecnologias que parecem capazes de prover precisão no longo prazo e o desejo de estabilidade e elegância na estrutura do SI.

Durante os dois dias do encontro, os participantes manifestaram opiniões variadas sobre a intensidade e a urgência desses motivos. Um dos principais entusiastas e primeiros responsáveis pela iniciativa por trás das mudanças propostas era o ex-diretor do BIPM Terry Quinn, que foi também quem organizou o encontro. "Este é, de fato, um projeto ambicioso", disse em seus comentários de abertura. "Se for realizado, será a maior mudança na metrologia desde a Revolução Francesa."[1]

O sistema métrico e o SI

A Revolução Francesa, como vimos no capítulo 4, realmente provocou a maior mudança isolada da história na metrologia. Em vez de meramente reformar os desajeitados pesos e medidas herdados, vulneráveis a erros e abusos, os revolucionários impuseram um sistema racional e organizado, concebido pela Academia Francesa de Ciências e pretendido "para todos os tempos, para todos os povos", que vinculava padrões de comprimento e massa a padrões naturais: o metro a um quadragésimo milionésimo do meridiano de Paris, o quilograma à massa de um decímetro cúbico de água. Mas a manutenção do vínculo com os padrões naturais mostrou-se impraticável, e quase imediatamente as unidades de comprimento e massa do sistema métrico foram colocados num altar, na forma de artefatos depositados nos Arquivos Nacionais em 1799. A grande oportunidade agora defendida era, enfim, conseguir o que se pretendeu no século XVIII: basear os padrões em constantes da natureza.

Apesar da simplicidade e da racionalidade, o sistema métrico levou décadas para ser implantado na França. E também se espalhou lentamente para além das fronteiras francesas, embora outras nações acabassem por adotá-lo devido a uma mistura de motivos: alimentar a unidade nacional, repudiar o colonialismo, possibilitar a competitividade e como uma precondição para entrar na comunidade mundial. Em 1875, como vimos, o Tratado do Metro retirou a supervisão do sistema métrico de mãos francesas e a atribuiu a um órgão internacional, o BIPM. O tratado também deu início à construção de novos padrões de comprimento e massa – o Protótipo Internacional do Metro e o Protótipo Internacional do Quilograma – para substituir o metro e o quilograma feitos pelos revolucionários. Esses novos padrões foram fabricados em 1879 e oficialmente adotados em 1889 – mas foram calibrados pelos antigos Metro e Quilograma dos Arquivos.

A princípio os deveres do BIPM envolviam basicamente cuidar dos protótipos e calibrar os padrões dos países-membros. Mas na primeira metade do século XX, o órgão ampliou seu escopo para cobrir, do mesmo modo, outras áreas de mensuração – incluindo eletricidade, luz e radiação – e expandiu o sistema métrico de modo a incorporar o segundo e o ampere no assim chamado sistema MKSA. Enquanto isso, o avanço da tecnologia do interferômetro, a partir de Michelson e Morley, permitiu aos cientistas medir comprimentos com uma precisão que rivalizava com o protótipo do metro. Em 1960, como vimos no capítulo 1, esses progressos culminaram em duas mudanças de longo alcance, feitas na XI CGPM, o encontro dos Estados-membros que, em última instância, governa o BIPM e se reúne a cada quatro anos. A primeira foi redefinir o metro em termos da luz de uma transição óptica do criptônio-86. (Em 1983, o metro seria mais uma vez redefinido em termos da velocidade da luz.) As nações não precisariam mais ir até o BIPM para calibrar seus padrões de comprimento; qualquer país podia construir o metro, contanto que tivesse tecnologia. O Protótipo Internacional do Metro foi relegado a uma curiosidade histórica; permanece até hoje num cofre no BIPM.

A segunda revisão do encontro de 1960 da CGPM foi substituir o sistema métrico expandido por um arcabouço ainda maior para o campo da metrologia. O arcabouço consistia em seis unidades básicas – metro, quilograma, segundo, ampere, grau Kelvin (posteriormente kelvin) e a candela (uma sétima, o mol, foi adicionada em 1971) e um conjunto de "unidades derivadas", tais como newton, hertz, joule e watt, formados a partir dessas seis. Pelo fato de resultar numa mudança tão significativa em relação ao que havia antes, foi-lhe dado um novo nome, sendo batizado como Sistema Internacional de Unidades. Mas o SI ainda baseava sua definição do quilograma em um artefato, o Protótipo Internacional do Quilograma, fabricado em 1879.

Essa reforma de 1960 foi o primeiro passo rumo à presente vistoria. Outros passos logo se seguiram. Com o advento do relógio atômico e da capacidade de medir processos atômicos com precisão, o segundo foi re-definido em 1967 em termos de propriedades nucleares, chamadas níveis hiperfinos, do césio-133. A estratégia mais uma vez envolveu cientistas, que mediram uma propriedade fundamental com precisão e então redefiniram a unidade na qual a propriedade foi medida em termos de um valor fixo dessa propriedade.* A propriedade cessava então de ser mensurável dentro do SI, e em vez disso passava a definir a unidade.

O quilograma, porém, resistiu teimosamente a todas as tentativas de redefinição em termos de fenômeno natural: a massa mostrou-se ex-cessivamente difícil de se expandir do micro ao macrocosmo. Estando a massa envolvida nas definições do ampere e do mol, isso provocou uma interrupção nas tentativas de redefinição de unidades.

Os metrologistas discutiram essa situação em 1975, quando várias centenas de cientistas se reuniram em Paris para celebrar o centésimo aniversário do Tratado do Metro. O evento foi uma conferência chamada "Massas atômicas e constantes fundamentais". Os participantes tiveram uma recepção no palácio Elysée, sendo recebidos pelo primeiro-ministro francês, Valéry Giscard d'Estaing, e foram convidados para um suntuoso banquete no fabuloso restaurante panorâmico Jules Verne, na torre Eiffel. O diretor do BIPM, Jean Terrien, disse aos participantes da conferência que tinham muito a celebrar: "Pela primeira vez na história da humanidade um sistema único de unidades é aceito pelo mundo inteiro."[2]

Em 1975, de fato, quase todos os principais países da Terra haviam trocado para a utilização obrigatória do SI. A única exceção significativa eram os Estados Unidos, mas parecia que o país estava prestes a embarcar num sério esforço para fazer a conversão. ("As drogas ensinaram a toda uma geração de norte-americanos o sistema métrico", afirmou espirituo-samente o escritor P.J. O'Rourke, mas esse foi o máximo a que chegaram

---

* Esse processo recebe, em inglês, o nome de *"bootstrapping"*, que significa literalmente "puxar-se pelas próprias botas". Não existe termo correspondente em português e no meio científico é muitas vezes utilizado no original. (N.T.)

muitos norte-americanos cujas carreiras estavam fora do campo das ciências.) Quatro anos antes, o Bureau Nacional de Padrões dos Estados Unidos apresentara ao Congresso um relatório intitulado "Uma América métrica: uma decisão cuja hora chegou", ressaltando as razões para a conversão ao sistema métrico. O Congresso passara uma medida legislativa pró-métrica em 1974, promovendo seu uso em educação, e em 1975 debatia um "Ato de Conversão Métrica". A mudança parecia provável, e de fato o projeto passou e foi assinado como lei no fim do ano. Os Estados Unidos, ao que parecia, estavam finalmente prestes a trocar para o sistema métrico.

Terrien também mencionou que algumas unidades haviam sido vinculadas a padrões naturais – mas teve de admitir que o quilograma era o único artefato remanescente e que substituí-lo por um padrão natural ainda era um sonho "utópico". Parecia que o Protótipo Internacional do Quilograma (PIK) tinha vindo para ficar.

Padrão volátil

Um acontecimento essencial teve lugar em 1988, quando o PIK foi retirado de seu cofre e comparado com as seis cópias idênticas mantidas junto com ele, conhecidas como *témoins* (testemunhas). A "verificação" anterior desse tipo, que ocorreu em 1946, descobrira ligeiras diferenças entre essas cópias, atribuídas a interações químicas entre a superfície dos protótipos e o ar, ou à liberação de gás retido. Mas a verificação de 1988 trouxe uma surpresa: as massas das *témoins* pareciam estar flutuando para cima em relação à massa do protótipo. A verificação de 1988 confirmou essa tendência: não só as massas das *témoins*, mas praticamente de todas as cópias nacionais, tinham flutuado para cima em relação ao protótipo, com a diferença em massa entre elas e o protótipo estando na casa de $+50\mu g$, ou seja, uma taxa de variação de 0,5 parte por bilhão por ano. O protótipo internacional se comportava de forma diferente daquela de seus supostos irmãos idênticos.

Au revoir, quilograma

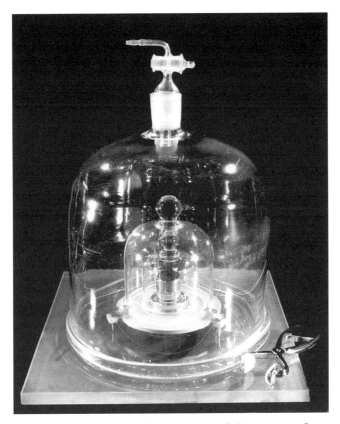

O Protótipo Internacional do Quilograma, guardado em um cofre no porão do Bureau Internacional de Pesos e Medidas (BIPM), nos arredores de Paris.

Quinn, que se tornou diretor do BIPM em 1988, ressaltou as preocupantes implicações da aparente instabilidade do PIK em um artigo publicado em 1991.[3] Como o protótipo é a definição do quilograma, tecnicamente as *témoins* estão ganhando massa. Mas a interpretação "talvez mais provável", escreveu Quinn, "é que a massa do protótipo internacional esteja diminuindo em relação a suas cópias"; isto é, o protótipo em si é instável, está perdendo massa. Embora a definição corrente tivesse "servido bastante bem à comunidade científica, técnica e comercial" por quase um século, esforços para encontrar uma alternativa, sugeriu ele, deveriam ser redobrados. Qualquer padrão artefato terá um certo nível de incerteza porque sua estrutura atômica está sempre mudando – de algumas maneiras que podem ser conhecidas e preditas, portanto compensadas, e de outras que não podem. Ademais, as propriedades de um artefato variam ligeiramente com a temperatura. A solução definitiva seria vincular o padrão de massa, da mesma forma que o padrão de comprimento, a um fenômeno natural. Mas estaria a tecnologia pronta para isso? O sensível nível de precisão necessário para substituir o Protótipo Internacional do Quilograma, disse Quinn, consistia em cerca de uma parte em 10^8.

Em 1991, duas tecnologias notáveis – cada uma desenvolvida no quarto de século anterior, e nenhuma delas criada tendo em mente a redefinição da massa – trouxeram alguma promessa de serem capazes de redefinir o quilograma. Uma abordagem, o "método de Avogadro", realiza a unidade de massa usando um certo número de átomos via construção de uma esfera de cristal único de silício e uma medição da constante de Avogadro. A abordagem da "balança de watt", por outro lado, vincula a unidade de massa à constante de Planck via um dispositivo especial que explora a igualdade das unidades de potência elétrica e mecânica do SI. As duas abordagens são comparáveis porque as constantes de Planck e de Avogadro estão ligadas via outras constantes cujos valores já são bem medidos, inclusive as constantes de Rydberg e da estrutura fina. Embora nenhuma das abordagens estivesse, em 1991, perto de ser capaz de conseguir uma precisão de uma parte em 10^8, na época Quinn pensou que não demoraria muito para que uma delas, ou ambas, pudessem chegar a isso. Seu otimismo foi exagerado.

A esfera...

A abordagem de Avogadro liga as escalas micro e macro definindo a unidade de massa como correspondente a certo número de átomos usando a constante de Avogadro, que relaciona o número de entidades fundamentais (átomos, por exemplo) com a massa molar da substância – tradicionalmente o número de átomos de carbono, cuja massa atômica é doze, em doze gramas de carbono – e é cerca de $6{,}022 \times 10^{23}$ mol^{-1}. Seria, claro,

Au revoir, quilograma

impossível contar a quantidade de átomos um por um, mas isso pode ser conseguido fazendo um cristal suficientemente perfeito de um único elemento e conhecendo as proporções isotópicas da amostra, o espaçamento da grade cristalina e sua densidade. Cristais de silício são ideais para esse propósito, pois são produzidos pela indústria de semicondutores com alta qualidade. O silício natural tem três isótopos – silício-28, silício-29 e silício-30 – e inicialmente parecia que suas proporções relativas podiam ser medidas com precisão suficiente. Embora a medição do espaçamento da grade cristalina tivesse se revelado mais difícil, os metrologistas recorreram a uma técnica chamada Interferômetros Óptico e de Raios X Combinados (Coxi, na sigla em inglês), que apresentada de forma pioneira nos anos 1960 e 1970 no laboratório alemão de padrões nacionais (PTB) e no Bureau Nacional de Padrões dos Estados Unidos (NBS) – precursor do Instituto Nacional de Padrões e Tecnologia (Nist, na sigla em inglês). A técnica relaciona franjas de raios X – portanto, unidades de comprimento métricas – diretamente com os espaçamentos da grade. O truque foi usar os raios X para medir um padrão Moiré de interferência – uma interferência formada pela sobreposição de dois padrões diferentes – criado por três finas camadas de cristal chamadas lamelas. Quando uma dessas lamelas é sincronizada com um interferômetro de laser óptico, e então movida lentamente, é possível estabelecer um elo entre os espaçamentos no padrão Moiré e a frequência do laser óptico. Por um tempo, no início da década de 1980, os resultados dos dois grupos diferiam em uma parte inteira por milhão. Essa perturbadora discrepância foi finalmente explicada por um erro de alinhamento no instrumento do Nist, levando a uma melhora na compreensão de como rechaçar erros sistemáticos nesses dispositivos.

A fonte de incerteza que acabou se revelando muito mais difícil de sobrepujar envolveu a determinação da composição isotópica do silício. Isso pareceu impedir o progresso rumo a uma maior precisão na medição da constante de Avogadro, retendo-a em cerca de três partes em 10^7. Não somente isso, mas o primeiro resultado, obtido em 2003, mostrava uma diferença de mais de uma parte por milhão (1ppm) em relação aos resultados da balança de watt. Havia uma forte suspeita de que a diferença provinha das medições da composição isotópica do silício natural utilizado no experimento. O chefe da equipe do PTB, Peter Becker, teve então um golpe de sorte. Um cientista da antiga Alemanha Oriental, que tinha ligações com as centrífugas que os soviéticos haviam usado para separação de urânio, perguntou a Becker se poderia ser possível usar silício enriquecido. Percebendo que o uso de silício-28 puro eliminaria o que se julgava ser a principal fonte de erro, Becker e seus colaboradores aproveitaram a oportunidade. Embora em 2003 comprar uma amostra dessas fosse caro demais para um único laboratório – 2 milhões de euros por cinco quilogramas de material –, representantes do projeto Avogadro no mundo inteiro decidiram juntar recursos para comprar uma amostra e formar a Coordenação Internacional Avogadro (IAC, na sigla em inglês). Becker, no PTB, administrava o grupo, repartindo tarefas tais como caracterização da pureza, espaçamento da grade e medições de superfície entre os outros laboratórios.

Uma esfera de silício de alta precisão, a ser usada em uma abordagem para definir o quilograma em termos da constante de Planck.

Resultaram duas belíssimas esferas. "Parece que o que fizemos é simplesmente outro artefato como o quilograma – algo do qual estamos tentando fugir", disse Becker no encontro de janeiro da Royal Society. "Não é verdade – a esfera é apenas um método para contar átomos."[4]

...e a balança

A segunda abordagem para redefinir o quilograma envolve uma estranha espécie de balança. Enquanto uma balança comum compara um peso com outro – um saco de maçãs, digamos, *versus* alguma outra coisa de peso conhecido –, a balança de watt compara dois tipos de forças: o peso mecânico de um objeto com a força elétrica de uma bobina condutora de eletricidade colocada num forte campo magnético.[5]

O notável na balança de watt é como ela se baseia em várias descobertas impressionantes, nenhuma delas feita por cientistas buscando medições de massa. Uma dessas descobertas é o efeito de Josephson, que permite medir voltagens com precisão. O outro é o efeito Hall quântico (descoberto por Klaus von Klitzing em 1980), que permite medir precisamente resistências. A terceira é o conceito de equivalência entre potência mecânica e elétrica, cuja origem remonta a Bryan Kibble no NPL, em 1975, que, na verdade, vinha tentando medir as propriedades eletromagnéticas do próton.[6] Essas três descobertas podem agora ser interligadas de tal maneira que o quilograma pode ser medido em termos da constante de Planck, um número que reflete o tamanho da menor quantidade de energia que pode existir de modo independente. Então, utilizando-se o *"bootstrapping"*, o processo pode ser agora invertido, usando-se um valor específico da constante de Planck para definir o quilograma.

Na famosa palestra de Michael Faraday "Uma história química da vela", o cientista britânico disse que as velas eram lindas porque seu funcionamento entrelaça todos os princípios fundamentais da física conhecidos na época, incluindo gravitação, ação capilar e transição de fase. Um comentário semelhante pode ser feito a respeito das balanças de watt, que embora não tão bonitas como as polidas esferas de silício, não obstante combinam a complexa física dos equilíbrios – que inclui elasticidade, física do estado sólido e até sismologia – com eletromagnetismo, supercondutividade, interferometria, gravimetria e física quântica de uma maneira que revela profunda beleza.

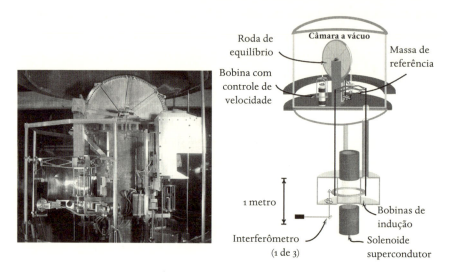

A balança de watt, um dispositivo que vincula o quilograma à constante de Planck, h, permitindo que o quilograma seja definido em termos de uma constante natural. Uma massa de teste de quilograma é colocada numa plataforma de balança conectada a uma bobina de fio de cobre circundando um eletroímã supercondutor. Se for enviada corrente elétrica através da bobina, então, exatamente como ocorre num motor elétrico, são produzidas forças eletromagnéticas para equilibrar o peso da massa de teste. O aparelho mede essa corrente e a força e também pode mover a bobina verticalmente, o que induz uma voltagem como num gerador elétrico, e então são medidas a velocidade e a voltagem da bobina. Essas quatro medições determinam a relação entre a potência elétrica e a mecânica, que podem ser combinadas com outras propriedades básicas da natureza para redefinir o quilograma em termos da constante de Planck.

Au revoir, quilograma

Rumo ao "novo SI"

Com o nascer do século XXI, tanto a abordagem de Avogadro como a da balança de watt chegaram a uma precisão de algumas partes em 10^7, ainda longe da meta de Quinn de uma parte em 10^8. No entanto, Quinn, que deixou o cargo de diretor do BIPM em 2003, decidiu perseguir a redefinição. No começo de 2005, foi coautor de um artigo científico intitulado "Redefinição do quilograma: uma decisão cuja hora chegou", o subtítulo tirado do (a essa altura irônico) relatório do NBS na década de 1970 anunciando a iminente conversão dos Estados Unidos ao sistema métrico. (Os Estados Unidos nunca se converteram e parece improvável que isso ocorra em um futuro breve, dada a nova facilidade, graças aos computadores, de converter unidades imperiais em métricas, e o medo dos políticos norte-americanos de embarcar numa reforma.) "As vantagens de redefinir o quilograma imediatamente sobrepujam em muito quaisquer aparentes desvantagens", escreveram os autores, apesar da aparente inconsistência de 1ppm entre os resultados da balança de watt e o cristal de silício.[7] Eles estavam tão confiantes na aprovação da próxima conferência – a XXIII CGPM, em 2007 – que inseriram termos para uma nova definição no "Apêndice A" da brochura oficial do BIPM, onde constava o SI. Além disso, quiseram definir cada uma das sete unidades básicas do SI em termos de constantes físicas ou propriedades atômicas. Em fevereiro de 2005, Quinn organizou um encontro na Royal Society para familiarizar a comunidade científica com o plano.

A reação variou de morna a hostil. "Fomos surpreendidos de guarda baixa", comentou um dos participantes. A defesa das mudanças propostas não fora muito elaborada no encontro de 2005, e muitos o julgavam desnecessário, dado que a precisão disponível no sistema de artefatos existente era maior do que as duas tecnologias recém-concebidas. Não só as aproximações obtidas pelas abordagens de Avogadro e balança de watt estavam, no mínimo, a uma ordem de grandeza da meta estabelecida por Quinn em 1991, como ainda havia essa diferença de 1ppm a ser explicada. Não obstante, a ideia fincou posição, e o órgão que governava o BIPM, o

Comitê Internacional de Pesos e Medidas, em outubro de 2005 adotou uma recomendação na qual aceitava uma redefinição do quilograma conforme fora proposto no artigo de 2005, mas ia mais longe, incluindo redefinições de quatro unidades básicas (quilograma, ampere, kelvin, mol) em termos de constantes físicas fundamentais (a constante de Planck h, a carga elementar e, a constante de Boltzmann k, e a constante de Avogadro NA, respectivamente). Quinn e seus colegas publicaram então um segundo artigo em 2006 no qual apresentavam propostas específicas destinadas a implantar a Recomendação do CIPM, mas não para 2007. Em vez disso, propuseram as novas definições para a XXIV Conferência Geral em 2011.

SI E O NOVO SI:

DEFINIÇÃO DAS SETE UNIDADES BÁSICAS

GRANDEZA BÁSICA	UNIDADE BÁSICA	SÍMBOLO	CONSTANTES DE REFERÊNCIA USADAS PARA DEFINIR A UNIDADE NO ATUAL SI	CONSTANTES DE REFERÊNCIA USADAS PARA DEFINIR A UNIDADE NO "NOVO SI"
tempo	segundo	s	desdobramento hiperfino do Cs^{-133}	desdobramento hiperfino do Cs^{-133}
comprimento	metro	m	velocidade da luz no vácuo c	velocidade da luz no vácuo c
massa	quilograma	kg	massa do Protótipo Internacional do Quilograma	constante de Planck h
corrente elétrica	ampere	A	permeabilidade do espaço livre	carga elementar e
temperatura termodinâmica	kelvin	K	ponto triplo da água	constante de Boltzmann k
quantidade de substância	mol	mol	massa molar do carbono-12	constante de Avogadro NA
intensidade luminosa	candela	cd	eficácia luminosa de uma fonte de 540THz	eficácia luminosa de uma fonte de 540THz

Desde 2006 ambas as abordagens realizaram progressos significativos. Em 2004, silício enriquecido na forma de SiF_4 foi produzido em São Petersburgo e convertido num policristal em um laboratório em Nizhny Novgorod. O policristal foi despachado para Berlim, onde um bastão de

Au revoir, quilograma

5kg de cristal único foi manufaturado em 2007. O bastão foi enviado à Austrália para ser moldado em duas esferas polidas, e as esferas foram medidas na Alemanha, Itália, Japão e no BIPM. Em janeiro de 2011, o IAC informou uma nova medição, com resultados com aproximação de 3,0 $\times 10^{-8}$, chegando bem perto do alvo. O resultado, escrevem os autores, é "um passo no caminho de demonstrar uma *mise en pratique* bem-sucedida de uma definição de quilograma baseada num valor fixo de *NA* ou *h* [Avogadro ou Planck]", e alegam que é "o mais acurado dado de entrada para uma nova definição do quilograma".[8]

A tecnologia da balança de watt, também, tem progredido regularmente. Dispositivos com diferentes desenhos estão em desenvolvimento na Suíça, na França, na China, no Canadá e no BIPM. Os resultados indicam a capacidade de chegar a uma incerteza de menos de 1 em 10^7. O problema principal é o alinhamento: a força produzida pela bobina e sua velocidade precisam ser cuidadosamente alinhadas com a gravidade. Quanto maior a redução da incerteza geral, mais difícil é obter esses alinhamentos. A diferença anterior de 1ppm foi reduzida em torno de 1,7 parte em 10^7, próxima mas ainda insuficiente.

O resultado mudou as atitudes em relação às alterações propostas, levando a um quase consenso na comunidade metrológica de que uma redefinição não só é possível, como também provável. Um comitê consultivo do BIPM propôs critérios para redefinição: deveria haver pelo menos três experimentos diferentes, pelo menos um de cada abordagem, com uma aproximação de menos de cinco partes em 10^8; pelo menos um deveria ter uma aproximação inferior a duas partes em 10^8; e todos os resultados deveriam concordar dentro de um nível de confiança de 95%. Atualmente as novas tecnologias não fornecerão uma precisão geral maior, mas oferecerão maior estabilidade. No longo prazo, é bem provável que a aproximação das balanças de watt caia de menos de uma parte em 10^8 para algumas partes em 10^9. No momento massas podem ser comparadas com uma precisão de uma parte em 10^{10}, mas as melhores aproximações são algumas partes em 10^9 ao se relacionar a massa com o Protótipo Internacional do Quilograma.

A proposta redigida por Quinn e colegas para aquilo que é chamado "Novo SI" quase com certeza será aprovada. Ela, na verdade, não redefine o quilograma, mas "toma nota" da intenção de fazê-lo. A proposta põe a redefinição do quilograma no mesmo saco das redefinições das outras unidades básicas em termos de constante, tudo num único pacote. A redefinição do quilograma é a mais problemática, pois requer mais desenvolvimento tecnológico e dados científicos, e sua redefinição também está amarrada à do ampere e do mol. A redefinição do kelvin, em princípio, poderia ser buscada sozinha, mas os funcionários do BIPM julgaram melhor, por motivos educacionais e administrativos, fazer uma mudança coordenada no sistema metrológico mundial, em vez de mudá-lo aos pedaços. Seu objetivo é aprovar esse pacote no próximo encontro da CGPM, em 2015. O destino do pacote está agora nas mãos dos experimentalistas, que estão encarregados de atender aos critérios acima mencionados.

DEFINIÇÕES DO QUILOGRAMA SI *VS.* NOVO SI

DEFINIÇÃO DO SI: "O quilograma é a unidade de massa; é igual à massa do protótipo internacional do quilograma. Segue-se que a massa do protótipo internacional do quilograma, m (κ), é sempre exatamente 1kg."

DEFINIÇÃO DO NOVO SI: "O quilograma, kg, é a unidade de massa; sua grandeza é estabelecida fixando-se o valor numérico da constante de Planck, constante exatamente igual a 6,628.068... $\times$ 10^{-34} quando expressa nas unidades s^{-1} m^2 kg, que equivale a J s." As reticências (...) indicam o número exato ainda a ser especificado. A definição deixa também em aberto a tecnologia (*mise en pratique*) pela qual a definição será efetivada.

Esse desenvolvimento deu a Quinn a confiança para organizar outro encontro. Dessa vez, ele e seus colegas organizadores divisaram uma estratégia cuidadosa. Os 150 participantes do encontro de janeiro de 2011 na Royal Society incluíam três laureados com o Nobel: John Hall, da Jila (cujo trabalho contribuiu para a redefinição do metro), Bill Phillips, da Nist, e o próprio Von Klitzing. Essas constantes físicas jamais serão medidas

Au revoir, quilograma

novamente porque, dentro do SI, seus valores numéricos são fixos. Além disso, as definições são similares em estrutura e fraseado, e a conexão com constantes físicas, explicitada. A linguagem deixa claro o que essas definições realmente significam – o que *significa* amarrar uma unidade a uma constante natural. As definições, portanto, possuem uma elegância conceitual.

UMA ÚNICA DECLARAÇÃO PARA DEFINIR TODO O NOVO SI:

O Sistema Internacional de Unidades, o SI, é o sistema de unidades no qual:
- a frequência do desdobramento hiperfino do estado fundamental do átomo de césio-133 $\Delta v(^{133}Cs)_{hfs}$ é exatamente 9.192.631.770 hertz;
- a velocidade da luz no vácuo c é exatamente 299.792.458 metros por segundo;
- a constante de Planck h é exatamente $6,626068 \ldots \times 10^{-34}$ joule segundo;
- a carga elementar e é exatamente $1,602176 \ldots \times 10^{-19}$ coulomb;
- a constante de Boltzmann k é exatamente $1,38065 \ldots \times 10^{-23}$ joule por kelvin;
- a constante de Avogadro NA é exatamente $6,022141 \ldots \times 10^{23}$ unidades recíprocas por mol;
- a eficácia luminosa K_{cd} da radiação monocromática de frequência 540×10^{12} Hz é exatamente 683 lúmen por watt.

A comunidade metrológica é vasta e diversificada, e diferentes grupos tendem a ter opiniões diversas sobre as propostas. Aqueles que fazem medições elétricas tendem a ser entusiastas; os valores da constante de Planck e da carga elementar, que tais cientistas usam com frequência, agora ficaram determinados com exatidão, sendo muito mais fácil trabalhar com elas. Ademais, a incômoda cisão entre as melhores unidades elétricas introduzidas pelo dispositivo de Kibble e as disponíveis no SI fica erradicada. A única objeção direta desse lado do encontro, feita por Von Klitzing, foi na brincadeira: "Guardem a constante Von Klitzing!", ele protestou, ressaltando que a constante com seu nome, que fora estabelecida convencionalmente (fora do SI) como 25812,807 ohms exatamente por duas décadas, agora fica reavaliada, tornando-a longa e pesadona ao invés de curta e clara. Todavia, ele manifestou simpatia pela redefinição, citando o comentário de Max Planck de que "com o auxílio das constantes fundamentais temos a possibilidade de estabelecer unidades de comprimento, tempo, massa e temperatura que necessariamente retenham seus significados para todas as culturas, mesmo não terrenas e não humanas".[9]

A comunidade de medição de massa tende a ser menos otimista. Medidores de massa conseguem atualmente comparar massas com precisão maior em cerca de uma ordem de grandeza – uma parte em 10^9 – do que conseguem obter medindo diretamente uma constante. Logo, as novas definições parecem introduzir mais incerteza nas medições de massa do que existe hoje; em lugar de uma rastreabilidade em relação a uma massa precisamente mensurável, agora tem-se uma rastreabilidade em relação a um complicado experimento executado em vários laboratórios de diversos países. Conforme observou Richard Davis, ex-chefe da divisão de massa do BIPM, referindo-se ao SI: "É preciso que seja como uma peça de mobília Shaker: não só bonita, mas funcional." No entanto, os defensores assinalam que medições comparativas escondem a incerteza atual no artefato do quilograma em si, de modo que, em última análise, não é introduzida nenhuma incerteza nova. "A incerteza é conservada", comentou Quinn.

Um grupo não presente ao encontro eram os estudantes, educadores e outros membros do público interessados em compreender metrologia. Conforme se queixou o *Chicago Daily Tribune* depois que foi criado o SI, em 1960, questões fundamentais de mensuração, que deveriam ser simples de entender para a pessoa média, estão se tornando complexas demais para qualquer um que não seja cientista. Um dos atrativos da ciência para estudantes é que os conceitos e práticas sejam inteligíveis – ou busquem ser –, mas o novo SI parece deixar os fundamentos da metrologia fora do alcance de todos, exceto iniciados. Ai dos açougueiros e donos de mercearias, pode brincar alguém quando o novo SI entrar em vigor, que não sejam proficientes em mecânica quântica.

Ainda assim, cada época baseia seus padrões no terreno mais sólido que conhece, e é apropriado que no século XXI isso inclua o quantum,

Au revoir, quilograma

uma peça fundamental da estrutura do mundo como a conhecemos. Nenhum dos participantes do encontro na Royal Society fez, em princípio, objeções à ideia de que o quilograma eventualmente fosse redefinido em termos da constante de Planck. "É um escândalo que tenhamos esse quilograma mudando sua massa – e, portanto, mudando a massa de tudo o mais no Universo", comentou Phillips a certa altura.[10] Algumas pessoas ficaram incomodadas com o fato de agora parecer impossível que os cientistas detectassem se certas constantes fundamentais estavam mudando de valor, embora outros tivessem observado que tais mudanças eram detectáveis por outros meios. Muitos participantes, porém, estavam perturbados com o fato de as equipes de Avogadro e balança de watt terem produzido duas medições que ainda não estão suficientemente de acordo, montando a maior parafernália com o único intuito de determinar um só valor. "A pessoa que só tem um relógio sabe que horas são", disse Davis, citando um antigo dito espirituoso da metrologia: "A pessoa que tem dois não tem certeza."

Quinn tinha confiança de que a discrepância seria resolvida em poucos anos. A única controvérsia clara no encontro referia-se a o que sucederia se isso não acontecesse. Quinn quer mergulhar de cabeça na redefinição de qualquer maneira, considerando que a discrepância envolve níveis de precisão tão minúsculos que não afetariam as medições na prática. Alguns objetaram receando que poderia haver efeitos secundários, tais como em metrologia legal, que diz respeito aos regulamentos legais incorporados em acordos nacionais e internacionais (quando alguém sugeriu que os metrologistas poderiam facilmente persuadir advogados a revisar seus documentos à luz dos dados frios da ciência, risos tomaram conta da sala.) Outros se preocupam com a percepção da metrologia e dos laboratórios metrológicos se um valor for fixado prematuramente e depois a escala de massa precisar ser alterada à luz de medições melhores no futuro. O diretor do NPL, Brian Bowsher, referindo-se à atual controvérsia em torno da mudança do clima, na qual os céticos saltam a qualquer indício de incerteza nas medições, enfatizou a importância de ser "o pessoal que dedica tempo a acertar".

Chamar o Novo SI de maior mudança desde a Revolução Francesa pode ser uma hipérbole. O advento do SI, em 1960, foi certamente radical na medida em que introduziu novas unidades e ligou unidades existentes a fenômenos naturais pela primeira vez. As novas mudanças também mal terão algum impacto na prática da medição, e existem em grande parte por razões pedagógicas e conceituais. O Novo SI, porém, representa, sim, uma transformação no status da metrologia. Quando o SI foi criado, na XI CGPM, em 1960, a metrologia era encarada como uma espécie de quintal dos fundos da ciência, quase uma área de serviço. Os metrologistas construíam o palco onde os cientistas atuavam. Forneciam o andaime – um conjunto bem-conservado de padrões e instrumentos de medição, e um conjunto bem-supervisionado de instituições que cultivavam a confiança – que possibilitava aos cientistas conduzir suas pesquisas. O Novo SI, e as tecnologias que o tornam possível, conectam a metrologia muito mais intimamente com a física fundamental.

O Novo SI se assemelha ao canhão do meio-dia no sentido de que seus padrões ainda são convencionais, resultado de escolha humana. Resta uma tartaruga final, por assim dizer, no nosso sistema de medidas; na verdade, sete tartarugas, uma para cada uma das sete unidades básicas. Mas essas últimas tartarugas – constantes físicas ou propriedades atômicas – são produto do ambiente científica e tecnologicamente rico do século XXI, e mais abstratas do que jamais foram, mais do que nunca produto do planejamento e deliberação humanos. Esses padrões também estão entrelaçados intimamente no tecido da estrutura do mundo, mais do que os anteriores. O Novo SI certamente virá a ser suplementado com mais unidades derivadas para adequar-se às mudanças na ciência, e será acompanhado de mais unidades externas ao SI que surgirão espontaneamente para adequar-se aos propósitos do dia a dia. Ele poderá ser novamente revisado no futuro. Mas o novo sistema metrológico está conectado, como nunca antes o foi, ao nosso melhor juízo da estrutura última do mundo físico. Ele é empolgante em sua ambição e a realização de um sonho de séculos.

Epílogo

> Mede-palmos, mede-palmos
> Medindo o malmequer
> Você e sua aritmética
> Provavelmente irão longe
>
> Mede-palmos, mede-palmos
> Medindo o malmequer
> Penso que devia parar e olhar
> Quão bonito ele é
>
> FRANK LOESSER

HÁ DOIS MODOS DIFERENTES de medir, ressaltava o filósofo grego Platão. Um, o modo discutido neste livro, envolve números, unidades, uma escala e um ponto de partida. Estabelece que uma propriedade é maior ou menor que outra, ou atribui um número a quanto de uma dada propriedade algo possui. Podemos chamá-lo de medição "ôntica", empregando o termo aplicado por filósofos a objetos ou propriedades reais de existência independente. Este livro narrou a história de como a mensuração ôntica evoluiu a partir de improvisadas medidas corporais e artefatos desconexos até chegar a uma rede universal que relaciona muitos tipos diferentes de medição e, em última instância, os vincula a padrões absolutos – constantes físicas.

Todavia, existe outro modo de medir que não envolve colocar-se ao lado de um bastão graduado ou de um prato de balança. Esse é o tipo de medição que Platão dizia ser guiado por um padrão de "apropriado" ou "correto". Essa forma de medir é menos um ato do que uma experiência; a experiência de que as coisas que fizemos são – ou nós mesmos somos – menos do que poderiam ou deveriam ser. Não podemos efetuar esse tipo de medição seguindo regras, e ela não se presta a quantificação. Será apenas uma medição "metafórica"? Ela é uma comparação relativa a um padrão. Colocadas junto a exemplo apropriado ou correto, as nossas ações – e até *nós mesmos* – não são suficientes; é possível ser mais. Sentimos que não estamos à altura do nosso potencial. Podemos chamar essa medição de "ontológica", conforme o termo que os filósofos usam para descrever a maneira como algo existe.

A medição ontológica não envolve uma propriedade específica, em sentido literal, pois não envolve nada quantitativo. Podemos calcular tudo que nos aprouver; jamais produziremos esse tipo de medição. Não há nenhum método que nos leve a ela. A medição ontológica nos liga a algo transumano, algo *de que participamos*, não algo *que comandamos*. Enquanto na medição ôntica comparamos um objeto a outro exterior a ele, na medição ontológica nós nos comparamos, ou alguma coisa que tenhamos feito, com algo no qual nosso ser está implicado, com o qual está relacionado – tal como um conceito de bom, justo ou belo. A medição ontológica é onticamente imensurável.

Para crentes religiosos, nós, humanos, geralmente levamos vidas imperfeitas: não estamos à altura. Eruditos do mundo antigo tinham extrema confiança de que existiam padrões para o nosso potencial, e que os seres humanos podiam encontrar esses padrões e usá-los como medidas. Aristóteles descreve o homem moral como uma "medida" no Livro 9 de *Ética a Nicômaco*. Com isso ele não queria dizer que um homem moral é algo com o qual podemos nos comparar fisicamente, ou mesmo de modo simbólico, mas que nossos encontros com seres humanos genuinamente morais "nos fazem transcender a nós mesmos", em geral à força, fazendo com que desejemos ser seres humanos melhores.

A medição ontológica é a mensuração instigada por bons exemplos. A história da literatura e da arte está repleta de grandes obras e atuações

Epílogo

que cada artista pode vivenciar como referências para medir suas realizações. Essas grandes obras e atuações do passado gritam para os artistas do presente dizendo que ainda há mais para fazer. As tradições mudam, e com elas as ideias do que é bom e do que não é. Mas tradições fornecem um horizonte autenticador no qual os artistas vivenciam uma medida do que é bom e do que não é, o que é original e o que é eco, o que é vibrante e cheio de vida e o que é imperfeito.

A maneira como os filósofos muitas vezes descrevem o "chamado da consciência" envolve medição ontológica, uma variação secular da velha ideia espiritual de "ser chamado de volta para si mesmo". Consciência, como outras formas de mensuração ontológica, requer que estejamos abertos para sermos capazes de dizer "eu poderia ser melhor", que estejamos abertos para sermos capazes de vivenciar a nós mesmos como ontologicamente imperfeitos – uma coisa positiva![1] Esse é o fundamento da ética. Quando os seres humanos carecem desse sentido – e entendem a ética consistindo em, digamos, obedecer a regras –, tal comportamento tem pouco a ver com a ética genuína. Pois por que escolhemos *essas* regras, e como sabemos que de fato são regras *morais*? Só porque alguém nos disse? É somente porque *já* sabemos como é ser ontologicamente imperfeito – por termos tido essa vivência – e *já* sabemos que essas regras ajudam a nos guiar rumo ao tipo de conduta que tende a fazer melhorar aqueles que as seguem.

Artistas e atores, especialmente – mas também engenheiros, educadores, empresários, juízes e profissionais de outras áreas –, praticam o tempo inteiro ambos os tipos de medição. Mas os dois tipos são muitas vezes confundidos, amiúde com resultados perniciosos. O livro de Stephen Jay Gould *A falsa medida do homem* trata da falácia de que "se pode atribuir valor a indivíduos e grupos medindo-se a inteligência como grandeza singular". A peça de Shakespeare *Medida por medida* – uma alusão a Mateus 7:1-2: "Não julgueis, para que não sejais julgados. Porque com o juízo com que julgardes sereis julgados e com a medida com que tiverdes medido vos hão de medir a vós" – trata da necessidade de temperar a aplicação literal das medidas legais com empatia e misericórdia, para poder corresponder ao que significa ser plenamente humano. O pensamento moral começa com a distinção entre medidas ônticas e ontológicas.

Heidegger gostava de mencionar a passagem citada com frequência do poeta Friedrich Hölderlin: "Há sobre a Terra uma medida? Não há nenhuma."[2] Se é assim, isso reflete um curioso estado de coisas: ao mesmo tempo em que o mundo moderno foi progressivamente melhorando e aperfeiçoando suas medidas ônticas, diminuiu sua habilidade de medir a si mesmo ontologicamente. Como isso pode ter acontecido?

A razão é que a medição ôntica pode desviar a atenção, e até mesmo ter um efeito corrosivo, da medição ontológica. O antigo erudito Flávio Josefo, referindo-se a Caim, filho de Adão, disse: "Ele também introduziu uma mudança na forma de simplicidade em que os homens viviam antes; e foi autor de medidas e pesos. E enquanto eles viviam inocente e generosamente enquanto nada sabiam de tais artes, ele mudou o mundo trazendo uma ardilosa astúcia."[3] Algo na prática da mensuração, conclui Josefo, tende a tornar todos nós trapaceiros. Estávamos melhor antes dessa novidade.

A capacidade e as novas ferramentas para medições nas nossas vidas parecem estar crescendo continuamente, e podem parecer um bem irrestrito. Um website, The Quantified Self, se apresenta como provendo "ferramentas para conhecer sua mente e seu corpo". Essas ferramentas são meios de coletar dados sobre o tempo que despendemos em atividades como trabalhar, comer, dormir, fazer sexo, preocupar-se, limpar, tomar café e cada outro aspecto da vida diária. "Por trás do fascínio do eu quantificado", escreveu o cofundador do site no *New York Times*, "há um palpite de que muitos dos nossos problemas advêm da simples carência de instrumentos para entender quem somos."[4] Que privilégio, portanto, sermos capazes de quantificar todo aspecto de nossa vida nesse mundo em alta velocidade, mudando rapidamente! Aqui não há ambiguidade. A medição é uma ferramenta indispensável de autoconhecimento. Quanto melhor medimos, mais sabemos a respeito de nós mesmos.

Em contraste, *Vital Statistics of a Citizen, Simply Obtained*, um vídeo de quarenta minutos de uma peça performática da artista norte-americana

Epílogo 257

Martha Rosler (1977), retrata a mensuração como absolutamente desumanizadora. A maior parte do vídeo consiste em uma mulher de 33 anos sendo medida por dois homens de jaleco branco, um deles tirando as medidas enquanto o outro as anota. No começo eles a colocam contra uma parede e desenham uma imagem medida da mulher com os membros esticados, semelhante a um Homem Vitruviano. Depois pedem-lhe que tire outras peças de roupa enquanto medem partes mais íntimas do seu corpo, culminando na sua "profundidade vaginal". Eles a fazem deitar-se horizontalmente diante de sua imagem medida. Enquanto está sendo medida e outro homem vai anunciando ao outro cada um dos valores, ele os qualifica de "abaixo do padrão" (ao que a trilha sonora faz um som rascado), "acima do padrão" (um bipe) e "padrão" (sinos tocando). Entrementes, uma locução com voz feminina caracteriza o que está acontecendo em termos apocalípticos, referindo-se a estupro, desumanização, degradação, exploração, eugenia e tirania; a locução diz que a mulher está sendo doutrinada a manipular sua imagem, a ver seu corpo como partes e a perder a noção do seu eu, citando o filósofo Jean-Paul Sartre: "O mal é o produto da capacidade humana de tornar abstrato o que é concreto." Depois que os homens encarregados da medição terminam com a mulher, ela veste novamente as roupas em duas sequências: numa, ela põe um vestido de noiva com véu e na outra, um vestidinho preto sensual. A sequência do vestido de noiva leva-a a voltar para a parede e ficar parada com ar recatado e complacente ao lado de sua imagem medida; na sequência do vestidinho preto ela sai correndo na direção oposta. O vídeo acaba com os dois médicos convocando outra mulher: "A próxima!"[5]

Aqui também não há ambiguidade. Medir traz algo ruim para nós. O que está errado não é simplesmente uma precisão deslocada – isso é pouco. Medir é algo muito mais sinistro, uma ferramenta de opressão. Medir destrói o nosso eu, ou, pelo menos, o eu das mulheres; os homens, evidentemente, não tinham eu desde o começo, ou então livraram-se dele muito tempo atrás. É melhor aqueles que ainda o têm renunciarem à medição.

A "armação" significa que o ambiente em que nós fazemos medições não é neutro; era esse o ponto de Heidegger. Na atmosfera moderna, medir tende a nos distrair e confundir. Temos a tendência de tirar demais os olhos do que estamos medindo, e por que estamos medindo, para focalizar a medição em si. Medir certamente funciona e nos ajuda a levar a vida, mas na paisagem métrica moderna pode nos levar a pensar que medir é tudo de que precisamos para viver. Questões de política ou decisões fundamentais – "Devemos demitir nossos professores?" ou "Em que faculdade devo me matricular?" – são resolvidas por meio de questões de medidas – "Quais são os resultados dos testes?", "Qual é a classificação?".

O Homem Vitruviano era uma imagem ideal, algo que conectava os seres humanos com a beleza, a perfeição e outras metas transumanas, metas rumo às quais as medidas podiam servir apenas como placas de orientação. Joe e Josephine são algo diferente; são modelos, meios pelos quais os projetistas conseguem a criação eficiente de interfaces entre os seres humanos e o mundo. Metas transumanas são algo ausente; Joe e Josephine auxiliam no objetivo de pôr o mundo à disposição dos desejos e necessidades dos seres humanos. Meu avatar da $[TC]^2$ está ainda mais distante do Homem Vitruviano, até mesmo de Joe e Josephine. É um meio para que eu, como indivíduo, possa comprar roupas cujas medidas sejam perfeitas para o meu corpo. Ele fomenta não a apreciação da beleza, nem mesmo a reconstrução eficiente do mundo, mas o consumismo e a minha própria vontade subjetiva.

Como podemos ficar de olho na diferença entre medição ôntica e ontológica e evitar que uma interfira com a outra?

Uma maneira é perguntar o que está faltando, se é que falta alguma coisa, nas medições reveladas pela paisagem métrica moderna. Temos avatares, e avatares que se movem, e até mesmo avatares que se movem revelando como é o caimento das nossas roupas por trás ou quando penduradas em araras que podemos consultar no *showroom* ou até mesmo em casa – será que nossas roupas estão nos servindo melhor, ou será que esses brinquedinhos todos só nos fazem sentir que estão? Será que os testes administrados pelas escolas estão deixando os estudantes mais inteligentes e mais educados, ou será que só nos fazem pensar que sabemos como avaliar a educação escolar? Será que a habilidade de medir níveis mínimos

Epílogo 259

de toxinas está nos deixando mais seguros, ou será que tende a provocar exatamente o contrário, levando-nos a gastar desnecessariamente enormes quantias de dinheiro para eliminar toxinas, só para que nos sintamos mais seguros? Mesmo na paisagem métrica moderna, a mensuração não impulsiona o resto da vida humana; a pergunta "Por que medimos?" está permanentemente soando ao fundo, basta prestar atenção.

Na paisagem métrica moderna temos de prestar uma atenção mais cuidadosa do que nunca para as metas que estamos tentando atingir com as medições, e não simplesmente às medições em si. Temos de tomar mais cuidado para focalizar as nossas insatisfações, ou aquilo que as medições não oferecem. E temos de atender a essas insatisfações, não descartando as medidas que temos e buscando medidas novas e melhores, pois estas também acabarão não correspondendo ao que desejamos e terão de ser também descartadas, nem presumindo que aquilo que buscamos jaz "além" das medições. Em vez disso, a paisagem métrica moderna requer que articulemos com mais cuidado o que as nossas medições não fornecem.

Mas a maneira mais importante de ficar de olho na diferença entre medição ôntica e ontológica na paisagem métrica moderna é refletir não apenas sobre como atos de mensuração individuais são executados, mas na paisagem em si e o que ela nos proporciona. Mesmo depois de vincularmos o canhão do meio-dia a um padrão absoluto, ainda precisamos ficar nos lembrando dos propósitos humanos que nos levaram a criá-lo no início – e onde ele interfere, se é que interfere, com qualquer um desses propósitos. Podemos fazer isso em parte dando em nós mesmos beliscões de "zombametria" e lições de filosofia, mas muito mais importante é recontar a história da medição – lembrando-nos de como surgiu a paisagem métrica moderna, quais eram as alternativas, por que nós as rejeitamos e o que ganhamos, mas também perdemos, rejeitando-as.

Notas

1. O Homem Vitruviano (p.11-28)

1. Daniel Defoe, *The Life and Adventures of Robinson Crusoe*, Nova York, Greenwich House, 1982, p.162-6.
2. Stefan Strelcyn, "Contribution à l'histoire des poids et mesures en Ethiopie", in *Rocznik Orientalistyczny* 28, n.2, 1965, p.77.
3. Peter Kidson, "A Metrological Investigation", in *Journal of the Warburg and Courtauld Institutes* 53, 1990, p.86-7.
4. Emily Thompson, *The Soundscape of Modernity: Architectural Acoustics and the Culture of Listening in America, 1900-1933*, Cambridge, MIT Press, 2002.
5. Sabine tinha consciência de que janelas abertas eram um fator importante na redução do som, pois em vez de absorvê-lo como os assentos almofadados, o transmitiam para o exterior e eram mais "universais" na medida em que as propriedades das janelas eram mais similares de um prédio para outro do que as dos assentos. Ainda assim, ele preferiu os assentos almofadados porque eram mais convenientes para a experimentação. "É necessário, portanto, trabalhar com os assentos almofadados, mas expressar os resultados em unidades de janelas abertas", escreveu ele.
6. Ver o memorial biográfico de Sabine na National Academy of Sciences: http://books.nap.edu/html/biomems/wsabine.pdf; ver também Emily Thompson, op.cit.
7. *The Laws of Manu*, trad. ing. G. Bühler, Oxford, Clarendon Press, 1886, cap.8, seções 132-4.
8. Eric Cross, *The Tailor and Antsy*, Dublin, Mercier Press, 1942, p.31, 86-7.
9. Vitruvius, *Ten Books on Architecture*, trad. ing. H.H. Morgan, Cambridge, Harvard University Press, 1914, livro III, cap.1, seções 3, 5, www.gutenberg.org/files/20239/20239-h/29239-h.htm.
10. Ver Mark W. Jones, "Doric Measure and Architectural Design I: The Evidence of the Relief from Salamis", in *American Journal of Archaeology* 104, n.1, jan 2000, p.73-93.
11. Estou invertendo a terminologia do professor de arquitetura e urbanista Robert Tavernor, em *Smoot's Ear: The Measure of Humanity*, New Haven, Yale University Press, 2007, p.45, que chama a criação de um padrão artefato de "descorporificação". Penso que faz mais sentido referir-se a um artefato como corporificação de medidas e ao desenvolvimento moderno – substituir padrões artefatos por constantes naturais, mediante a tecnologia – de descorporificação.
12. Peter Menzel e Faith D'Aluisio, *Hungry Planes*, Napa, Material World Books, 2005, p.237.

Notas 261

13. A principal pessoa a promover esse termo é Hans Vogel, que o aplicou ao contexto chinês em "Aspects of Metrosophy and Metrology, during the Han Period", in *Extrême-Orient, Extrême-Occident* 16, 1994, p.135-52. No entanto, estou expandindo amplamente o escopo desse maravilhoso termo.

14. Heródoto, *The History of Herodotus*, trad. ing. George Rawlinson, livro IV, seção 196. Chicago, Encyclopaedia Britannica, Inc., 1952, p.158.

15. Flávio Josefo, *Antiquities of the Jews*, trad. ingl. William Whiston, livro I, capítulo 2, seção 2, http://reluctant-messenger.com/josephusA01.htm.

2. China antiga: pés e flautas (p.29-46)

1. Entrevista, Guangming Qiu, 2 jul 2010; tradutor Ruolei Wu.

2. David N. Keightley, "A Measure of Man in Early China: In Search of the Neolithic Inch", in *Chinese Science* 12, 1995, p.18-40, na p.18.

3. Mencionado, por exemplo, por Joseph Needham em *Science and Civilization in China*, vol.3, Cambridge, Cambridge University Press, 1959, p.84.

4. Robert Poor, "The Circle and the Square: Measure and Ritual in Ancient China", in *Monumenta Serica* 43, 1995, p.159-210, na p.180.

5. Sobre os primórdios da musicologia chinesa em inglês, Howard L. Goodman, *Xun Xu and the Politics of Precision in Third-Century AD China*, Boston, Brill, 2010, focaliza o período dos anos 180 a 300. A extensa bibliografia cobre as principais fontes em chinês e em inglês.

6. Robert Bagley, "The Prehistory of Chinese Music Theory", in *Proceedings of the British Academy* 131, 2005, p.41-90.

7. Bell Yung, em B. Yung, E. Rawski e R. Watson (orgs.), *Harmony and Counterpoint: Ritual Music in Chinese Context*, Stanford, Stanford University Press, 1996, p.23.

8. Essa história é reciclada, por exemplo, em John Ferguson, "Chinese Foot Measure", in *Monumenta Serica* 6, 1941, p.357-82, na p.366.

9. Howard L. Goodman, op.cit.

10. Ibid., p.242.

11. Ibid., p.211.

12. Ibid., p.176.

13. Ibid., p.196.

14. Zichu Wang, *Xun Xu dilü yanjiu* [Pesquisa sobre o sistema tonal de flauta di de Xun Xu], Pequim, Editora de Música Popular, 1995.

15. Howard L. Goodman e E. Lien, "A Third Century AD Chinese System of Di-Flute Temperament: Matching Ancient Pitch-Standards and Confronting Modal Practice", in *The Galpin Society Journal* 62, abr 2009, p.3-24.

16. Jack A. Goldstone, "The Rise of the West – or Not? A Revision to Socioeconomic History", www.hartford-hwp.com/archives/10/114.html (acessado em 4 mai 2011).

17. Guangming Qiu, *Zhongguo lidai duliangheng kao* [Um estudo de pesos e medidas através das eras na China], Pequim, Editora de Ciência, 1992. Outros que trabalham com metrologia chinesa incluem Zengjian Guan et al., *Zhongguo jin xian dai ji liang shi gao* [Esboço de uma história da metrologia moderna e contemporânea na China], Shandong, Editora Pedagógica Shandong, 2005. Ver também Zhengzhong Guo, *San zhi shisi shiji Zhongguo de quanheng duliang* [Pesos e medidas chineses: século IV a XIV], Pequim, Editora de Ciências Sociais da China, 1993.

3. África ocidental: pesos de ouro (p.47-61)

1. Sobre Niangoran-Bouah, ver K. Arnaut, "Les Hommes de Terrain: Georges Niangoran-Bouah and the Academia of Autochthony in Postcolonial Côte d'Ivoire", in *Kasa Bya Kasa, Revue Ivoirienne d'Athropologie et de Sociologie*, n.15, 2009; Karel Arnaut e Jan Blommaert, "Chthonic Science: Georges Niangoran-Bouah and the Anthropology of Belonging in Côte d'Ivoire", in *American Ethnologist* 36, n.3, 2009, p.574-90.
2. "Os elementos culturais de uma dada sociedade", decidiu Niangoran-Bouah, "são o que eles são para os membros dessa sociedade antes de se tornarem objeto de estudo por parte de trabalhadores científicos de campo." Ele precisou mudar seu programa de pesquisa "para descobrir a realidade desses elementos por meio do contexto original". Georges Niangoran-Bouah, *The Akan World of Gold Weights*, 3 vols., Abidjã, Nouvelles Éditions Africaines, 1984, vol.3, p.12.
3. Niangoran-Bouah, op.cit., vol.1, p.42-3.
4. Ibid., p.43.
5. A. Ott, "Akan Gold Weights", in *Transactions of the Historical Society of Ghana 9*, 1968, p.37, citado em *Equal Measure for Kings and Commoners: Goldweights of the Akan from the Collections of the Glenbow Museum*, Calgary, Canadá, Glenbow Museum, 1982, p.25.
6. O resultado foi a tese de doutorado avançado de Niangoran-Bouah, "Gold Measuring Weights of the Peoples of the Akan Civilization", submetida à Universidade de Paris X (Nanterre) em outubro de 1972, que posteriormente formou a base para sua obra em três volumes, *The Akan World of Gold Weights*. Ver vol.1, p.22-4.
7. Ibid., vol.1, p.22-5.
8. Ibid, vol.3, p.315 e 318.
9. Tom Phillips, *African Goldweights: Miniature Sculptures from Ghana 1400-1900*, Londres, Hansjorg Mayer, 2010.
10. Entrevista, Tom Phillips, 5 out 2010.
11. Tom Phillips, op.cit., p.97.
12. Ibid., p.13.
13. Ibid., p.29.
14. Ibid., p.30.

Notas

15. Ibid., p.10.
16. Timothy F. Garrard, *Akan Weights and the Gold Trade*, Nova York, Longman, 1980.
17. Citado em Garrard, op.cit., p.175.
18. Ibid., p.175-6.
19. Tom Phillips, "Timothy Garrard", *The Guardian*, 28 maio 2007.

4. França: "Realidades da vida e do trabalho" (p.62-89)

1. Entrevista, Brigitte-Marie Le Brigand, 11 out 2010.
2. Peter Kidson, "A Metrological Investigation", in *Journal of the Warburg and Courtauld Institutes*, 53, 1990, p.71.
3. Daí a abreviação *lb* para a palavra *pound* (libra, em inglês), sendo que o nome *libra* é tirado das balanças usadas com os pesos.
4. Henri Moreau, "The Genesis of the Metric System and the Work of the International Bureau of Weights and Measures", in *Journal of the Chemical Education* 30, n.1, 1953, p.3.
5. Assim como na França, também na Inglaterra: as tentativas inglesas de estabelecer padrões uniformes começaram com a declaração do rei Edgar em 960, afirmando que "a medida de Westchester [a capital] há de ser o padrão" para seu reino. Mas a história subsequente é de uma tentativa ineficaz atrás da outra. Guilherme o Conquistador decretou em 1066 que os pesos e medidas "devida e fidedignamente certificados" seriam os mesmos daqueles de seus "dignos predecessores", querendo dizer que não tentaria nada de novo. A Magna Carta (1215) afirma que haverá uniformidade de medidas de vinho, cerveja e trigo, com as duas primeiras sendo, evidentemente, de tamanhos de galões diferentes e a terceira especificada como sendo o "quarto" londrino, a primeira vez que uma medida inglesa é efetivamente especificada por escrito. Henrique III emitiu um decreto regulamentando pesos e medidas em 1266, Eduardo I em 1305 (definindo uma polegada como "três grãos de cevada secos e redondos") e Eduardo III em 1328. Um decreto de Henrique V em 1414 menciona a libra "*troy*", uma variante da libra tradicional, com doze em vez de dezesseis onças; ela recebeu o nome devido a Troyes, uma cidade francesa cuja feira era importante para mercadores britânicos. As medidas *troy* eram usadas principalmente por joalheiros e eram mais leves que as medidas "*avoirdupois*" usadas pelos mercadores para bens mais pesados, com os quais eram comparadas. Henrique VII mandou criar uma jarda padrão octogonal de bronze, com meia polegada de diâmetro e grosseiramente dividida em polegadas, e vários pesos padrão (1497). Todos esses estatutos e atos pouco fizeram para reduzir a diversidade de medidas no país.
6. Ronald Edward Zupko, *British Weights & Measures: A History from Antiquity to the Seventeenth Century*, Madison, University of Wisconsin Press, 1977; e *Revolution in Measurement: Western European Weights and Measures Since the Age of Science*,

Filadélfia, American Philosophical Society, 1990. Witold Kula, *Measures and Men*, trad. ing. R. Szreter, Princeton, Princeton University Press, 1986.

7. Witold Kula, op.cit., p.29.

8. Ibid., p.7.

9. Ibid., p.19-20. Ele acrescenta: "Se na prática a coexistência de diversas medidas diferentes possibilitava à parte mais forte perpetrar muitos abusos, esta é uma outra questão."

10. Ibid., p.22.

11. Ibid., p.21.

12. Ibid., p.27-8.

13. Ibid., p.115.

14. Ibid., p.101.

15. Ibid., p.123.

16. Ilya Ehrenburg, *Memoirs: 1921-1941*, trad. ing. T. Shebunina, Nova York, World Publishing, 1964, p.134. Citado em Witold Kula, op.cit., p.12.

17. Steven Shapin, *Never Pure: Historical Studies of Science as if It Was Produced by People with Bodies, Situated in Time, Space, Culture, and Society, and Struggling for Credibility and Authority*, Baltimore, Johns Hopkins University Press, 2010, p.23.

18. I.B. Cohen, *The Triumph of Numbers: How Counting Shaped Modern Life*, Nova York, Norton, 2005, p.44.

19. Em Gabrielle Mouton, *Observationes diametrorum solis et lunae apparentium*, Lyons, Matthae Liberal, 1670.

20. Um centésimo milésimo de milhar era um dígito (*digitus*), um milionésimo, um grão (*granum*), um décimo milionésimo, um ponto (*punctum*). Percebendo que essa sequência poderia ser difícil de lembrar, Mouton propôs uma sequência alternativa: milhar, centúria, decúria, virga, vírgula, decimal, centésima, milésima – embora essa sequência, supostamente mais fácil, com mais designações latinas, pareceu apenas confundir as coisas.

21. Seu novo status científico foi revelado pelo fato de que as medições de Picard seriam em breve usadas por Isaac Newton para desenvolver a lei da gravidade.

22. Jean Picard, *The Measure of Earth*, trad. ing. Richard Waller, Londres, R. Roberts, 1687.

23. Jean-Antoine-Nicolas de Caritat, marquês de Condorcet, *The Life of M. Turgot, Comptroller General of the Finances of France, in the Years 1774, 1775, and 1776*, Londres, J. Johnson, 1787, p.134.

24. Citado em John Riggs Miller, *Speeches in the House of Commons upon the equalization of the weights and measures of Great Britain*, Londres, Debrett, 1790, p.12.

25. Witold Kula, op.cit., p.186.

26. Roger Hahn, *The Anatomy of a Scientific Institution: The Paris Academy of Sciences, 1666-1803*, Berkeley, University of California Press, 1971, p.163.

27. Citações da proposta de Talleyrand são de John Riggs Miller, op.cit., p. 77-8.

Notas 265

28. Guillaume Bigourdan, *Le système métrique des poids et mesures: son établissement et sa propagation graduelle*, Paris, Gauthier-Villars, 1901, p.30. Esse valioso livro reproduz muitos documentos originais.

29. Citado em Witold Kula, op.cit., p.242.

30. Ken Alder, *The Measure of All Things: The Seven-Year Odyssey and Hidden Error That Transformed the World*, Nova York, Simon & Schuster, 2002.

31. Maurice Crosland, "The Congress on Definitive Metric Standards, 1798-1799: The First International Scientific Conference?", in *Isis*, 60, 1969, p.226-31, nas p.230-1. Embora se Napoleão tivesse estado no poder, continua Crosland, "o teria transformado numa importante ocasião para propaganda" e assegurado que o evento fosse mais conhecido entre historiadores da ciência.

32. Guillaume Bigourdan, op.cit., p.160-6.

33. J.Q. Adams, *Report of the Secretary of State upon Weights and Measures*, Washington, Gales & Seaton, 1821, http://books.google.com/books?id=G1sFAAAAQAAJ& printec=frontcover&dq=john+quincy+adams+weights+and+measures&source= bl&ots=eCVpHlzOgq&sig=Yi86GuqX71ZE1QUkkNfmQDzJDGE&hl=en#v=one page&q&f=false.

5. Passos hesitantes rumo à universalidade (p.90-114)

1. Andro Linklater, *Measuring America: How an Untamed Wilderness Shaped United States and Fulfilled the Promise of Democracy*, Nova York, Walker, 2002, p.131.

2. Ibid., p.135.

3. John Playfair. Resenha de *Base du Système Métrique Décimal*, de Méchain e Delambre, *Edinburgh Review* 18, jan 1807, p.391.

4. Citado em: U.S. Department of Commerce [Departamento de Comércio dos Estados Unidos], in *The International Bureau of Weights and Measures 1875-1975*, Washington, National Bureau of Standards), publicação especial do NBS 420, p.8.

5. John Riggs Miller, *Speeches in the House of Commons upon the equalization of the weights and measures of Great Britain*, Londres, Debrett, 1790, p.18.

6. Ibid., p.75.

7. Ibid., p.48-9.

8. Ronald Edward Zupko, *Revolution in Measurement: Western European Weights and Measures Since the Age of Science*, Filadélfia, American Philosophical Society, 1990, p.104-5.

9. Olin J. Eggen, "Airy, George Biddell", *Dictionary of Scientific Biography*, vol.1, Nova York, Scribner's, 1970, p.84-7.

10. James Madison, *Letters and Other Writings of James Madison*, vol.1, 1769-93, Filadélfia, Lippincott, 1865, p.152-3.

266 · *A medida do mundo*

11. Thomas Jefferson, *The Writings of Thomas Jefferson*, vol.8, Washington, Thomas Jefferson Memorial Association, 1907, p.220-1.
12. Citado em F. Cajori, *The Chequered Career of Ferdinand Rudolph Hassler*, Nova York, Arno Press, 1980, p.38.
13. Nathan Reingold, "Introduction", in F. Cajori, op.cit., s/p.
14. F. Cajori, op.cit., p.42.
15. Marie B. Hecht, *John Quincy Adams*, Nova York, Macmillan, p.263.
16. Ibid., p.264.
17. John Quincy Adams, *Report upon Weights and Measures*, Washington, Gales & Seaton, 1821.
18. Ibid., p.120.
19. Ibid., p.135.
20. William Appleman Williams, *The Contours of American History*, Chicago, Quadrangle Books, 1966, p.215.
21. F.R. Hassler, *Weights and Measures: Report from the Secretary of the Treasury in Compliance with a Resolution of the Senate, Showing the Result of an Examination of the Weights and Measures Used in the Several Custom-houses in the United States*, &c., Documento n.299, 32º Cong., 1ª sessão, 2 jul 1832.
22. Witold Kula, *Measures and Men*, trad. ing. R. Szreter, Princeton, Princeton University Press, 1986, p.286.
23. John Quincy Adams, op.cit., p.55.
24. Jacques Babinet, *Annales de Chimie et de Physique*, 1829, p.40, 177.

6. "Um dos maiores triunfos da civilização moderna" (p.115-36)

1. Robert Brain, *Going to the Fair: Readings in the Culture of Nineteenth-Century Exhibitions*, Cambridge, Whipple Museum of History of Science, 1993, p.24.
2. Citado em Edward Franklin Cox, "The Metric System: A Quarter-Century of Acceptance (1851-1876)", in *Osiris* 13, 1958, p.358-79, na p.363.
3. *First Annual Report*, Londres, Register General of England and Wales, 1839, p.99.
4. Edward Franklin Cox, op.cit., p.363.
5. Ibid., p.368.
6. John Herschel, *Familiar Lectures on Scientific Subjects*, Londres, D. Strahan, 1867, p.432.
7. Ibid., p.445.
8. Ato de 28 de julho de 1866 (14 Stat. 339).
9. Muitos documentos fundamentais dessa história, mais uma vez, são encontrados em Guillaume Bigourdan, *Le système métrique des poids et mesures: son établissement et sa propagation graduelle*, Paris, Gauthier-Villars, 1901.
10. "The Unit of Length", s/a, in *Nature*, 23 jun 1870, p.137.
11. "The International Metric Commission", s/a, in *Nature*, 16 jan 1873, p.197.

Notas 267

12. "The International Bureau of Weights and Measures", s/a, in *Nature*, 18 out 1883, p.595; o artigo original era de *La Nature*.

13. Idem.

14. O texto pode ser encontrado em Louis E. Barbrow e Lewis V. Judson, "Weights and Measures Standards of the United States: A Brief History", apêndice 3, p.28-9, Departamento de Comércio dos Estados Unidos, publicação especial do Nist 447.

15. "The Metric System in the United States", s/a, in *Nature*, 14 mai 1896, p.44.

16. Guangming Qiu, *A Concise History of Ancient Chinese Measures and Weights*, Pequim, Hefei Industrial University Press, 2005, p.182 e 185.

17. "Gold Coast", in *Encyclopaedia Britannica*, vol.10, Nova York, Werner, 1899, p.756.

18. Frederick Boyle, *Through Fanteeland to Coomassie: A Diary of the Ashantee Expedition*, Londres, Chapman and Hall, 1874, p.93.

19. Ibid., p.389.

20. Henry Brackenbury, *The Ashanti War: A Narrative*, Londres, Blackwood, 1874, vol.2, p.267.

21. Tom Phillips, *African Goldweights: Miniature Sculptures from Ghana 1400-1900*, Londres, Hansjorg Mayer, 2010, p.48.

22. Richard Freeman, *Travels and Life in Ashanti and Jaman*, Nova York, Stokes, 1898, p.111.

7. Metrofilia e metrofobia (p.137-54)

1. "The Metric System", in *Scientific American* 42, n.6, 7 fev 1880, p.90.

2. A história da atividade pró e antimétrica é narrada no Relatório de Estudo Métrico Provisório dos Estados Unidos, do Departamento de Comércio dos Estados Unidos, *A History of the Metric System Controversy in the United States*, Washington, National Bureau of Standards, 1971, publicação especial 345-10.

3. "Shall We change our Weights and Measures?", in *Scientific American* 35, n.8, 19 ago 1876, p.113.

4. Departamento de Comércio dos Estados Unidos, op.cit., p.77.

5. Citado em S. Schaffer, "Metrology, Metrification, and Values", in *Victorian Science in Context*, B. Lightman (org.), Chicago, University of Chicago Press, 1997, p.450.

6. John Taylor, *The Great Pyramid, Why Was It Built?* e *The Battle of the Standards: The Ancient, of Four Thousand Years, Against the Modern, of the Last Fifty Years – the Less Perfect of the Two*, Londres, Longman, Green, 1864.

7. Martin Gardner, *Fads and Fallacies in the Name of Science*, Nova York, Dover, 1952, tem uma excelente discussão sobre "piramidologia".

8. Citado em H.A. Brück e M.T. Brück, *The Peripatetic Astronomer: The Life of Charles Piazzi Smyth*, Filadélfia, Adam Hilger, 1988, p.99.

9. C. Piazzi Smyth, *New Measures of the Great Pyramid*, Londres, Robert Banks, 1884, p.105-6.

10. C. Piazzi Smyth, *Our Inheritance in the Great Pyramid*, Londres, Daldy, Ishister, 1877, p.215.

11. C. Latimer, *The French Metric System; or the Battle of the Standards*, Cleveland, Savage, 1879.

12. Ibid., p.23.

13. Ver Edward F. Cox, "The International Institute: First Organized Opposition to the Metric System", in *Ohio Historical Quarterly* 68, n.1, jan 1959, p.58-83.

14. Charles Totten, *An Important Question in Metrology, Based Upon Recent and Original Research*, Nova York, Wiley, 1884.

15. *International Standard* 1, n.4, set 1883, p.272-4.

16. Charles S. Peirce, *Philosophical Writings of Peirce*, J. Buchler (org.), Nova York, Dover, 1955, p.57.

17. F.A. Halsey e S.S. Dale, *The Metric Fallacy, by Frederick A. Halsey, and The Metric Failure in the Textile Industry, by Samuel S. Dale*, Nova York, Van Nostrand, 1904.

18. Ibid., p.11-2.

19. Op.cit., p.30.

20. S.S. Dale para T. Roosevelt, 13 jan 1905, Samuel Sherman Dale Papers, Rare Book Collection, caixa 11, Universidade Columbia.

21. Samuel Sherman Dale Papers, Rare Books Collection, Universidade Columbia.

22. Ibid., caixa 8.

23. F.A. Haley para Daniel Adamson, 17 mar 1919, Dale Papers, caixa 6, Universidade Columbia.

24. W.R. Ingalls para membros do Instituto Americano de Pesos e Medidas, 24 set 1919, Dale Papers, caixa 1, Universidade Columbia.

25. Frederick A. Halsey, "Metric System a Failure", in *The New York Times*, 26 jul 1925, p.12.

26. S. Dale a F.A. Halsey, 1 ago 1925, Dale Papers, caixa 6, Universidade Columbia.

27. John Kieran, "Sports of the Times", in *The New York Times*, 5 ago 1936, p.26.

28. A história da controvérsia métrica nos Estados Unidos é narrada em U.S. Department of Commerce, *A History of the Metric System Controversy in the United States*, Washington, National Bureau of Standards, 1971, publicação especial 345-10.

29. Arthur E. Kennelly, *Vestiges of Pre-metric Weights and Measures Persisting in Metric-System Europe, 1926-1927*, Nova York, Macmillan, 1928, p.vii.

30. Ibid., p.51.

31. Kennelly encontrou algumas tradições antigas com ramificações modernas. Em Barcelona, na Espanha, um importante centro mercantil, deparou-se com o Colegio Oficial de Pesadores y Medidores Públicos de Barcelona. Essa corporação começou como uma guilda em algum momento anterior a 1292, data do primeiro documento em seus arquivos, e alega ser o modelo para instituições similares que tiveram início centenas de anos mais tarde em outros países da Europa. Seus artefatos históricos incluem um grande crucifixo de parede. O costume dos pesadores era fazer um juramento de "pesagem justa e verdadeira" antes de ficar de

Notas

posse da carga de um navio para pesar. Isso ilustra a consciência da importância da confiança e da justiça nas medidas, que continua até hoje, embora de maneira bastante distinta.

32. Kennelly, op.cit., p.51.

8. Isso com certeza é uma brincadeira, sr. Duchamp! (p.155-70)

1. Paul Valéry, *Aesthetics*, trad. ing. Ralph Manheim, Nova York, Pantheon, 1964, p.225.

2. Pierre Cabanne, *Dialogues with Marcel Duchamp*, Londres, Thames and Hudson, 1971, p.17.

3. Ibid., p.59.

4. Marcel Duchamp, *Salt Seller, The Writings of Marcel Duchamp*, M. Sanouillet e E. Peterson (orgs.), Nova York, Oxford University Press, 1973, p.71.

5. Ibid., p.160.

6. "April Fool's Joke on Learned Curator", in *The New York Times*, 12 abr 1925, p.E3.

7. Linda Henderson, *Duchamp in Context: Science and Technology in the Large Glass and Related Works*, Princeton, Princeton University Press, 1998, p.63.

8. O site do Art Science Research Laboratory [Laboratório de Pesquisa em Arte Ciência] é www.asrlab.org.

9. Mais recentemente, historiadores da arte adquiriram um apreço mais profundo pela maneira como a ciência influenciou esta ou aquela arte no começo do século XX, graças a estudiosos que examinaram cuidadosamente a literatura popular da época. Aí se incluem *Surrealism, Art, and Modern Science*, de Gavin Parkinson (2008), e *Reading Popular Physics*, de Elizabeth Leane (2008). O livro extensivamente pesquisado de Henderson, *The Fourth Dimension and Non-Euclidean Geometry in Modern Art* (1983), foi reeditado contendo material novo.

10. Kemp Bennet Kolb, "The Beard-Second, a New Unit of Length", em *This Book Warps Space and Time: Selections from the Journal of Irreproducible Results*, Norman Sperling (org.), Cidade do Kansas, Andrews McMeel, 2008, p.13.

11. *Physics World*, abr 2010, p.3; B. Todd Huffman, carta, *Physics World*, mai 2010, p.14; Keith Doyle, carta, *Physics World*, mai 2010, p.14.

9. Sonhos de um padrão definitivo (p.171-95)

1. Victor F. Lentzen, "The contributions of Charles S. Peirce to Metrology", in *Proceedings of the American Philosophical Society* 109, n.1, 18 fev 1965, p.29-46.

2. J. Brent, *Charles S. Peirce: A Life*, Bloomington, Indiana University Press, 1993.

3. Citado em Max H. Fisch, "Introduction" para Charles S. Peirce, *Writings of Charles S. Peirce, A Chronological Edition*, 8 vols., C. Kloesel (org.), Bloomington, Indiana University Press, 1986, vol.3, 1872-78, p.xxii.

4. Sobre esse clube, ver L. Menand, *The Metaphysical Club*, Nova York, Farrar, Straus & Giroux, 2002.
5. Iwan Rhys Morus, *When Physics Became King*, Chicago, University of Chicago Press, 2005, p.253-60.
6. C. Evans, *Precision Engineering: An Evolutionary Perspective*, tese de mestrado, Cranfield Institute of Technology, 1987.
7. François Arago, citado em *Comptes rendus de l'Académie des sciences* 69, 1869, p.426.
8. J.C. Maxwell, *A Treatise on Electricity and Magnetism*, Nova York, Dover, 1954, p.2-3.
9. J. Brent, op.cit., p.103.
10. V. Lentzen e R. Multhauf, "Development of Gravity Pendulums in the 19th Century", in United States Museum Bulletin 240, Contributions From the Museum of History and Technology, Smithsonian Institution, documento 44, Washington, 1965, p.301-48.
11. Max H. Fisch, op.cit., p.xxv.
12. Nathan Houser, "Introduction" para Peirce, in *Writings of Charles S. Peirce*, vol.4, 1879-84, p.xxii.
13. Ibid., p.xxviii.
14. Charles S. Peirce, op.cit., vol.4, p.81.
15. Ibid., p.269.
16. Ibid., p.4.
17. "The production of diffraction gratings: I. Development of the ruling art", in *Journal of the Optical Society of America*, 1949, p.413-26.
18. H.A. Brück e M.T. Brück, *The Peripatetic Astronomer: The Life of Charles Piazzi Smith*, Filadélfia, Adam Hilger, 1988, p.175.
19. D. Warner, "Lewis M. Rutherfurd: Pioneer Astronomical Photographer and Spectroscopist", in *Technology and Culture* 12, 1971, p.190-216. Ver também o "Memorial biográfico" de Rutherfurd, B.A. Gould, National Academy of Sciences, books.nap.edu/html/biomems/rutherfurd.pdf.
20. Charles S. Peirce, op.cit., vol.4, p.241.
21. Daniel Coit Gilman, documentos, Johns Hopkins University Special Collections, pasta "Peirce", 1883.
22. G. Sweetnam, *The Command of Light: Rowland's School of Physics and the Spectrum*, Filadélfia, American Philosophical Society, 2000.
23. L. Bell, "On the Absolute Wave-Length of Light", in *American Journal of Science* 33, 1887, p.167.
24. A. Michelson e E. Morley, *American Journal of Science* 34, 1887, p.427-30.
25. J. Brent, op.cit., p.191.
26. Em uma resenha de um livro de Eduard Noel, reformista metrológico amador e oponente ao sistema métrico, Peirce aventurou-se pelos aspectos sociais da metrologia. Não demonstrava entusiasmo pelas ideias antimétricas de Noel, mas seus instintos pragmáticos o faziam duvidar da sua rápida aceitação. Considerando o modo como os Estados Unidos estavam parcelados em acres e lotes, e o modo

Notas　　　　271

como todo maquinário era composto de partes suscetíveis a quebras e desgaste, "e precisa ser substituído por outro de mesma calibragem, com precisão de quase um milésimo de polegada", Peirce escreveu,

> cada medida em todo esse aparato, cada diâmetro de uma roda ou tambor, cada rolamento, cada rosca, é algum múltiplo ou alíquota de uma polegada inglesa, e isso deve reter essa polegada conosco, no mínimo até que os socialistas, no decorrer de mais um século ou dois, talvez nos tenham dado um governo de mão firme ("Resenha de *The Science of Metrology*, de Noel", in *The Nation*, 27 fev 1890).

27. J. Brent, op.cit., p.259-60.
28. W. James para J. Cattell, 13 dez 1897, in *The Correspondence of William James*, vol.8, I. Skrupskelis e E. Berkeley (orgs.), Charlottesville, University Press of Virginia, 2000.
29. Citado em Schaffer, "Metrology, Metrification, and Values", in *Victorian Science in Context*, B. Lightman (org.), Chicago, University of Chicago Press, 1997, p.438.
30. William Thomson (lorde Kelvin), *Popular Lectures and Addresses*, Londres, Macmillan, 1889, p.73-4.
31. A. Michelson, *Light Waves and Their Uses*, Chicago, University of Chicago Press, 1902.
32. Simon Schaffer, "Late Victorian Metrology and its Instrumentation: a Manufactory of Ohms", in *Invisible Connections: Instruments, Institutions, and Science*, R. Bud e Susan E. Cozens (orgs.), Bellingham, WA, International Society for Optical Engineering, 1992, p.23-56.
33. William Harkness, "The Progress of Science as Exemplified in the Art of Weighing and Measuring", in *Nature*, 15 ago 1889, p.376-83, na p.382.
34. Ver S. Schaffer, "Metrology, Metrification, and Values", op.cit.
35. James Clerk Maxwell, *The Scientific Letters and Papers of James Clerk Maxwell*, P.M. Harman (org.), Cambridge, Cambridge University Press, 2002, p.898-9.

10. Sistema universal: o SI (p.196-211)

1. Charles-É. Guillaume, Palestra do Nobel, 1920, http://nobelprize.org/nobel_prizes/physics/laureates/1920/guillaume-lecture.pdf (acessado em 8 dez 2010).
2. Ludwig Wittgenstein, *Philosophical Investigations*, Londres, Blackwell, 1958, p.25.
3. Witold Kula, *Measures and Men*, trad. ing. R. Szreter, Princeton, Princeton University Press, 1986, p.267-8.
4. Zengjian Guan, comunicação pessoal, 13 dez 2010. Zengjian é coautor de *Zhongguo jin xian dai ji liang shi gao* [Esboço de uma história da metrologia moderna e contemporânea na China], Shandong, Editora Pedagógica Shandong, 2005.
5. Entrevista, Guangming Qiu, 2 jul 2010, tradutor Ruolei Wu.
6. Beverly Smith Jr., "The Measurement Pinch", in *Saturday Evening Post*, 10 set 1960, p.100-4.
7. Edward Teller, "We're Losing by Inches", in *Los Angeles Times*, 15 mai 1960, p.B6.

272   *A medida do mundo*

8. "New Standard of Meter and Second Set Up", in *Chicago Daily Tribune*, 16 out 1960, p.A16.
9. "O, for the Simple Life!", in *Chicago Daily Tribune*, 21 out 1960, p.16.
10. O mol: "A quantidade de substância de um sistema que contém o mesmo número de entidades fundamentais quanto os átomos existentes em 0,012 quilograma de carbono-12: seu símbolo é 'mol'."

11. A paisagem métrica moderna (p.212-33)

1. Witold Kula, *Measures and Men*, trad. ing. R. Szreter, Princeton, Princeton University Press, 1986, p.121.
2. Ibid., p.288.
3. F. Gilbreth Jr. e E. Carey, *Cheaper by the Dozen*, Nova York, Bantam, 1948, p.94-5. Compilações de Therbligs diferem ligeiramente, e uma lista moderna contém os seguintes elementos: Buscar, Encontrar, Selecionar, Pegar, Segurar, Posicionar, Juntar, Usar, Separar, Inspecionar, Transportar carregado, Transportar sem carga, Pré-posicionar para operação seguinte, Liberar carga, Atraso inevitável, Atraso evitável, Planejar, Repousar para superar fadiga.
4. Lawrence Busch e Keiko Tanaka, "Rites of Passage: Constructing Quality in a Commodity Subsector", in *Science, Technology, & Human Values* 21, n.1 (inv 1996), p.3-27, na p.23.
5. Craig Robinson, *Details*, abril 2006.
6. Entrevista, Joseph Dixon, 28 fev 2010.
7. Entrevistas, David Bruner, Roy Wang, Joseph Antista, 14 jun 2010.
8. Witold Kula, op.cit., p.12.
9. Charles Dickens, *Hard Times*, Harmondsworth, Penguin, 1969, p.48.
10. Platão, *Republic*, 603a.
11. Martin Heidegger, "The Question Concerning Technology", in *Basic Writings*, David Krell (org.), Nova York, HarperCollins, 1993. Dadas recentes controvérsias acerca da significância do envolvimento de Heidegger com o Partido Nazista, sinto necessidade de abordar o assunto. O que Heidegger ensina àqueles que o leem, acima de tudo, é autoinquirição – investigar onde estamos em relação aos outros, o que herdamos da tradição e que partes da tradição queremos manter e o que mudar. Esse é precisamente o motivo pelo qual aqueles que foram apartados dele – inclusive Levinas, Marcuse e Habermas – têm sido seus mais ferrenhos críticos. De fato, qualquer leitor de Heidegger que não se faça a pergunta "Onde me encontro em relação àquilo que estou herdando?", nem sequer começou a compreendê-lo. O impulso de denunciar Heidegger pelo seu envolvimento nazista é compreensível, mas usá-lo como justificativa para questionar suas percepções não é, e chega a ser suspeito. Que vantagem traz que gente muito menos dotada sinta a necessidade de denunciar a moralidade de alguém tão influente como Heidegger! Todavia não

Notas

se trata, a meu ver, apenas de uma banalidade moral, porém de algo não filosófico. Ética significa formular a questão "Como posso melhorar?" – que não é uma questão pessoal mas de toda a compreensão dos outros –, e não apontar os erros dos outros. Aqueles cuja ideia de ética é somente apontar os erros dos outros exibem não só falta de compreensão, mas também de integridade moral. Ninguém precisa lembrar de quão horrível foi o nazismo, ou de quanto Heidegger esteve errado em participar dele – muito depois de colocados os fundamentos da sua filosofia, do que é inovador e moralmente enriquecedor nela. A filosofia é tão difícil e desafiadora que existe uma tentação avassaladora de achar alguma desculpa para varrer das prateleiras livros que não se queiram lidos, considerando-os indignos. Filósofos, e aqueles que apreciam o que significa pensar filosoficamente, resistem a essa tentação.

12. Agradecimentos a Robert C. Scharff.

13. Esse sentido é parodiado em uma cena do filme *Pulp Fiction – Tempo de violência*, de Quentin Tarantino, quando Jules pergunta ao intimidado Brett se ele sabe por que os franceses chamam o "quarterão com queijo", do McDonald's, de "Royale with cheese". Seu companheiro Brett diz inocentemente: "Por causa do sistema métrico?" Jules: "Vejam só o grande cérebro do Brett! Você é um puta de um esperto. É isso mesmo. O sistema métrico."

14. Herta Müller, *Atemschaukel*, Munique, Hauser, 2009, p.87. Ed. bras.: *Tudo que tenho levo comigo*, trad. Carol Saavedra, Rio de Janeiro, Companhia das Letras, 2011.

12. *Au revoir*, quilograma (p.234-52)

1. Terry Quinn, comentários de abertura, "The New SI: Units of Measurement Based on Fundamental Constants", 24-25 jan 2011, Royal Society, Londres.

2. J. Terrien, "Constants physiques et métrologie", in *Atomic Masses and Fundamental Constants* 5, J.H. Sanders e A.H. Wapstra (orgs.), Nova York, Plenum, 1976, p.24.

3. T.J. Quinn, "The Kilogram: The Present State of our Knowledge", in *IEEE Transactions on Instrumentation and Measurement* 40, 1991, p.81-5.

4. Entrevista, Peter Becker, 24-25 jan 2011, Royal Society, Londres.

5. Em mais detalhes: o peso mecânico de um objeto ($F = mg$) é comparado com a força elétrica de uma bobina condutora de eletricidade imersa num forte campo magnético ($F = ilB$), onde i é a corrente na bobina, l seu comprimento e B a intensidade do campo magnético. O dispositivo é conhecido como balança de watt porque se a bobina é movida a uma velocidade u, ela gera uma voltagem $V = Blu$ – e daí, por uma redistribuição matemática das expressões acima, a potência elétrica (Vi) é equilibrada pela potência mecânica (mgu). Em outras palavras, $m = Vi/gu$. Nas balanças de watt modernas a corrente i pode ser determinada com altíssima precisão passando-a por um resistor e usando o efeito Josephson para medir a resultante queda de voltagem. Descoberto por Brian Josephson em 1962, esse efeito descreve o fato de que se dois materiais supercondutores são separados por

um fino material isolante, pares de elétrons em cada camada se acoplam de tal modo que uma radiação de micro-ondas de frequência f pode criar uma voltagem através da camada, de valor $V = hf/2e$. A resistência do resistor, nesse meio-tempo, é medida usando-se o efeito Hall quântico, que descreve o fato de que o fluxo de elétrons em sistemas bidimensionais em temperaturas superbaixas é quantizado, com a condutividade aumentando em múltiplos de e^2/h. A voltagem, V, também é medida usando-se o efeito Josephson, enquanto a velocidade da bobina, u, e o valor de g podem ser facilmente obtidos.

6. Por volta de 1978, Kibble e seu colega Ian Robinson construíram uma balança no NPL. No fim da década haviam feito medições com precisão de poucas partes em 10^7, e esses resultados foram combinados por comitês internacionais com outros do mundo todo, e então usados para determinar o valor convencional da constante de Josephson K^{J-90}, que levou à concordância entre medições de voltagem no mundo inteiro. Entrementes, cientistas no NBS nos Estados Unidos também estavam operando uma balança para aperfeiçoar o conhecimento do volt no SI. Os cientistas norte-americanos a batizaram de balança de watt, pela potência medida em watts, e o nome pegou.

7. T.J. Quinn et al., "Redefinition of the Kilogram: A Decision Whose Time Has Come", in *Metrologia* 42, 2009, p.71-80.

8. B. Andreas et al., "Determination of the Avogadro Constant by Counting the Atoms in a ^{28}SI Crystal", in *Physical Review Letters* 106, 030801, 2011.

9. M. Planck, "Über irreversible Stralungsvorgänge", in *Annalen der Physik*, 1900.

10. "The New SI: Units of Measurement Based on Fundamental Constants", 24-25 jan 2011, Royal Society, Londres.

Epílogo (p.253-59)

1. Steven Crowell, "Measure-taking: Meaning and Normativity in Heidegger's Philosophy", in *Continental Philosophy Review* 41, 2008, p.261-76.

2. Friedrich Hölderlin, "In lovely blueness...", in *Hölderlin*, trad. ing. Michael Hamburger, Nova York, Pantheon, 1952, p.261-5, na p.263.

3. Flávio Josefo, *Antiquities of the Jews*, livro 1, capítulo 1, "The Constitution of the World and the Disposition of the Elements", www.earlyjewishwritings.com/text/josephus/ant1.html.

4. Gary Wolf, "The Data-Driven Life", *The New York Times Magazine*, 28 abr 2010.

5. Segundo um website sobre o filme, "a representação distanciada de Rosler de uma 'ciência' de medição e classificação sistemática e institucionalizada tem o objetivo de recordar as táticas opressivas das forças armadas e dos campos de concentração, e de sublinhar a internalização dos padrões que determinam o significado do ser da mulher" (site de Rosler: www.eai.org/Title.htm?id=2599).

Créditos das ilustrações

p.20: cortesia do Ashmolean Museum, Universidade de Oxford.

p.20: T.E. Rihill.

p.21: Biblioteca do Congresso.

p.32: Cortesia de Zhou Xian, deão do Instituto de Estudos Avançados em Humanidades e Ciências Sociais, Universidade de Nanquim, e de Howard L. Goodman.

p.34: Robert W. Bagley.

p.38: Foto do autor.

p.44: Zhao Wu.

p.51: Foto de Heini Schneebeli, cortesia de Tom Phillips.

p.80: Biblioteca do Congresso.

p.86: Rachelle Bennett.

p.100: Biblioteca do Congresso.

p.106: Biblioteca do Congresso.

p.124 e 126: © BIPM.

p.128: Nist.

p.145: Columbia Library Rare Books Collection.

p.150: © 2011 Artists Rights Society (ARS), Nova York/ADAGP, Paris/Sucessão Marcel Duchamp.

p.166: Jim McManus.

p.172: National Oceanic Atmospheric Administration.

p.184: Fotografia de Stefan Kaben, cortesia da Smithsonian Institution.

p.214: *The Measure of Man & Woman: Human Factors in Design*, edição revista, por Alvin R. Tilley e Henry Dreyfuss Associates. Copyright © 2002 de John Wiley & Sons, Nova York. Reproduzido com permissão de John Wiley & Sons, Inc.

p.222: Cortesia de David Bruner e [TC]².

p.227: Cortesia de Rita Mazzella.

p.239: © BIPM.

p.242: Physikalisch-Technische Bundesanstalt.

p.244: Richard Steiner, Nist.

Agradecimentos

Este livro, como os anteriores *Os dez mais belos experimentos científicos* e *As grandes equações: a história das fórmulas matemáticas mais importantes e os cientistas que as criaram*, originou-se de uma coluna que escrevo para a *Physics World*, uma revista consistente e deliciosa de se ler e de se escrever para ela. Seu editor, Matin Durrani, foi quem primeiro fez com que eu me interessasse pelo tema deste livro ao comentar que os dois assuntos que mais geram retorno e controvérsia nas revistas científicas são religião e unidades de medidas. Também sou grato ao editor associado Dens Milne e às centenas de pessoas que responderam a minhas colunas sobre unidades e medições. Acima de tudo, estou em dívida com minha editora na Norton, Maria Guarnaschelli, por suas muitas leituras compenetradas das primeiras versões do original, enquanto eu me debatia para encontrar um meio de contar a fascinante e absolutamente confusa história da metrologia, e pela sua sabedoria em julgar quando ser paciente e quando ser insistente. Também estou em dívida com a assistente editorial Melanie Tortoroli por ajudar a conduzir o original ao longo do caminho; com Carol Rose, editora de copidesque; e com Nancy Palmquist. Como todo colunista, dependo intensamente de colegas e correspondentes para inspiração, ideias e informação. Todos que forneceram sugestões e comentários significativos, bem como outros tipos de assistência, incluem: Joseph Antista, Peter Becker, Rachelle Bennett, Lindsay Bosch, Edward S. Casey, Richard Crease, Allegra de Laurentiis, David Dilworth, Joe Dixon, B. Jeffrey Edwards, Patrick Grim, George W. Hart, Robert Harvey, Linda Henderson, Don Ihde, Haiqing Ji, Xiping Jin, Judy Bart Kancigor, Chris Laico, Peter Main, Peter Manchester, John H. Marburger III, Keith Martin, Rita Mazzella, James McManus, Eduardo Mendieta, Hal Metcalf, Kevin Meyer, Lee Miller, Ian Mills, Mark Mitton, David Newell, Karen Oberlin, Mary Rawlinson, Ian Robinson, Robert C. Scharff, Rhonda Roland Shearer, Jodi Sisley, Michael M. Sokal, Marshall Spector, Ben Stein, Richard Steiner, Richard Stone, Clifford Swartz, Anty Taylor, Barry Taylor, Abebe Tessema, Bob Vallier, Andrew Wallard, Paul Wilby, Nancy Wu, Beth Young, Fan Zhang e Yajie Zhang. Sem o auxílio capacitado de Alissa Betz, Ann-Marie Monaghan e Nathan Leoce-Schappin na secretaria do departamento o original teria sofrido grande atraso. Agradecimen-

Agradecimentos

tos à Coleção de Livros Raros da Biblioteca da Universidade Columbia. Howard L. Goodman corrigiu pacientemente versão após versão das páginas sobre a China. David Bruner me ensinou sobre geração de imagens tridimensionais. David Dilworth me ensinou sobre Peirce. Hal Metcalf me ensinou sobre espectroscopia. Claire Béchu e Brigitte-Marie Le Brigand me mostraram o Metro e o Quilograma dos Arquivos. Ruolei Wu me ajudou a circular por Pequim. Richard Davis permitiu que eu sorvesse seu conhecimento como chefe da Divisão de Massa do BIPM; Terry Quinn foi igualmente generoso com sua extensiva memória sobre a instituição. Zengjian Guan, professor do Departamento de História e Filosofia da Ciência na Universidade Jiao Tong, em Xangai, ajudou-me com a história recente da metrologia chinesa. Minha esposa, Stephanie, não só leu o original e conviveu com as minhas difíceis e penosas rotinas de trabalho, mas também, como sempre, me presenteou ao longo do processo com sons de surpresa. Meu filho, Alexander, mais uma vez teve de aguentar meus hábitos de trabalho e periódica indisponibilidade, e me ensinou a usar cada nova peça de tecnologia. Minha filha, India, sempre assegurou que eu estivesse na dimensão correta. Meu cachorro, Kendall, estava sempre disposto a dar um passeio comigo quando todos os outros já estavam cheios.

Índice remissivo

Números de página *em itálico* referem-se a ilustrações.

1984 (Orwell), 14
3-D, escâneres, 217-24
    avatares e, *222*, 223, 237-8, 239
    lasers e, 222
    sistema de luz branca para, 221-2
3 stoppages étalon (*3 stoppages padrão*)
    (Duchamp), 156-7, *158*, 163-6, 167-8, 269-70

Abidjã, Universidade de, 53-4
Abraão, 141
Academia Francesa de Ciências, 75, 76, 77,
    78, 83, 90
    sistema métrico e, 80, 81, 82, 84, 86-7,
    235
Academia Nacional de Ciências, Estados
    Unidos, 120
acaso, 163, 191
Accademia dei Lincei, 75
Acrópole, 22
acústica:
    acres, 93-4, 102-3, 130
    medição da, 15-6, 260n
    Xun Xu e, 44
Adams, Douglas, 168
Adams, John, 107
Adams, John Quincy, 88, 107-11, 12-3
Adão, 256
Adarmes, 153
Adeus, Columbus (Roth), 14
A. & G. Repsold e Filhos, 179
África ocidental, 92
    Costa do Ouro como nome para, 48,
    134
    imperialismo britânico na, 132, 134-6
    Issia, região de, 52
    medições com pesos de ouro na, 27,
    47-61, *51*, 88-9, 134-6, 233, 262-3n
    mercadores islâmicos e europeus e, 48,
    52-3, 55-6

    relatos de comércio de um missionário
    suíço na, 58-60
    tambores na, 53
*African Goldweights: Miniature Sculptures
    from Ghana 1400-1900* (Phillips), 54-5
Agência Espacial Norte-Americana (Nasa),
    233
agricultura:
    medição e, 27, 67-8, 216-7
    paisagem métrica e, 216-7
Airy, George, 97
akans:
    cera perdida, processo da, e os, 56
    derrota britânica dos, 134-6
    Garrard, provérbio favorito dos, 60-1
    pesos de ouro como arte dos, 54-61,
    135-6
    sistema de pesagem de ouro dos, 47-61,
    51, 136, 232-3, 262-3n
Akan Weights and the Gold Trade (Garrard), 58
Alasca, 121, 174
Albert, Príncipe, 115-6
Alemanha, 126, 192, 200, 207, 247
    China e, 133
Alexandre o Grande, 140
alfarroba, 13
Alton Lane, 219
América do Sul, expedição botânica
    espanhola, 90
"América métrica: uma decisão cuja hora
    chegou, Uma" (BNP), 238
Americana, Revolução, 98, 99-100
amperes, 177, 208, 210, 236-7, 248
anos-luz, 168-9
antebraços, 12
Antista, Joseph, 220-1, 223-4
Arago, François, 177-8
área, medidas de:
    França e, 66-8

279

Jefferson e, 102-4
qualidade da terra e variações de, 69
sistema imperial e, 130
sistema métrico e, 131-2
tipos improvisados de, 17-8
Argélia, 117
argônio, 175
Aristóteles, 72, 254
armas nucleares, 206-7
arpentes, 65
Arquivos Nacionais da França, 62-5, 87-9
    ver também Quilograma dos Arquivos;
    Metro dos Arquivos
arroz, 13
arshins, 12
artefatos rituais de jade, 31
artefatos, 22, 31, 260n
Artigos da Confederação (1781), 98, 99
ashantis, 134-6
Ashmolean Museum, 20
"Aspects of Metrosophy and Metrology
    during the Han Period" (Vogel), 261n
aspiradores de pó, 213
Assembleia Legislativa da França, 83
Assembleia Nacional Constituinte, França, 83
Assembleia Nacional da França, 63, 81, 82,
    83, 101, 104
Associação Britânica para o Progresso da
    Ciência (British Association of Advance-
    ment of Science), 177
Associação Cooperativa de Organização
    Doméstica (Cooperative Housekeeping
    Association), 175
Associação Geodésica Internacional (IGA,
    International Geodetic Association), 121,
    122, 178-80, 1874-5
        Comitê Especial sobre o Pêndulo da
        (Special Committee on the Pendu-
        lum), 180
Associação Internacional para Obtenção
    de um Sistema Decimal Uniforme de
    Medidas, Pesos e Moedas (International
    Association for Obtaining a Uniform
    Decimal System of Measures, Weights
    and Coins), 118
Associação Métrica Americana (American
    Metric Association), 149, 151
astronomia, 74-5, 96-7, 174-5, 179-80
Atlantic Monthly, 175
Ato da Medição (1985) chinês, 204

"Ato de Conversão Métrica" (1975), 238
Ato de Pesos e Medidas Imperiais (1824), 96
Ato de Pesos e Medidas (1864), 118
Augusto, imperador romano, 152
aunes (varas), 81
Austrália, 247
Áustria, 126
avatares, 222, 223, 258, 259
Avogadro, constante de, 240-1, 242, 246, 249
Avogadro, método de, 240, 241-2, 242, 245,
    246, 251

Babinet, Jacques, 113-4, 181, 196
Bache, Alexander, 121, 124, 174
baía de Chesapeake, 121
baixadas (*coombs*), 103
balança da alfândega, 139
balança de Joule, 29-30
Bali, 228
barba-segundo, 168
Barnard, Frederick, 137
barris (*barrels*), 68, 103
batalha dos padrões, A (Taylor), 140, 141
Becker, Peter, 242
Bélgica, 117
Bell, Louis, 189
Benoît, René, 196
Bessel, Friedrich, 179
Bíblia, 256, 141, 196, 256
Blue Nile, 219
"*Body Match*", sistema de escaneamento, 220
Boltzmann, constante de, 249
Bônus Monte Carlo (Duchamp), 161
Borda, Jean-Charles de, 83, 85
Borgonha, França, 67
Bowsher, Brian, 251
Boyle, Frederick, 135
Boys, C.V., 162
braças (*orguia*), 14, 19, 20, 102
Brackenbury, Henry, 135
Brent, Joseph, 172
Broadway Boogie Woogie (Mondrian), 155
bronze:
    peças akans fundidas em, 47-61, 58
    processo da cera perdida para fundir
    em, 56-7
Brooks Brothers, 218-9, 220-1
Bruner, David, 222, 224-5
Bunsen, Robert, 183
Bureau Chinês de Medição, 203

Índice remissivo

Bureau Internacional de Pesos e Medidas (BIPM, International Bureau of Weights and Measures), 29, 106-7, 125, *126*, *128*, 130, 191, 196-203, 207-10
    CGPM do, 125-6, 127-9, 196-7, 198, 200-1, 208-10, 236-7, 245, 246-8, 252
    Comitê Consultivo do, 200
    Novo SI e, 234-52, *239*
Bureau Métrico Americano (American Metric Bureau), 137
Bureau Nacional de Padrões (NBS, National Bureau of Standards), Estados Unidos, 147, 192-3, 200, 206, 238, 241, 245, 274n
Bush, Lawrence, 216
bushels (alqueires), 93-4, 103, 130
butt, 103

cabelo, medidas e, 12
cádmio, 198-9
Cahiers de doléances, 79
Caim, 25, 256
calendários, 37, 84, 85
Câmara dos Comuns Britânica, 93, 96, 118
Câmara dos Deputados, Estados Unidos, 99, 101, 102
Câmara dos Lordes Britânica, 97, 118
Canadá, 247
candelas, 208, 210, 236
canhão do meio-dia, 7-8, 26, 259
canola, 217
Cantão (Guangzhou), China, 132-3
caos, teoria do, 191
capacidade (volume), medidas de, 37, 67-8, 69, 82-3, 85, 94-5, 102-4, 130, 131-2, 138
Cape Coast Castle, Costa do Ouro Britânica, 134, 135
capilar, ação, 245
capitalismo, 216-7
Capitólio, 22
Carey, Ernestine Gilbreth, 215, 272n
carga elementar, 249
cargas de barco, 68
cargas de carreta, 68
cargas de carroça, 68
Carlos Magno, 65
Cartago, 24
"Cartas sobre a situação política e financeira do país" (Eliot), 95
Carysfort, Comissão, 78, 96, 102
Cassini, Giacomo, 77

Cassini, Giacomo (Cassini II), 77
Cassini, Jean Dominique (Cassini IV), 83
castellateds, 153
Catalunha, Espanha, 67
Cattell, James, 191
centrífugas, 242
Centro de Estudos de Padrões e Sociedade (Center for the Study of Standards and Society), 216
cera perdida, processo da, 56
César, Júlio, 65
césio, 237, 249
cevada, 13
CGS (centímetro, grama, segundo), sistema, 177
Changchun, estúdio cinematográfico, 30-1
Changping, China, 29, 45
Châtelet, padrão de, 76, 77, 264n
Cheaper by the Dozen (Gilbreth e Carey), 215, 272n
Checoslováquia, 126
Cheque Tzanck (Duchamp), 161
chi (medida de pé), 11-2, 31, *32*, 32-3, 35, 37-40, 44, *41*, 42-3, *44*
Chicago Daily Tribune, 209, 250
China, 12, 27, 92, 233
    Guerras do Ópio e, 45, 132, 133-5, 202
    linguagem escrita e, 32
    matemática e, 36-7
    medida de volume na, 36-7
    metrologia e, 29-46, *32*, *38*, *41*, *44*, 47, 66-7, 261-2n
    música e, 32-6, 39-45, *44*, 88-9, 261n
    sinos de bronze, importância na, 32-4, *34*
    sistema decimal e, 74
    sistema métrico e, 201-3
    Revolução Xinhai e, 202
    Viagens de Zheng He e, 45
China, República Popular da
    desenho de moda e, 226-8
    metrologia e, 29-31, 35-6, 45-6, 203-5, 246-7
    Revolução Cultural e, 29, 30, 31, 203-4
China, República da, 202-3
Ciência e hipótese (Poincaré), 158
ciência, mistificação da, 155-70, *156*, *158*, *166*, 269n
cítaras, 34
Cixi, imperatriz da China, 202
Clube da Moda Íntima (Underfashion Club), 227-8, *227*

282   *O mundo na balança*

Clube Metafísico, 175
cocaína, 172
cock hairs (pelos de galo), 168-9
coeficientes de dilatação, 197
Cohen, I.B., 74
Colômbia, 118
Columbia College, 137
Columbia, Universidade, 148
comércio de escravos, 134-5
Comissão Britânica de Padrões (British
     Standards Comission), 119
Comissão Internacional para o Metro (In-
     ternational Comission for the Meter), 122
Comissão Métrica Internacional (Interna-
     tional Metric Comission), 123-6, 137, 139,
     178-9
Comitê Francês de Esclarecimento Público,
     82
Comitê Francês de Segurança Pública, 83,
     84, 85, 90, 91-2
Comitê Internacional de Pesos e Medidas
     (International Committee of Weights
     and Measures), 125, 128, 246-7
"Como tornar suas ideias claras" (Peirce), 185
Companhia Mercantil Africana, 134
"Comparação do metro com um compri-
     mento de onda da luz" (Peirce), 188
comparador, 186
compassos, 36 *carros*, 153
comprimento, medidas de, 68-9, 73-80, 94-5,
     209-10, 239-40, 248-9
        Império Romano e medidas de, 65
        Jefferson e, 102, 103
        luz e medições de, 8-9, 113-4, 171-95, *184,*
            190, 196, 197-201, 208-9, 235-6
        medição elétrica e, 176-8
        medições de meridiano e, 75-9, 81-3,
            86, 87, 93-4, 103-4, 112-4, 127-8, 140-1,
            177-8, 196, 234-5
        medidas improvisadas para, 11-2, 13,
            15-7, 22-3, 26-7
        padrão francês do metro para, 63-5, 90,
            91-2, 106-7, 110-1, 112-3, 114, 121-2, 180,
            197-202, 235-6
        Revolução Francesa e, 79-89, 90, 235
        sistema imperial e, 95-7, 114, 130, 141-2
        ver também unidades específicas de
            medida
Condamine, Charles Marie de, 77-8
Condorcet, Jean Antoine, 77-8, 85

Conferência Geral de Pesos e Medidas
     (CGPM), 125, 126, 127, 196, 198, 200-1, 208-11,
     236-7, 245, 246-8, 252
Conferência Nacional sobre Pesos e Medidas,
     Estados Unidos, 147
Confúcio, 32
Congresso Continental, Estados Unidos,
     99-100, 101-2
Congresso dos Estados Unidos:
        Dombey e, 85, 90-2
        levantamento geodésico transconti-
            nental e, 178-9
        padronização de medidas e, 90, 98-100,
            100, 101-5, 107, 108, 110
        Peirce e, 188
        sistema métrico e, 119-21, 138-9, 147-8,
            150, 151, 205-6, 207, 237-8
        ver também Câmara dos Representantes
            dos Estados Unidos; Senado dos
            Estados Unidos
Congresso Internacional de Estatística
     (ISC), 118, 120-1
Connecticut, 120
consciência, 255
Conservatório Francês de Artes e Ofícios,
     65, 117
conspiração Mendenhall para desacreditar os
     pesos e medidas ingleses, A (Dale), 149
Constant, Benjamin, 112
Constituição dos Estados Unidos, 99, 129
Convenção Nacional, França, 63-4, 83, 84,
     85, 86
convencionalismo, 158
Coordenação Internacional de Avogadro
     (IAC, International Avogadro Coordina-
     tion), 242
cordes, 153
corpo humano, simetria do, 18-20, 21-2, *20, 21*
correntes, 130
Costa do Marfim, 47, 48, 60
Costa do Ouro, britânica, 134
Coulomb, Charles Augustin de, 85
Cox, Stephen, 234
criacionismo, 150
criptônio, 199, 200, 209, 236
Crookes, William, 162
Crosland, Maurice, 87, 265n
Cross, Eric, 17
Cuba, 118, 147
cúbitos (*ells*), 12, 19

Índice remissivo

cúbitos (25 polegadas), 141-2, 143
culinária, medidas improvisadas e, 12, 14-5, 16
cun (medida chinesa), 12, 31, 35
Curie, Marie, 157

dactyloi (medida de dedo), 12
dadaísmo, 162
Daily Telegraph, 135, 136
Dale, Samuel S., 147-52, 154
Dalí, Salvador, 155
dança, A (Matisse), 155
Davis, Richard, 250, 251
Davy, Humphry, 113
De Architectura (Vitrúvio), 19
décadas, 103
decimal, sistema, 74, 81, 82, 84, 116-7
Declaração da Independência (1776), 100
Declaração dos Direitos do Homem (1789), 63, 80
dedos (*fingers*), 12, 19-20
Defoe, Daniel, 11-2
Delambre, Jean Baptiste, 82-4, 85, 86, 113
demi-grains (meios-grãos), 103
demi-pints (meios-quartilhos), 103
demoiselles d'Avignon, Les (Picasso), 155
deniers, 66
Departamento de Comércio, Estados Unidos, 205
Departamento do Tesouro, Estados Unidos, 139
derivadas, unidades, 177, 236
Descartes, René, 75
desenho industrial, 213-7, 229
Designing for the People (Dreyfuss), 213
Dewey, John, 187
Dia Metrológico Internacional, 125
Diário de Hunan, 30
Dickens, Charles, 230
"Diferentes métodos de estabelecer uma uniformidade de pesos e medidas" (Keith), 95
di, flautas *ver* flautas *di*
difração, grades de *ver* grades de difração
Dinamarca, 87, 107, 121, 174
Diretório francês, 83, 86, 111
distância, medidas de, 65-6
tipos improvisados de, 12-3, 15-7
Dixon, Joe, 218
Doctor Faustroll, 162
Dombey, Joseph, 85, 90-1
Doppler, efeito, 200

Doutor Fausto (Marlowe), 168
dracmas, 130
Dreyfuss, Henry, 213-5
Duchamp, Marcel, 155-66, *156*, *158*, 167, 269n
Duchamp in Context (Henderson), 164
Duhamel, Georges, 73

eclipses solares, 175
Edgar, rei da Inglaterra, 263n5
Eduardo I, rei da Inglaterra, 263n5
Eduardo III, rei da Inglaterra, 263n5
Egito, Grande Pirâmide do, 139-47
Ehrenburg, Ilya, 73
Eiffel, Torre, 197, 237
elasticidade, 244
eletricidade, 157, 160, 171, 177, 200-1, 207-8, 209, 236
eletrificação, 157, 176-7
eletromagnetismo, 244
unidades básicas e derivadas do, 177-8, 236-7
elétrons, 157
Eliot, Francis, 95
ells (varas), 69, 102
Elmina, África ocidental, 134, 135
enquadramento (*Gestell* ou "armação"), 231
equador (linha do), 75, 77, 82, 99, 109
ergonomia, 223
Erratum Musical (Duchamp), 161
Escola Case de Ciência Aplicada, 189
escravos, comércio de *ver* comércio de escravos
Escritório de Pesos e Medidas (Office of Weights and Measures), Estados Unidos, 111, 129, 178, 188, 192
Espanha, 66-7, 83, 86, 86, 91, 118
espectroscopia, 175-6, 180-2, 183-5, *184*, 186-8, 198-200
efeito Doppler e, 200
isótopos e, 200
estádio (comprimento), 76
Estados Unidos, 22
China e, 133
corrida espacial e, 205-7
Grande Selo dos, 143
Nist como agência de padrões dos, 42, 241, 248-9
questão da padronização e, 26, 41-2, 90-2, 98-111, *100*, 114, 123-4, 127-9, *128*, 180, 237-8, 240-1, 248-9, 274n

SI e, 26, 237-8, 241, 274n
sistema métrico e, 85, 90-2, 107, 109-11,
119-21, 124, 127-30, 137-50, 151-2, 204-7,
237-8, 266-7n
estrelas, 175
estrutura fina, constante de, 240
étalon (metro), padrão, 87, 88, 113
ver também Metro dos Arquivos
éter, 172, 181
ética, 254, 255
Ética a Nicômaco (Aristóteles), 254
Etiópia, 12
Europa:
movimento rumo a padronização na,
70-89
proliferação de medidas na, 65-70, 151-4,
268-9n
Revolução Industrial na, 70-1
sistema decimal e, 74, 81, 82, 84
evolução, 150
Exército Popular de Libertação (PLA), 203
expedição de Lewis e Clark, 105
Explorações e opiniões do Dr. Faustroll, 'patafí-sico (Jarry), 162
Exposição Internacional de Londres de
1862, 118
Exposição Internacional de Paris de 1855, 118
Exposição Internacional de Paris de 1867, 120
Exposição Internacional de St. Louis de
1904, 148

Fabry, Charles, 198
Facebook, 169
falácia métrica, A (Halsey), 148
falsa medida do homem, A (Gould), 255-6
Farabi, Abu Nasr al-, 43
Faraday, Michael, 243
Farr, William, 117-8
Fashion Institute of Technology, 225
Faustroll, Doutor, 162
ferro, 32
Ferrovia do Atlântico e do Grande Oeste, 143
feudalismo, 67-8
Filipinas, 22, 147
Finlândia, 107
firkins (alqueires), 103
física, 43-4
"fixação da crença, A" (Peirce), 185
flautas *di*, 42-3, 44
flautas, 34, 35-6, 42-3, 88-9

Fogg Art Museum, 15
fome, 231-3
Fonte (Duchamp), 155
fotometria, 175-6, 200-1
Fourcroy, Antoine, 84
fracasso métrico na indústria têxtil, O (Dale),
148
França, 8, 22, 98, 129-30, 207, 247
Adams e, 107
Arquivos Nacionais da, 62-5, 87-9
China e, 133
comércio africano e, 48
Constituição da, 63
Louisiana vendida pela, 105
padrões do metro e do quilograma da,
63-5, 87-9, 90, 91-2, 106, 107, 110-1, 112-3,
114, 122, 180, 196-201, 235-6
padronização de medidas e, 62-89,
80, 86, 90, 110, 111-4, 122, 123-4, 171-2,
264-5n
proliferação de medidas na, 65-70
Reinado do Terror e, 83, 84, 90, 91
sistema métrico oficialmente adotado
pela, 113-4
Franklin, Instituto, 138
Fraunhofer, Joseph von, 182
Fundação Nacional de Ciência (National
Science Foundation), Estados Unidos, 217
funículos, 76
furlongs, 102, 103, 130
furo na orelha, 12
futuo, sacos de, 48, 50, *51*

galáxias, 175
Galileu Galilei, 72, 74, 75, 230
Gallatin, Arthur, 106, 110-1
galões, 94, 102-3, 130, 138, 263n
Gana, 47, 48, 58
Garrard, Timothy, 58-61
obituário de Phillips para, 60
Gauss, Carl Friedrich, 176-7
Gdansk, Polônia, 69
geodesia, 76-7, 120-1, 122, 178-9, 180-1
geometria:
não euclidiana, 160, 163
pós-euclidiana, 163-4
Germanic, 128
Gestell ("enquadramento" ou "armação"), 231
Gilbreth, Frank, 215-6, 272n3
gills (onças líquidas), 130

Gilman, Daniel Coit, 188
Giscard D'Estaing, Valéry, 237
Gizé, Egito, Grande Pirâmide de, 139-47
Globalização, 26-7
gnat's ass [bunda de pernilongo], 168
gnat's whisker [antena de pernilongo], 168
"Gold Measuring Weights of the Peoples of the Akan Civilization" (Niangoram-Bouah), 262n
Goldstone, Jack, 45
Goodhart, lei de, 232
Goodman, Howard W., 33, 39, 41, 42, 43, 44
Google, calculadora, 167
Gould, Benjamin A., 128, 196
Gould, Stephen Jay, 164, 255
Grã-Bretanha
    Adams e, 107
    África ocidental e, 132, 134-6
    China e, 132-4
    pesos e medidas na, 47-8, 67-8, 91-2, 93-7, 98-9, 110-1, 114, 263-4n
    sistema imperial da, 95-7, 110-1, 114, 118-9, 125-6, 129-30, 136, 140, 141-2, 152-3, 205, 206-7
    sistema métrico e, 118-20, 125-6, 127, 131-2, 172, 192, 205-6
grades de difração, 176, 181, 182-5, *184*, 189
    "fantasmas" em espectros criados por, 187
gramas, 85, 131
Grand Palais, Salon de la Locomotion Aérienne no, 161
Grande Exposição de Obras da Indústria de Todas as Nações (1851), 115-7, 192
Grande Pirâmide, 139-47
Grande Pirâmide: por que foi construída? E quem a construiu?, A (Taylor), 140
Grande Selo dos Estados Unidos, 143
grãos (*grains*), 13, 37-8, *38*, 65-6, 67-8, 96, 103
grau Kelvin, 208, 210, 236, 248
gravimetria, 122, 176, 180-2, 244
gravitação, 243, 264n
Grécia, reino da, 125
Gregório I, papa, 41
gregos antigos, 15, 18-21, 22, 23-5, 38-9
    medida de pé e, 11-2
    relevos metrológicos e, 19-20, *20*, 35, 36
greves, 102-3
Groenlândia, 121, 174
gros, 66

Guadalupe, 91
Guan, Zengjian, 203, 204
Guangzhou (Cantão), China, 132
Guangzu, imperador da China, 202
Guarda Costeira dos Estados Unidos, 218
Guerra Civil, norte-americana, 174-5
Guerra de 1812, 107
Guerra Fria, 204-7
Guerra Mundial, Primeira *ver* Primeira Guerra Mundial, 158, 205, 207
Guerra Mundial, Segunda *ver* Segunda Guerra Mundial, 189, 200, 203
Guerra Sino-japonesa, primeira, 202
Guerra Sino-japonesa, segunda, 203
Guerras do Ópio, 45, 132-5, 202
Guillaume, Charles Édouard, 197-8
Guilherme I (o Conquistador), rei da Inglaterra, 263n
guilhotina, 84
Guizot, François, 117
gulag, 231-2

Hall, efeito de, 243, 273n
Hall, John, 248
Halsey, Frederick A., 147-52, 154
Hamilton, Alexander, 101
Han, dinastia, 36-9, 40, 41-2, 261n
Hanshu (Historical Documents of the Han Dynasty), 37, 38
Harkness, William, 194
Harrison, Benjamin, 128, *128*
Harrison, George R., 182-3
Harvard, ponte de, 167
Harvard, Observatório de, 175
Harvard, Universidade, 15, 151, 172, 174
Harvey, William, 74, 230
Hassler, Ferdinand Rudolph, 105-7, *106*, 111
Heidegger, Martin, 231, 256, 257, 272-3n
Helena de Troia, 168
hélio, 199
Helmholtz, Hermann, 192
Hemings, Sally, 100
Henderson, Linda, 163
Henrique I, rei da Inglaterra, 13
Henrique III, rei da Inglaterra, 263n
Henrique V, rei da Inglaterra, 263n
Heródoto, 24-5
Herschel, John, 119, 140
Hertz, 236
hidrogênio, 195

Hilgard, Julius, 124, 128, 139, 178, 188
hindus, hinduísmo, 13, 16-7
hiperfinas, propriedades (dos átomos), 199-200, 236-7, 250
"história química da vela, Uma" (Faraday), 243
hogsheads, 103
Holanda, 107, 117, 125
    comércio na África e, 48
Hölderlin, Friedrich, 256
Holmes, Oliver Wendell, Jr., 175-6
Homem Vitruviano (da Vinci), 21, *21*, 24, 257, 258
        Joe e Josephine, arquétipos de, e, 213-7, *214*, 233, 256-7
hommées, 67
Hong Kong, 132
Hoover, aspiradores de pó, 213
Hoszowski, Stanislas, 71
Huang Di, 35-6
huangzhong (nota musical), 33, 36, 37, 38
Human Solutions, 219, 220, 222-3
Hungria, 126
Huygens, Christiaan, 78

Idade Média, 48, 71-2
Igreja católica, 80
Ilustrações da lógica da ciência (Peirce), 185
imperial, sistema *ver* sistema imperial
Império Romano, 14, 19-20, 22, 35, 36, 152
        unidades de medida, 65-6
Império Russo, 107, 192
        Alasca e, 121, 174
        China e, 133
importante questão de metrologia, Uma (Totten), 144
"Impostores, falsificação, fraude e ilusão" (painel de discussão), 229
Índia, 12
indústria têxtil, medidas e, 217-28, *222*, *227*, 258, 259
Iniciativa de Defesa Estratégica (SDI, Strategic Defense Initiative), 206
Instituição de Engenheiros Civis (Institution of Civil Engineers), 192
Instituto Americano de Pesos e Medidas (American Institute of Weight and Measures), 149
Instituto de Tecnologia de Massachusetts (MIT, Massachusetts Institute of Technology), 182-3

Instituto Imperial Técninco de Física (Physikalisch-Technische Reichsanstalt), 192
Instituto Internacional para Preservação e Aperfeiçoamento dos Pesos e Medidas Anglo-Saxônicos (International Institute for Preserving and Perfecting the Anglo-Saxon Weights and Measures), 142, 143-4
Instituto Nacional de Metrologia (NIM), China, 29-31, 37, 45
Instituto Nacional de Padrões e Tecnologia (Nist, National Institute of Standards and Technology), Estados Unidos, 42, 241, 248
Interferômetros Óptico e de Raios X Combinados (Coxi), 241
interferômetros, 181, 189-90, *190*, 198, 199, 236, 241, 244-5
International Standard, 144-7, *145*
internet, 7-9, 226, 256
Invar, 197
Investigação filosófica (Wittgenstein), 201
ionização, radiação de *ver* radiação de ionização
irídio, 209
Isaías, Livro de, 141
islã, muçulmanos, 48
Islândia, 121, 174
isótopos, 199
israelitas, 141
Itália, 247
Iugoslávia, 126

jahrzeit (*yahrzeit*), copos de, 14
James, Henry, 179
James, William, 175, 179, 186, 191
Japão, 247
jardas, 13, 96, 102, 114, 119, 129, 130, 148, 151, 194, 263n
Jarry, Alfred, 162
Jefferson, Thomas, 98, 99-107, *100*, 182
Jesus Cristo, 41
Jila, Centro de Física Atômica, Molecular e Óptica, 248
Jin, dinastia, 40-4
João, rei da França, 65
Joe (modelo de desenho), 213-7, *214*, 233, 257
Jogos Olímpicos *ver* Olimpíadas
John Deere, 213
Johns Hopkins, Universidade, 172, 187, 188, 189
Johnson, Andrew, 120

Índice remissivo

Josefo, Flávio, 256
Josephine (modelo de desenho), 213-7, *214*, 233, 257
Josephson, Brian, 273-4n
Josephson, efeito, 243, 273-4n
Joule, balança de *ver* balança de Joule
joules, 236
journals (medida de área), 67
judeus, judaísmo, 14, 22
Juilliard School, 43
Júpiter (deus romano), 35

Keith, George Skene, 95
Kelvin, William Thomson, lorde, 147, 162, 177, 192-3
Kennelly, Arthur, 151-4, 268-9n
Kepler, Johannes, 74, 142, 230
Kibble, Bryan, 243, 249, 274n
Kidson, Peter, 14, 64-5
Kinderkins, 103
Kirchoff, Gustav, 183
"Kit de Principiante Faça-Você-Mesmo em Casa um *3 Stoppages Padrão*" (McManus), 165, 166
Klitzing, Klaus von, 243, 248, 249
Krishnalas, 17
Kula, Witold, 67, 68-70, 73, 133, 212, 230
Kumasi, África ocidental, 134-6
Kunz, George, 149

La Nature (francesa), 127
Laboratório de Pesquisa em Arte Ciência (Art Science Research Laboratory), 164
Laboratório Nacional de Física (NPL, National Physical Laboratory), Grã-Bretanha, 192, 210, 243, 251, 274n
Laboratório Nacional de Metrologia da Alemanha, 241, 242
lamelas, 241
Languedoc, França, 68
Lao-Tsé, 32
Laplace, Pierre-Simon, 87
Lapônia, 77
"Largura das graduções do sr. Rutherfurd" (Peirce), 188
lasers, 222, 241
Latimer, Charles, 142-4, 146
Lavoisier, Antoine, 81, 83, 84, 85, 93
Lawrence, Escola Científica, 174
Le Brigand, Brigitte-Marie, 62-4, 88-9

Leis de Manu, As, 16
leite, 67
Legon University, 58
léguas, 65, 102, 130
Le Nôtre, André, 126
Leonardo da Vinci, 21, *21*, 214
Letônia, 69
Levantamento Topográfico dos Estados Unidos, *100*, 106, 107, 121, 124, 128, 138-9, 174-5, 178, 179-80
Levantamento Topográfico e Geodésico dos Estados Unidos, 128, 178-9, 188, 191
Levi Strauss, 218
Lewis e Clark, expedição de *ver* expedição Lewis e Clark
L.H.O.O.Q. (Duchamp), 155
libbras, 153
Libéria, 26
libras, 65, 81, 94, 96, 103, 106, 107, 110-1, 129, 130, 194, 263-4n
libra, 65, 263n
Liechtenstein, 126
Lien, Y. Edmund, 43, 44
lieues, 152, 153
likshâs, 16-7
Lindbergh, Charles A., 154
linhas (comprimento), 77, 81, 103, 113
Linklater, Andro, 90, 92
Lin Tse-hsu, 132
líquidos, medidas de, 14-5, 16
litros, 85, 204
livres, 65, 152
Lloyd, John, 168
Locke, John, 73
Loesser, Frank, 253
Londres, Exposição Internacional de *ver* Exposição Internacional de Londres
Long Island, 121
lot, 153
Louisiana, compra da (1803), 105
Louvre, 62, 65
Luís XIV, rei da França, 75
Luís XVI, rei da França, 63, 78, 79, 80, 81, 83, 84
Luís Felipe, rei da França, 114
Luís Napoleão III, imperador da França, 62, 121, 122
lülü (escala harmônica), 33-5, 36-7, 43
lüs (reguladores harmônicos), 40
Luxemburgo, 117

luz:
efeito Doppler e, 199-200
escâneres 3-D e, 221-2
experimento de Michelson-Morley com, 181-2, 189-90, *190*, 194, 196, 236
medidas de comprimento e, 8-9, 113-4, 171-95, *184*, *190*, 196, 197-201, 208-9, 235-6
padrões do SI e, 207, 208, 209-10, 235-6
velocidade da, 236, 249

Macau, 132, 133
Madison, James, 98-9
Magna Carta (1215), 263n
magnetismo, 176-7
Maidenform, 228
mancheias (*handfuls*), 12
Manhattan, Projeto *ver* Projeto Manhattan
Manila, Filipinas, 22
Mani Singh, 12
Mao Tsé-Tung, 36, 203
mãos, medidas e, 12, 130
máquina de graduação, 183-4, *184*
marcos, 146n
Maria Antonieta, rainha da França, *63*, 83
Marlowe, Christopher, 168
Mars Rover, sonda em Marte, 222
Mary and William Sissler Collection, The (Naumann), 163
massa:
balança de Joule e, 29
constante de Planck e, 30, 240, *242*, 243, *244*, 247, 249, 251
definição da unidade de, 9
medição elétrica e, 176-8
medição molecular e, 194-5
padrão do Novo SI para, 234-52, *239*, *242*, *244*
Massachusetts, 120
"Massas atômicas e constantes fundamentais", conferência, 237
matemática, China e, 36-7
Mateus, Livro de, 255
Matisse, Henri, 155
Maurício, Ilhas, 126
Maxwell, James Clerk, 142, 162, 177, 178, 179, 181, 195, 196
Mazzella, Rita, 225-8, 227
McManus, Jim, 164-5, 166
Measure of Man, The (Dreyfuss), 213, *214*

Measure of Man and Woman, The, 213, *214*, 217
Measures and Men (Kula), 67, 212
Measuring America (Linklater), 90
Méchain, Pierre, 82-4, 86, 87, 113
medida de todas as coisas, A, 83-4
Medida por medida (Shakespeare), 255
medidas ônticas, 253-9
medidas ontológicas, 253-9
medidas:
abusos de, 24-6
agricultura e, 27, 67, 216-7
atividades humanas e, 253-9
autoconhecimento e, 256-7
ciência social e, 232-3
confiança habitual em, 7-9
confiança na precisão de, 25-6
definição de, 7-8
dependência moderna na confiabilidade das, 228-33
Era Neolítica e, 30-2
específicos de medições
França e, 62-89, 77-8, *80*, 86, 90, 110, 111-4, 121-2, 123-4, 171-2
globalização e, 26-7
Império Romano e, 65
ontologia de, 22-4
opressão e, 257-8
padrões e *ver* padrões
padrões e simetria em, 18-23
precisão como meta desejada das, 192-5, 204-7
proliferação europeia de, 65-70
propriedades de, 13-5
sistema métrico e formas vestigiais de, 151-4
significado social das, 212-33
tipos improvisados de, 11-9, 22-3, 26-7, 260n
tipos ôntico e ontológico de, 253-9
vestuário e, 217-28, 222, 227, 258, 259
ver também padrões absolutos; Sistema Internacional de Unidade (SI); *nomes e tipos*
megassegundos, 169-70
meio-dia, canhão do *ver* canhão do meio-dia
Mêncio, 32
Mendenhall, Thomas C., 128-9, 148, 149
"Mensurações da gravidade em estações iniciais na América e na Europa" (Peirce), 180
Mercúrio, 198, 199, 200

Índice remissivo

meridiano, medições do, 75-9, 81-2, 86, 87, 94, 103-4, 113-4, 127-8, 141, 177-8, 196, 235
Merle Blanc, 162
métrico, sistema *ver* sistema métrico
Metro dos Arquivos, 63-4, 88-9, 122, 197-201, 235, 236
metrologia, 19-20, *20*, 23-8, 261n
    China e, 29-46, *32, 34, 38, 44*, 47, 66-7, 203-5, 247, 261n, 262n
    eletricidade e, 176-8, 200-1, 207-8, 209, 235-6
    Grécia antiga e, 19-20, *20*, 35, 36, 37-9
    Guerra Fria e, 204-7
    Peirce e, 171-95, *173*, 196, 198, 270-1n
    romanos e, 13-4, 18-21, 22, 35, 36
    "zombametria" como brincadeiras de, 167-70
metros, 63-4, 82, 84, 85-9, *86*, 90, 91-2, 103-4, 106, 110-1, 112-3, 114, 121-2, 127-8, 131-2, 141-2, 143-4, 177-8, 180, 181, 196, 197-201, 207-8, 209, 210, 235-6, 237, 248-9
    ver também medidas de comprimento, sistema métrico
metrosofia, 23-8, 37-9, 212-3, 214-5, 261n
Michelson, Albert A., 172, 181, 189-90, *190*, 193, 194, 195, 196, 198, 236
Michigan State University, 216
Mickiewicz, Adam, 230
microsséculos, 169
micrômetros, 183, 184, 190
milhas, 16, 76-7, 96, 102, 103, 130
milho, 13
Miller, John Riggs, 93-4
milles (miliares), 76, 264n
Milliarum Aureum (miliário áureo), 152
mili-helenas, 168
Ming, dinastia, 29, 45
mínimos, 103
minutos (comprimento), 76
mísseis balísticos intercontinentais (ICBMs), 204-5
mites, 103
MKSA (metro, quilograma, segundo, ampere), sistema, 208, 236
módulos, 19
moeda, dinheiro, 99, 101
Moiré, padrões de, 241
moléculas, medição e, 194-5
mols, 210, 236, 248, 272n
MoMA – Museu de Arte Moderna de Nova York, 155-7, 163

Mônaco, 118
Mondrian, Piet, 155
Monroe, Doutrina, 108
Monroe, James, 98, 107
Montgomerie, Thomas, 12-3
Montserrat, 91
Moreau, Henri, 66
Morley, Edward, 181, 189-90, *190*, 194, 196, 236
Mouton, Gabrielle, 76, 264n
Müller, Herta, 231-2
Musée de l'Homme, 47
Museu de Artes e Ofícios, 160
música:
    China antiga e, 32-6, 39-45, *44*, 88-9
    sistema de doze notas na, 33-6, *34*, 42-5
Mianmar, 26

Naipaul, V.S., 53
Nanquim, China, 30, 133, 203
Napoleão I, imperador da França, 111-2, 140, 162, 265n
Nature (britânica), 125, 127, 129, 143
Naumann, Francis, 163-4, 165
nazistas, nazismo, 272-3n
Necker, Jacques, 79
Nobel, Prêmio, 172, 197
Noé, 141
Noel, Eduard, 270-1n
neolítico, medidas derivadas do corpo no, 31
neônio, 199
Netuno, 97
Netflix, 219
neuralgia do trigêmeo, 172
Newton, Isaac, 72, 77, 99, 121, 193, 264n
newtons, 236
New Yorker, The, 53
New York Times, The, 150, 151, 256
Niangoran-Bouah, Georges, 47-53, 70-1, 262n
Noite estrelada (van Gogh), 155
noiva despida pelos seus celibatários, mesmo, A (Duchamp), 161
Noruega, 66, 126
Nossa herança na Grande Pirâmide (Piazzi Smyth), 141
"Nota sobre o progresso de experimentos para comparar um comprimento de onda com o metro" (Peirce), 187
Notas sobre o estado da Virgínia (Jefferson), 100
Nova Jersey, 120

"Nova tentativa de uma medida invariável capaz de servir como medida comum a todas as nações" (Condamine), 77

Nova York, 22

nucleares, armas *ver* armas nucleares

Nu descendo uma escada nº 2 (Duchamp), 160

numerologia, 36-7

Observatório de Paris, 27

Odiaka, estatueta, 52

Ohio, movimento antimétrico e, 139, 142-3, 144

Ohms, 177

Olimpíadas, 151

onças, 66, 96, 103, 130

onces (onças), 152

oncias, 153

ônticas, medidas *ver* medidas ônticas

ontológicas, medidas *ver* medidas ontológicas

ópio, 172

Ópio, Guerras do *ver* Guerras do Ópio

óptica, 182-3, 189

ordenhas (medidas de leite), 67-8

O'Rourke, P.J., 237

Orwell, George, 14

Oskar Pastior, 231-2

ostras, 67

Ott, Albert, 50

ouro, medidas de:
  akans, fundição autorreferente para, 57-8
  África ocidental e, 27, 47-61, *51*, 88, 134-6, 233, 262n

ouvrées, 67

Owens, Jesse, 151

pacotes, 68

padrões absolutos, 27-8

padrões, 22-3, 27-8, 260-1n
  artefatos e, 22, 260n
  artistas e escritores zombando dos, 155-70, *156, 158, 166*
  avanços científicos, 72-5
  China antiga e, 29-46, *32, 34, 38, 44*, 66-7
  comércio e, 71-2, 81-2, 192
  eletricidade e, 177-8, 200-1, 207-8, 209
  Estados Unidos e, 26, 41-2, 90-2, 98-111, *100*, 114, 124, 127-30, *128*, 180, 237-8, 2401, 248-9, 274n
  Exposição de 1851 e, 115-7

França e, 62-89, *80, 86*, 90, 110, 111-4, 121-2, 123, 171-2, 264-5n

Grã-Bretanha e, 93-7, 114, 115-7, 118-9, 171-2, 192-3, 263-4n

medições moleculares e, 194-5

MKSA, sistema, 208

Novo SI, sistema e, 234-52, *239, 242, 244*

Protótipo Internacional do Metro e do Quilograma, medidas para, 127, 129, 197, 208, 209, 235, 236

Revolução Francesa e, 79-89, 90, 235, 236, 252, 264-5n

Revolução Industrial e, 70-1, 116

sistema métrico e, 27-8, 29-30, 45-6, 72-3, 79-89, *86*, 90-114, 116-32, 180

témoins e, 238-40

"zombametria", 167-70

painço, 13, 37, *38*

paisagem métrica, 212-3
  capitalismo e, 216-7
  ciência social e, 232-3
  desumanização e, 231-3, 256-8, 259
  lados sombrios da, 228-33
  SI e, 216
  vestuário e, 217-28, *222, 227*, 258, 259

palmos, 19

Paris, França, 62-4
  Biblioteca Sainte-Geneviève em, 160
  BIPM perto de, 29, 125, 126-7, *126, 128*, 130, 191, 196-203, 207-10, 234-52, *239*
  Châtelet, palácio em, 76, 77, 264-5n
  Grand Palais em, 161
  Louvre em, 62, 65
  meridiano passando por, 75-6, 81-2, 86, 87, 113-4, 127-8, 234-5
  Museu de Artes e Ofícios em, 160
  Pavillon de Breteuil nos arredores de, *126, 126*
  Place Vendôme em, *86*
  Torre Eiffel em, 197, 237

Parlamento britânico:
  incêndio no, 97, 119
  padronização de medidas e, 94, 95-6, 97
  sistema métrico e, 118-9

Partenon, 19

Partido Comunista Chinês, 30-1, 35-6

Pascal, Blaise, 73

passadas, 12

passos, 12

'patafísica, 162

Índice remissivo

Patterson, Carlile, 139, 185, 188
Patterson, Robert, 105, 106
Paulo, são, 41
pecks (celamins), 103, 130
pedras, 103, 130
pé geométrico, 77
Peirce, Benjamin, 121, 139, 174, 188
Peirce, Charle S., 147, 171-95, *173*
    casamentos de, 174, 180, 188
    casos de, 173-4, 180
    comparador e, 186
    difração, pesquisa de, 182-4, *184*, 186-8,
      189, 190, 196, 197-8
    doenças de, 172, 180
    gravimetria e, 180-2
    IGA e, 180, 185
    Levantamento Topográfico e, 174-5,
      176, 178-9, 180, 188, 191
    luz e padrão de comprimento, proposta,
      181-2
    passado de, 173-6
    pêndulo, pesquisa, 179-80, 183, 184-5
    personalidade de, 172-4, 179-80, 184-5,
      187, 188, 191
    teoria pragmática e, 171, 175-6, 185-6, 187
    últimos anos e morte de, 191-2, 270-1n
Peirce, Juliette Pourtalai, 180, 188, 191
Peirce, Melusina Fay "Zina", 174, 175, 180, 188
pêndulo de segundos, 75-6, 77, 78, 81, 82-3,
    87-8, 196
    determinação da forma da Terra e, 121
    Grã-Bretanha e, 93-4, 95, 96, 114, 119, 171
    incertezas no, 97-8, 113-4
    Jefferson e, 98, 100, *100*, 102, 103
pêndulos reversíveis, 179
pêndulos, 176, 178-80, 183, 184-5
    ver também pêndulo de segundos
pennyweights, 103
"pequena balança, A" (Galileu), 72
Pequim, China, 30
Pérard, Albert, 199
perchas, 102, 130
Pérot, Alfred, 198-9
Perrin, Jean, 157
persistência da memória, A (Dalí), 155
Peru, 77, 83
Peru, toesa do, 77, 83
pés (medida), 11-2, 15-6, 19-20, 22, 77, 81, 102,
    103, 112-3
    império romano e, 65, 71, 72, 81-2, 85

sistema imperial e, 96-7, 130
    ver também chi (medida de pé)
pes (medida de pé), 65
peso, medidas de, 94-5, 194-5, 209-10
    África ocidental, medidas de ouro, 27,
      47-61, *51*, 88-9, 134-6, 232-3, 262-3n
    conceitos da Europa vs. África ociden-
      tal, 49-53
    Grande Pirâmide e, 141
    Jefferson e, 130
    medidas improvisadas para, 12-3
    quilograma francês como padrão para,
      63-5, 90, 91-2, 106, 107, 110-1, 121-2,
      196-7, 199-200
    Pilha de Carlos Magno, 65-6, 88-9
    Revolução Francesa, 79-89, 90, 255-6
    sistema imperial e, 96-7, 110-1, 130
    Turgot, proposta para, 78
Pesos e Medidas, Ato (1864) *ver* Ato de
    Pesos e Medidas (1864)
Pesquisas fotométricas (Peirce), 175
Pfunds, 65, 152
Phillips, Bill, 248-9, 251
Phillips, Tom, 54-61, 136
    Garrard e, 58-61
Philoctetes, Centro, 229
Physics World, 169
Piazzi Smyth, Charles, 141-3
Picard, Jean, 76, 264n
Picasso, Pablo, 155
pied de neige (pé de neve), 152
pieds, 65, 76
Pilha de Carlos Magno, 65-6, 88
pints (quartilhos), 130
"Pint's a Pound the World Around (Remove
    not the ancient landmarks), A" (Totten), 145
pipes, 103
Pireu, Museu do, 20
pitadas, 12, 16
Pitágoras, 35
Planck, Max, 250
Planck, constante de, 30, 240, 242, 243, 244,
    247, 249, 251
"Plano para estabelecer uniformidade em
    moeda, pesos e medidas dos Estados
    Unidos" (Jefferson), 101-5
platina, 200, 209
Platão, 196, 231, 253, 254
Playfair, John, 92
Poincaré, Henri, 157-8, 160

292   *O mundo na balança*

Point-à-Pitre, Guadalupe, 91
polegadas da Pirâmide, 141
polegadas, 15-6, 22-3, 65-6, 81, 96, 102, 103, 130, 142, 143
polegares, 77
poles, 102
Pompadour, madame, 162
ponds (libras holandesas), 65
pontos, 103
Poor, Robert, 32
Poro, sociedade de, 58
Porto Rico, 147
Portugal, 126
    comércio na África e, 48, 52-3
Pottles, 103
pouce (polegada), 65
Pourtalai, Juliette, 180, 188, 191
pous (medida de pé), 12
pragmatismo, 171, 175-6, 185-6, 187
prefixos de unidades, brincadeiras com, 168-70
Princess, telefone, 213
Principia (Newton), 72, 99
prisca teologia, 41
prismas, 186-7
projeto Ashbrook, 149
Projeto Manhattan, 206
protestantes, protestantismo, 41
prótons, 243
Protótipo Internacional do Quilograma, 127, 129, 197, 207-8, 235-6, 238-40, 247-8
Protótipo Internacional do Metro, 127, 129, 197, 207-8, 209, 235-6
Prússia, 107, 123
Ptolomeu, 74
Punch, 115
puncheons, 103
pundits, 13
punhados (*fistfuls*), 12

Qin, dinastia, 30-1, 35-6
Qing, dinastia, 45, 132, 133, 202-3
Qin Shi Huang Di, imperador da China, 30-1, 35, 36
Qiu, Guangming, 29-31, 36, 37, *38*, 45, 133-4, 204
Quantified Self (website), 256
quantum, conceito de, 159, 244-5, 250-1
quarta dimensão, 159-60, 161
quarters, 103, 130

quarts, 130
Quilograma dos Arquivos, 63-4, 88, 90, 197, 200, 234, 235, 236
quilograma, 29-30, 63-4, 87, 88, 92, 106, 107, 110-1, 112-3, 127, 151-2, 196-7, 199-200, 203-4, 207-8, 209, 210-1
    Novo SI e redefinição do, 234-52, *239, 242, 244*
quilates, 12-3, 22, 103-4
Quinn, Terry, 234-5, 239-40, 245-6, 248, 250, 251
quintais, 103, 130

radiação de ionização, 207-8
radiação, 208, 236, 248-9
radiatividade, 157, 160
rádio, 7
Râgasarshapas, 16
Raio Astronômico, 77
Raios X, 157, 159-60, 241
Rashid, Harun al-, 65
"Redefinição do quilograma: uma decisão cuja hora chegou" (Quinn *et al*), 245
régua da alfândega, 133
Regulamento da Terra, Estados Unidos (1785), 98
"regular", 69
Reinado do Terror, 83, 84, 90, 91
relatividade, 159
relevos metrológicos, 19-20, *20*
relógios atômicos, 210, 236-7
relógios, 84
remédios, medidas de, 11-2
República, A (Platão), 231
reverberação, medição da, 15-6
Revolução Científica, 74
Revolução Cultural, 29, 30, 31, 204
Revolução Francesa, 27, 63, 64, 70, 79-89, 90, 91-2, 111, 235, 236, 252
Revolução Industrial, 70-1, 176-7
    segunda era, 116
Revolução Xinhai, 202
Rhode Island, 121
Riemann, Georg Friedrich Bernhard, 163
riqueza das Nações, A (Smith), 71
Rittenhouse, David, 101, 182
Robinson, Craig, 218
Robinson Crusoé, 11-2
Roda de bicicleta (Duchamp), 155-6
roods, 102, 103, 130

Índice remissivo

Roosevelt, Theodore, 148
Rosler, Martha, 257, 274n
Roth, Philip, 14
Rothschild, Anthony Nathan de, 118
Rowland, Henry, 189
Royal Society, britânica, 75, 78, 81, 142, 248
  unidades do Novo SI e, 234, 242, 245,
  248-9, 250-1
"Rrose Sélavy", 165
Rutherford, Ernest, 157
Rutherfurd, Lewis M., 183-4, *184*, 189
Rydberg, constante de, 240

Sabine, Wallace, 15-6, 260n
sacos, 68
Sainte-Geneviève, Biblioteca, 160
Salamina, Grécia, 20, *20*
Salomão, 141
Salon de la Locomotion Aérienne, 161
Sanders, Teatro, 15
sânscrito, 16
Sartre, Jean-Paul, 257
Saturday Evening Post, 206
Schoenberg, Arnold, 34
Science, 191-2
Scopes, julgamento "fajuto" (1925), 150
scruples (escrúpulos), 103
segundos, 169-70, 208, 210, 236
segundos, pêndulo de *ver* pêndulo de
  segundos
Seicheles, ilhas, 126
sementes, 13
Senado dos Estados Unidos, 104, 107
Senufos, 58
Shakespeare, William, 255
Shang, dinastia, 32
Shapin, Steven, 73
Shearer, Rhonda, 164
Sheppeys, 168
Siemens, Werner von, 192
Silésia, 107
Silício, 240-3, *242*, 244-5, 246-7
Simetria, 18-24
Singh, Nain e Mani, 12
sismologia, 244
sistema harmônico de doze notas, 32-6, *34*,
  42-5
sistema imperial, 95-8, 110-1, 114, 118-9, 125-6,
  129-30, 136, 140, 141-2, 152-3, 205-7
  unidades do (tabela), 130

Sistema Internacional de Unidades (SI), 26-7,
  28, 196-211
  China e, 29-30
  estabelecimento do, 207-11
  novas unidades, definição de, *246*, 247-9
  paisagem métrica e, 216
  países não usando oficialmente, 26
  paródias de prefixos no, 169-70
  prefixos para unidades básica do
    (tabela), *211*
  redefinição do quilograma no, 234-52,
    239, *242*, *244*, 274n
  unidades básicas, 209-11, *211*, 236-7, 245-6,
    246, 252
*Sistema métrico francês; ou a batalha dos
  padrões* (Latimer), 143
"Sistema métrico, um fracasso" (Halsey), 150
sistema métrico, 26-8, 29-30, 45-6, 79-89, 116-32
  adoção em outros países do, 116-7, 118,
    122-3, 126-7, 201-5
  adoção oficial na França do, 113-4
  China e, 201-3
  Estados Unidos e, 85, 90-2, 107, 109-11,
    119-21, 124, 127-9, 137-51, 204-7, 237-8,
    266-7n
  Grã-Bretanha e, 119-20, 125-7, 131-2, 171-2,
    192, 205-6
  medidas vestigiais e, 151-4
  metrosofia e, 212-3
  Novo SI e, 234-52, *239*, *242*, *244*
  resistência à adoção do, 90-114, 137-47,
    204-7, 266-7n, 170-1n
  unidades e prefixos no (tabela), 131
sistema MKSA *ver* MKSA, 208, 236
Smith, Adam, 71, 216
Smith, Beverly, 206
Smithsonian Institution, 180, 183
Smoot, Oliver R., 167
Smoot's Ear: The Measure of Humanity
  (Tavernor), 260n
Smoots, 167
"Sobre a escolha de uma unificação de
  medidas" (Academia Francesa), 81-2
"Sobre um método de tornar o comprimento
  de onda da luz de sódio o efetivo e prático
  padrão de comprimento" (Michelson e
  Morley), 189
Sociedade Americana de Engenheiros
  Mecânicos (American Society of Mecha-
  nical Engineers), 139, 147, 149

Sociedade Britânica para Incentivo das Artes, Comércio e Manufaturas (British Society for the Encouragement of Science), 117

Sociedade dos Engenheiros de Boston (Boston Society of Engineers), 138

Sociedade Filosófica Americana (American Philosophical Society), 101, 106

Sociedade Filosófica de Washington (Philosophical Society of Washington), 194

Sociedade Metrológica Americana (American Metrological Society), 137

sódio, 178, 187, 198

soitures, 67

Sol:
    coroa do, 175
    Sun Yat-sen, 202, 203
    supercondutividade, 244
    trânsito de Vênus diante do, 179

som, 15-6, 43-5, 181, 182, 260n

somas, 153

Soon (brig), 90, 92

Southwick, 220-1

spaetzlehobels, 168

Spencer, Herbert, 119

Sputnik, 205

Stevens, Instituto de Tecnologia (Stevens Institute of Technology), 180, 181, 182, 183, 184-5, 186

Stirner, Max, 163

Stratton, Samuel W., 147, 149

Strauss, Lewis, 205

Stroboconns, 43

studens, 153

Suécia, 107, 126

Suíça, 126, 247
    África ocidental e, 58-60

Suizhou, China, 34, *34*

sukis, 22

surrealismo, 162

sutiãs, 219-20, 224-8

Suvorov, Alexander, 12

Suzhou, faculdade, 30

"Synopsis of a System of Equalization of Weights and Measures of Great Britain" (Keith), 95

Tailor and Ansty, The (Cross), 17-9

Tailored Clothing Technology Corporation [TC]², 217-8, 219, 220-3, *222*, 258

tálio, 199

Talleyrand-Périgord, Charles-Maurice de, 80-2, *80*, 86, 94, 95-6, 101

tamborologia, 53

Tanaka, Keiko, 216

Tavernor, Robert, 260n

Taylor, John, 140-1

telégrafo, 157, 176-7

telefones, 213

televisão, 7

Teller, Edward, 206-7

témoins (testemunhas), 238-40

temperatura, medidas de, 88, 197-8, 207-8, 209-10

tempo, medidas de, 11-2, 84, 194, 195, 207-8, 209-11, 235-6, 237
    medições elétricas e, 176-8
    tipos empobrecidos de, 17-8, 22-3
    pilhérias sobre, 168-70

Tempos difíceis (Dickens), 230

Tenerife, Ilhas Canárias, 141

termodinâmica, 159, 160, 191

termômetros, termometria, 88, 197, 200

Terrien, Jean, 237-8

Texas, Universidade do, 163

Texas, 121

Therbligs, 215-6

Tibete, 13

toesa, 65, 76, 77, 81, 83, 87, 106, 107

Togo, 48

toise, 65, 152

tonéis, 67-8

toneladas, 96, 103, 130

Toronto, Universidade de, 222

torrões (*collops*), 17

Totten, Charles, 144-6

transição de fase, 243-4

trasarenus, 16

Tratado do Metro (1875), 124, 176, 192, 197, 208, 235, 237

Tratado sobre eletricidade e magnetismo (Maxwell), 178

tratores, 213

trigêmeo, neuralgia do *ver* neuralgia do trigêmeo

tubos de som, diapasão, 36, 37

Tudo que tenho levo comigo (Müller), 231-2

Tu M' (Duchamp), 163

Turgot, Anne-Robert-Jacque, 78

Turquia, 20, *20*

tweaks, 169

Índice remissivo

twiddles, 169
Tzanck, Daniel, 161

ulnas (jardas), 13
unidades básicas, 176-7, 209-11, 235, 236-7, 245-6, *246*
União Soviética, 242
    corrida espacial, 205-7
    sistema do gulag na, 231-2
    sistema métrico e, 205-7
    spaetzlehobels, 168
universal:
    pé, 77
    milha, 77
    percha, 77
    toesa, 77
Universidade Clark, 196
Universidade da Califórnia em Los Angeles (UCLA), 58
Universidade Estadual da Califórnia, 165
Universidade Jiao Tong de Xangai, 203
urânio, 242

Valéry, Paul, 159, 160
van Gogh, Vincent, 155
Vaughan, John, 106
Vênus, 179
Vênus de Milo, 162
verstas, 12
Vestiges of Pre-metric Weights and Measures Persisting in Metric-System Europe, 1926-1927 (Kennelly), 152-4
Victoria's Secret, 219
Vida e aventuras de Robinson Crusoé (Defoe), 11
vinho, 67-8
Vitória de Samotrácia, 162
Vitória, rainha da Inglaterra, 115-6
Virga, 76
Virgínia, Câmara dos Delegados da, 98
Virgule, 76
Vital Statistics of a Citizen, Simply Obtained (Rosler), 256-7, 274n
Vitrúvio, 19-20
Vogel, Hans, 39, 44, 260-1n
volts, 177

volume (capacidade), medidas de, 37, 67, 68-9, 82, 85, 94, 102-3, 130, 131-2, 137-8
Vyse, Richard, 140

Wacoal, 228
Wang, Mang, 36
Wang, Roy, 222, 223
Wang, Zichu, 43-4
warhols, 168
Warners, 228
washes [banhos], 67
Washington, George, 100, 104
watt, método da balança de, 240, 241-2, 243-5, *244*, 246-8, 250-1, 273-4n
watts, 236
Weber, Wilhelm, 177
Wei, dinastia, 39, 40, 41-2
werkhops, 67
Whitworth, Joseph, 117
Williams, William Appleman, 110
Winlock, Joseph, 175
Wittgenstein, Ludwig, 201
Wolseley, Garnet, 135
Wren, Christopher, 78

xícaras de medição, 14-5
xícaras, 16
Xinhai, Revolução *ver* Revolução Xinhai
Xunquim, China, 30
Xun Xu, 39-45
    algoritmo de afinação de, 42-5
Xun Xu and the Politics of Precision in Third Century AD China (Goodman), 39

Yi, Marquês, 34, *34*
Ying Zheng, 35
yôbwê, 49-50
yuefu, 42
Yung, Bell, 34

Zheng He, 45
Zhou, dinastia, 32, *32*, 33-5, *34*, 40-1
zinco, 199
Zupko, Ronald, 67, 95-6

A marca FSC é a garantia de que a madeira utilizada na fabricação
do papel deste livro provém de florestas de origem controlada
e que foram gerenciadas de maneira ambientalmente correta,
socialmente justa e economicamente viável.

Este livro foi composto por Letra e Imagem em Dante Pro 11,5/16
e impresso em papel offwhite 80g/m² e cartão triplex 250g/m²
por Geográfica Editora em agosto de 2013.